电工电子实验教学
建设成果集萃(2019)

国家级实验教学示范中心联席会电子学科组　**编审**

胡仁杰　韩　力　庄建军　**审校**

东南大学出版社
SOUTHEAST UNIVERSITY PRESS
·南京·

内 容 简 介

国家级实验教学示范中心联席会电子学科组成立已有 12 年之久,各成员单位在申报与建设历程中,在实验教学相关领域积累了各具特色的丰富经验,形成高等学校电工电子实验教学的宝贵财富。借 2019 国家级实验教学示范中心联席会电子学科组年会之际,向学科组各成员单位征集在实验教学建设与改革中可供相互学习交流的金点子。截止到 2019 年 3 月 2 日,共收集到 280 多份成果。经过分类整理,遴选出 218 份编辑出版,内容覆盖课程与教学、项目与活动、资源与环境、质量与评价、运行与管理五个方面。仅以此作为国家级实验教学示范中心联席会电子学科组全体成员单位向新时代高等教育的献礼。

为推动国内电工电子实验教学内涵建设与质量提升,书后特意附上了 2017 年教育部高等教育司高校实践教学规范课题《电工电子基础课实践教学标准的研究》项目研究成果,供电子学科组成员及国内同行参考。

图书在版编目(CIP)数据

电工电子实验教学建设成果集萃.2019/国家级实验教学示范中心联席会电子学科组编审.—南京:东南大学出版社,2019.4
　　ISBN 978-7-5641-8357-8

Ⅰ.①电… Ⅱ.①国… Ⅲ.①电工技术-实验-教学研究-成果-汇编-2019 ②电子技术-实验-教学研究-成果-汇编-2019 Ⅳ.①TM-33②TN-33

中国版本图书馆 CIP 数据核字(2019)第 060895 号

电工电子实验教学建设成果集萃(2019)

编　　审	国家级实验教学示范中心联席会电子学科组
出版发行	东南大学出版社
出 版 人	江建中
责任编辑	姜晓乐
社　　址	南京市四牌楼 2 号　(邮编:210096)
经　　销	全国各地新华书店
印　　刷	南京玉河印刷厂
开　　本	16
印　　张	19.75(含 4 页彩插)
字　　数	500 千
版　　次	2019 年 4 月第 1 版
印　　次	2019 年 4 月第 1 次印刷
书　　号	ISBN 978-7-5641-8357-8
定　　价	69.00 元

(本社图书若有印装质量问题,请直接与营销部联系。电话(传真):025-83791830)

前　言

　　教育部倡导开展的国家级实验教学示范中心建设对于示范引领高等学校实验教学工作、提高社会对实验教学的重视程度、关注实验教学环境条件建设起到了积极的推动作用。2008 年成立的国家级实验教学示范中心联席会始终号召联席会各学科组开展示范交流，作为联席会规模最庞大的学科组，电子学科组始终紧跟本科教育发展形势，持续推动学科组内各种形式的交流合作，分享各示范中心的改革建设经验。在电子学科组 2019 工作年会即将召开之际，电子学科组征集各成员单位在实验教学及实验室建设改革中可供相互学习交流的金点子，编纂成书出版，以期在更大辐射范围内达到示范交流的社会效果。

　　根据国家级实验教学示范中心建设的工作侧重，电子学科组设定了课程与教学、项目与活动、资源与环境、质量与评价、运行与管理等五类 30 多项选题进行征稿，先后征集到了 40 多个成员单位的 280 多份突出内容、方法、执行、效果等具体建设内容的经验介绍。

　　为更好地提升国内高校实验教学质量，本书还编入了"电工电子实验教学规范"相关内容，供相关学科专业开展本科工程基础与专业基础实验教学的单位参考。

　　本书从征稿到成册，得到了电子学科组各成员单位的积极支持与通力协作。在保持原稿图文内容的基础上，由电子学科组集体审稿编辑本书。承蒙东南大学出版社出版，不胜感激，并对长期支持电子学科组工作的企业界朋友们深表谢意。

　　由于时间较为仓促，加之对实验教学示范中心建设规律的认识有限，书中不妥之处在所难免，恳请读者批评指正。参与此项目研究的有东南大学、南京邮电大学、南京师范大学、南京工程学院、常州大学等学校电工电子实验中心的同仁，兰州交通大学电工电子实验中心蒋占军教授承担了部分工作，在此一并致谢。

国家级实验教学示范中心联席会电子学科组

2019 年 3 月

目 录

第一部分
国家级实验教学示范中心联席会电子学科组成果集萃

第二部分
电工电子基础课程实验教学规范

第一部分

国家级实验教学示范中心联席会
电子学科组成果集萃

一、课程与教学

层次化实验教学体系

北京航空航天大学　空天电子信息实验教学中心　王俊

　　实验教学是工科院校的重要教学环节，是培养学生创新思维和实践能力的重要途径。我院（电子信息工程学院）一直重视对学生实践能力的培养，持续建设实验教学环境和实验教学体系，并于 2006 年与"校电工中心"共同获批"北京市电工电子教学实验示范中心"，于 2012 年获批"空天电子信息国家级实验教学示范中心"，于 2014 年获批"空天电子信息虚拟仿真国家级实验教学中心"。

　　学院以"空天电子信息国家级实验教学示范中心"为依托，整合相关理论课程实验内容、开设综合实验、完善科技创新实验，形成了如图 1 所示的课程基础实验、综合实验、科技创新实验三层次实验教学体系。使学生能巩固所学理论知识、提高电子系统创新能力、开阔科技创新视野，并培养学生电子系统设计和科技创新能力。

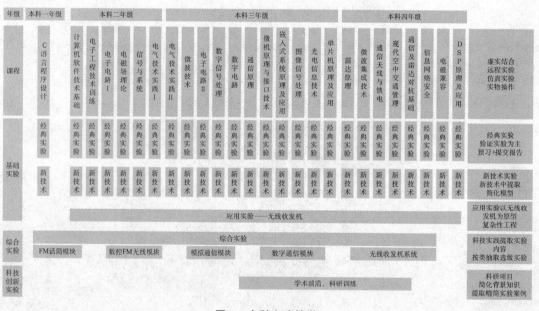

图 1　本科实验教学

　　课程基础实验的主要目的是巩固学生所学理论知识，培养学生实验数据处理、相关系统性能仿真分析、系统设计实现的能力。课程基础实验包括经典实验和综合模块两部分。经典实验以与课程相关的经典内容为主，主要培养学生理论联系实际的能力，使学生加深对课程理论知识的理解，巩固所学理论知识。综合模块以具有课程特色的综合模块设计为主，培养学生综合运用课程知识点的能力，巩固学生对知识点关联性的认识，培养学生电子信息系统设计、仿真、实现的基本能力,使学生具备电子信息专业人员的基本工程素质。

综合实验主要培养学生综合运用相关知识设计电子系统的能力,并侧重提高学生电路级的综合设计能力。这类实验以通信、导航、雷达等电子信息典型系统的无线收发机为原型,利用基本实验模块,设计完成无线收发系统等创新内容,既可考查学生综合运用各门课程所学知识,又可培养学生解决复杂工程问题的能力。综合实验由"电子设计基础训练""单片机基础""模拟通信综合实验""数字通信综合实验""综合创新实验"5门实践课程组成。

科技创新实验依托开放创新实验室,培养学生解决工程问题的能力及创新能力。由实验教师、学院青年教师组成科技实践活动指导小组,指导各类科技实践活动。分别在沙河校区和学院路校区成立了学生科技兴趣小组,形成了课堂实验教学与课外科技实践活动的良性互动,提升了学生的课外科技实践能力,培养学生的创新创业能力。

基于模块化分层次的电子信息类专业 实践创新能力综合培养课程体系

南京邮电大学　信息与通信工程实验教学中心　戴海鸿

电子信息类专业是伴随着电子、通信、信息和光电子等技术的发展而建立起来的，以电子、光子、信息及与之相关的元器件、电子系统、信息网络为研究对象，其学科特点决定了实践能力的培养在对学生的培养目标中具有极其重要的地位，而创新实践离不开"真刀真枪"的实践实训锻炼。由于对学生创新意识和能力的培养是一个渐进深入的复杂过程，只有尽早开展教学活动和进行系统化培养，才能保证全体学生都能得到相关的训练。本项目针对新时期对电子信息类专业创新人才需求的新变化和新趋势，依托信息与通信工程国家级实验教学中心，结合"新工科"项目实施及工程教育专业认证和"卓越工程师计划"等专题工作，从全面培养学生创新兴趣、能力及自信3个方面入手，经逐步探索形成了新型的学生创新能力综合培养体系。

课程体系从层次上分为兴趣层、基础层、提高层和应用层等不同层次（图1）。首先开展的是面向大一新生的创新训练冬令营活动，以"讲座＋动手"等形式开启新生对创新实践活动的兴趣培养之旅。通过开展高水平学者、世界500强IT企业高级研发技术人员以及资深教务管理者的讲座，着重引导新生了解电子信息类专业的特点和当前业界关注热点，学习课题研究方法，明确努力方向；"动手"环节则选取典型应用电路实例，让学生了解和体验设计并实现一个电路时从方案制定、元器件调研选型、电路原理图设计和PCB设计、PCB制作、元器件安装、电路调试、改进完善，以及设计报告撰写的全过程，进一步加深专业印象，提高学生的参与热情。

接着，开设多门创新实训课程，融入成果导向教育（OBE）理念，配合理论课教学逐步强化学生在各种模拟/数字电路设计、单片机/FPGA/DSP/传感器应用以及综合通信系统实现等方面的理论知识与实践相结合的能力。所有实训课均确保学生课内动手环节占总学时数的比例超过70%，并采用两人一组的"训练＋竞赛"模式，以及实验作品验收＋实验报告批阅的考核形式综合评估教学效果。授课过程中以学生为中心，教师随时与学生展开面对面交流，通过一个个典型实验有针对性地培养学生调研、仿真、动手、调测、协作、写作等基础能力，突出实用性，使学生在解决问题的过程中不断强化自主学习的能力，巩固所学知识，充分体现"实训"的特质。

最后，通过政策鼓励学生参加学院、学校以及省级、国家级多层面、多方向、多种类的大学生电子设计竞赛，以及大学生创新训练计划等各种学科竞赛和项目研发，充分锻炼和提高学生的实战能力，丰富实践经验。

近三年来的实践成果（图2）证明，针对兴趣、能力及自信3个方面所形成的大学生创新能力综合培养体系，既能与理论课教学紧密结合，又能结合国家、省、校3级各类科技竞赛活

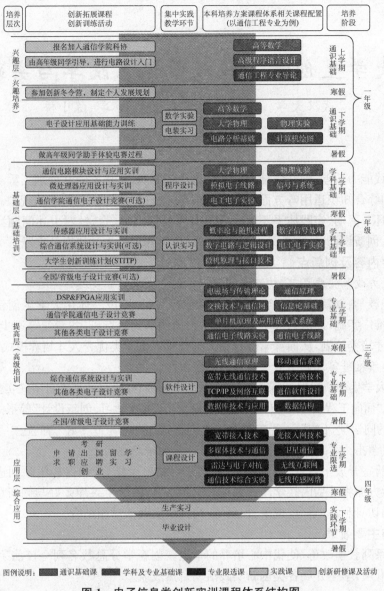

图1　电子信息类创新实训课程体系结构图

动,为学生提供锻炼和施展创新能力的空间,使学生在课堂中获得基础知识,在实践实训中巩固知识,在科技竞赛活动中检验所学知识。在调动学生自主学习积极性,培养学生自主创新能力,提高学生自主创新意识等方面均取得了良好效果,为培养适应国家和区域经济发展急需的电子信息类创新人才提供了有益的借鉴。

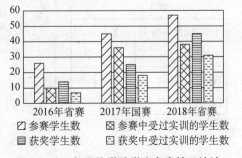

图2　近三年通信学院学生参赛情况统计

007

大学生创新实践教学体系改革与实践

武汉大学　电工电子实验教学中心　陈小桥

学生实践能力较差、创新精神和创新意识比较薄弱，直接反映在处理工程实际问题时在方法、手段和综合知识运用等方面都有明显不足，这已经成为比较普遍的现象。其中教学过程中的实践环节薄弱、实践体系不够完善是其主要原因之一。针对上述问题我们围绕学生自主式学习、创新设计、计划外开放实验等方面广泛开展了教学研究及实践。

1. 主要内容及创新点

1.1 大力改革实践环节，构建了四位一体的大学生创新实践体系

将"实践教学、创新设计、科学研究、学科竞赛"这一四位一体化大学生创新实践体系由点及面进行推广实施，即从兴趣小组、大学生科研团队到试点班、各专业等逐步开展，并将该体系融入人才培养计划，从而探索综合型大学背景下电子类优秀人才培养模式。

1.2 继续推进第二课堂教学活动学习模式

以提高大学生创新意识、创新精神和实践能力为核心，研究计划外自主式实验的基本形式和内容，采取"面向工程实际，跨专业、跨学科背景，自主式学习、创新设计"等形式。解决了某些"胃口大"的同学"吃不饱"，一些有创新思想、创新能力的同学"吃不好"等问题。

1.3 以学生为本，大力倡导和试行因材施教的培养方式

通过实验室开放平台，统一协调，资源共享，以"三个结合"确保教学顺利进行：在内容、时间、创新性方面将计划内教学与计划外教学相结合；将学生兴趣爱好与创新意识培养相结合；将学生的切身利益（学分、成果、保研等）与开放实践活动相结合。

2. 实施主要效果

经过一系列教学改革，使我中心培养的学生获创新学分总数名列全校前茅，3年累计申请专利约200项，学生开展各类创新实践活动蔚然成风。

表1

年度	创新学分数	占全校比例
2018	364	19.2%
2017	466	17.9%
2016	437	20.4%

图1　专利证书

图2　学生参与大学生创新实践

机器人实践创新基地建设与创新人才培养

中国矿业大学　电工电子教学实验中心　李明、王军

1. 建设"三结合"的人才培养体系

理论教学与创新教育结合。将机器人创新与实践的基本理论、规律和技法融入日常理论和实验教学,增加开放性、探究性实践课题,进行创新的基本素质教育,培养学生的创新意识和创新思维能力。

实践课程与创新教育结合。在本科教学大纲修订过程中充分考虑对学生机器人创新能力的培养与专业教学改革和课程建设的衔接,相继开设了"机器人技术与创新实践""创新研究型实验"等一系列开放性创新实验和课程。在实践课程教学中渗透创新教育,结合实践课程进行创新教育,实施教育创新。

科技竞赛与创新教育结合。将有代表性的机器人科技竞赛活动作为创新教育的抓手,通过竞赛锻炼学生实际动手操作能力,把创新教育融入竞赛作品制作的过程中去,通过教师指导、学生自学等方式潜移默化地提升学生的科技创造力。

2. 形成"两分解"的工作方法

将机器人竞赛的项目进行分解。实行竞赛目标分解、以项目形式实施、学生项目负责制的管理模式。针对机器人大赛的规则和目标对竞赛项目进行细致讨论,将其分解为若干个小课题,鼓励学生充分调研,填写"基地项目申请书";指导教师对申请书进行审核、讨论,并根据情况进行任务调整和指导;项目负责学生具体实施,形成任务驱动、项目实施的模式。这样充分调动了学生的积极性和主动性,并可明确任务和目标,确保经费使用的可靠性。学生在完成课题的同时,也相应地完成了参加竞赛的准备和制作工作。

将年度计划按照竞赛周期分解。在制定每年度工作计划的基础上,结合每年机器人大赛的实际比赛时间和周期,以及寒暑假放假的实际情况,形成了以年度计划总结为纲、寒暑假培训和竞赛计划小结、单项竞赛计划小结为具体实施方案的管理模式,实际运行效果良好。

3. 机器人创新实践教育成果

近5年来,机器人创新实践基地培养的学生获授权专利79项,发表论文126篇,在中国工程机器人大赛、江苏省机器人大赛等各项大赛中获奖89项。更值得一提的是,我校在中国工程机器人大赛上参赛的机器人曾经连续三年被中央电视台赛后遴选直播,这从一个侧面体现了创新实践教育的成果。

"电子系统课程设计"课程教学改革

北京交通大学　电工电子实验教学中心　马庆龙

"电子系统课程设计"是电子信息类专业中一门非常重要的实验课程,对培养学生工程素质以及解决复杂工程问题的能力意义重大。针对教学中长期以来存在的一些问题,中心从 2013 年起对该课程的教学内容和教学方法进行了持续改进。

1. 更新实验内容

我们重新设计了全部实验题目,制定了《电子系统课程设计实验命题规范》,明确命题要求,在覆盖知识点、题目背景、工作量、难度、成本等方面做了明确的要求,并要求给每个实验题目设计规范的《设计任务书》和《评分表》,题目力求贴近工程实际,覆盖的知识点和实验技能全面;要求教师全部试做样机,提升教师素质;增强题目的趣味性,激发学生兴趣;题目几年内不重复使用,消除抄袭漏洞。近年来已新增实验题目近 20 项,多个项目在全国电工电子基础课程实验教学案例设计竞赛中获一、二等奖。

2. 增加课堂授课

在学生进行课程设计的过程中,我们发现大部分学生对电子技术的实际应用不够熟悉,如实际电子元器件的特点及其与理论模型的差异、实验仪器的使用技巧、电子电路的设计思路与设计方法、各种功能电路的原理与设计方法、电路的调试技巧、电磁兼容技术等,因此课程组在课程教学过程中增加了课堂授课部分,加强集中答疑和在线答疑,收到了良好的效果。

3. 改革命题及考核方式

同一专业统一题目,作品按《评分表》统一测试、客观评分,消除学生心中因题目难度不同、考核主观性过强及教师评分尺度差异影响课程成绩的顾虑。

4. 成绩评定引入竞争机制

按照《评分表》通过实物作品测试、设计报告、答辩、工作日志、工程职业道德考查等项目按比例加成计算出每个学生的分数成绩,明确 60 分为及格分数线,低于 60 分即判定为不及格,对全年级同一题目所有不低于 60 分的学生成绩进行排序,按照"五级十一段制"依次划定给出最终成绩。即所有选课学生之间均为竞争关系,课程最终成绩不仅取决于本人所得绝对分数,同时还取决于其他同学的完成情况。该政策有效减小了题目难易差异波动对学生成绩造成的不良影响,同时引导学生认识到"逆水行舟,不进则退"的道理。受此影响,学生在设计中的投入程度明显提高;对他人抄袭自己作品设计方案的可能也心存顾忌,提高了公平性。

5. 设置竞赛获奖免修政策

对在电子设计类学科竞赛中获奖的学生给予课程免修待遇,按照获得的奖项等级确定课程成绩,激发学生参加学科竞赛的热情,同时又能将部分能力较强的学生从课程中解放出来,使其有更多的时间投入到更深入的学习中。

经过几年改革实践,课程教学质量有了明显的提高,受到学生的广泛好评。

模块化电子实习

北京理工大学　电工电子教学实验中心　高玄怡

1. 模块化电子实习效果

（1）解决了原有电子实习模式单一、缺乏探究性的问题。原有电子实习是同一模式的批量培养，全班的项目和流程一样，没有差异和可选性。评价区分度较小，有的同学抱怨付出了认真和努力，却和应付完成的同学几乎得到一样的成绩，成就感不足。模块化电子实习内容使学生有选择实训内容的自主权，更能由兴趣引导学生对电子技术的深入探究，在实习内容和教学方法上具有先进性。

（2）解决了实习内容陈旧、脱离现代科技的问题。原有实习内容是十几年不变的焊接超外差6管收音机，缺少新器件、新技术的引入，跟不上现代电工电子技术发展的步伐，缺乏趣味性和创造性。模块化电子实习项目开发了贴近现代生活与工程实际的实训项目，增加了与时俱进的实习内容，使学生能够感知科技前沿，更能激发学生的实训兴趣。

（3）能满足不同层次学生的教学需求。设置基本、进阶、创新3个模块的6个实习项目，各模块的要求对应不同考核权重的分值，避免了原来内容设置单一、成绩区别度不高的困扰，优化了实习实践教学过程。

2. 模块化电子实习方案

（1）构建模块化教学内容。在原有的 AM 超外差收音机这一单一训练内容的基础上，增设了 FM 微型调频收音机、迷你音响、PJ-80 型无线电测向机、MP3 数码播放器、调频收音对讲机等3个层次6个选项，学生可以根据自己的兴趣选择想要实训的内容，提高学生的实习自主性和创新意识，使不同程度的学生都能够体验到实践过程的成就感和满足感。

基本训练：AM 超外差收音机、PJ-80 型无线电测向机、迷你音响、调频收音对讲机。

进阶训练：FM 微型调频收音机、MP3 数码播放器。

创新训练：自行设计 PCB 板，再焊接完成电子产品（自选题材）。

（2）合理的考核评价体系。以评价标准为杠杆，充分调动学生的学习热情和创新欲望。同时增加测量数据、观察波形、排查故障、撰写高质量的实习报告、做 PPT 进行成果展示与经验分享等深层次的训练。

内容	分值	分值	分值	权重
焊点练习	外观 30％	焊点质量 40％	规范程度 30％	10％
基础训练	外观 30％	功能质量 40％	技术指标符合 30％	25％
进阶训练	外观 30％	功能质量 40％	技术指标符合 30％	25％
创新训练	布线合理 30％	器件封装正确 30％	焊接验收成功 40％	10％
实习报告	原理分析 30％	数据测量及波形分析 30％	故障分析及解决方案 40％	20％
PPT 展示	叙述条理清楚，画面简洁 30％	成果展示视频成功 30％	经验总结的可借鉴性 40％	10％

"电子技术应用实验"课程再建设

电子科技大学 电子实验中心 陈瑜

1. 优化实验内容

我们将"电子技术应用实验"课程的课内教学与MOOC教学和课外仿真相结合,并将小部分实验内容放在课外开放实验室让学生自主进行,优化实验学时。实验内容方面,将基础型、设计型、仿真型、挑战型等多种类型的实验内容相结合,实现由单元电路到小系统设计,由简单到复杂,将软件仿真与硬件设计,测试相结合,将由可编程逻辑器件和传统集成电路硬件实现的设计方法进行对比等,以此来改革实验教学内容。

2. 优化实验教学方法

突出师生间交互性强的实验教学特点,在教学上更加强调对学生知识应用和设计思维的引导。比如,将实验报告中的实验原理部分更改为多个与实验原理相关的问答题请学生回答,为学生提供了对实验原理掌握的自我评价依据,也提高了学生分析、表达以及总结问题的能力。教师对实验教学过程进行细致的分析,合理地设置教学问题,驱动学生思考,探索既能对学生进行有效检验与监督,又能给学生自由发挥空间的教学方法。

3. 优化实验教学运行模式

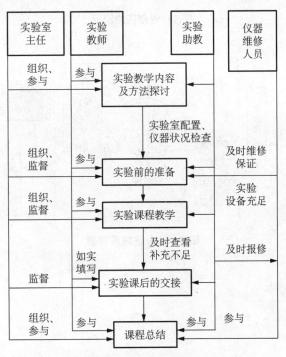

图1 优化实验教学运行模式图

"电子信息导论"课实验教学方案

国防科技大学　电子科学与技术实验中心　程江华

"电子信息导论"是电子信息类专业理论课程体系的导引课程,也是实践教学体系的入门课程。课程以工程实践为主,结合名师大家讲授,向学员提供一系列涵盖电子技术、信号处理、通信技术、信息系统等方面的电子信息类初级工程实践项目选题。项目实施过程中,学员组成项目组,按项目管理方式开展研究。通过完成项目选题,学员可以初步尝试电子信息硬件组装、软件下载与测试,锻炼学员分析和解决工程技术问题的初步能力,培养学员项目管理和交流沟通能力,为电子信息类专业课程的理论学习与实践训练奠定基础。

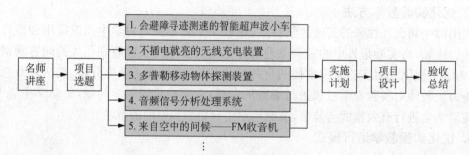

图1　课程实施流程

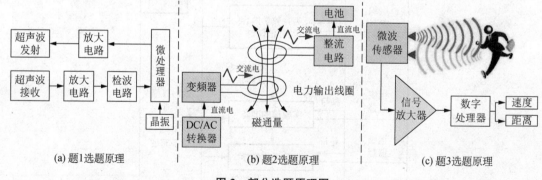

(a) 题1选题原理　　　　　(b) 题2选题原理　　　　　(c) 题3选题原理

图2　部分选题原理图

新工科"电子设计、仿真与制作综合实验"课的探索与实践

河北工业大学　电子与通信工程实验教学中心　孙耀杰

1. 现状

近年来,电子技术飞速发展,与其相关的新知识、新技术呈爆炸式增长,过去我校电子类专业人才培养方案是按照学期递进、课程递进的方式制定的,即按照排在前面的课程总是为后面的课程打基础的理念进行设计,但这样的教学方法难以适应新形势的要求。

2. 对策

为适应新形势下人才培养的需要,我们把教学重心前移,即在二年级开设"电子设计、仿真与制作综合实验"课,让学生尽早接触计算机的核心技术,以高阶性、创新性和具有挑战度的"金课"标准,加快提升学生能力的进程。

在整个教学过程中我们选择以典型的单片机开发应用板为目标载体,首先采用边授课边实践的教学方式,将"单片机原理""接口设计""Proteus仿真"等课程层层递进地讲授给学生,并与学生的课下自主学习(单片机工作原理专题短视频)、训练相结合,激发学生的学习兴趣。然后集中进行实践教学,通过单片机开发应用板的焊接安装、调试及电路故障分析、排除等方面的训练,使学生的实践能力得到锻炼。最后通过工程实践使学生掌握常用电子测量仪表的使用方法,并通过检修各类不确定性的故障,让学生亲身体验解决问题时所经历的思维受阻,以及如何在若干次挫折后又克服了思维上的障碍,最终找到问题原因并解决问题的过程。培养了学生发散思维的能力与不屈不挠的精神,并提早建立了学生的计算机思维。

在制定的教学计划中,把学生的自学比例提高到讲授课时的两倍,强化培养学生电子技术方面理论与实践相结合的独立工作能力和实事求是的科学态度。为后续课程的学习提早奠定了运用计算机解决工程问题的能力。

经过实践,学生普遍反映课程难度提高了,课程的学习具有挑战性,激发了学生学习电子技术、计算机技术的专业兴趣。

"电气工程实践基础"课程建设

华中科技大学 电工电子实验教学中心 徐慧平

"电气工程实践基础"是一门面向本科一年级学生开设的全新的通识类专业实践课程，1.5 学分，48 学时，该课程已被列入华中科技大学电气与电子工程学院 2018 级本科生培养计划。这门课在教学内容、教学模式与方法和成绩评价方法上都进行了改革和创新，已于 2017 年开始实施。

教学内容：在新工科和工程教育专业认证的背景下，为培养学生的工程意识，"电气工程实践基础"课程有机整合了"电工实习"和"认知实习"这两门课中的经典内容，如电子元器件的识别及焊接、电路绘图软件的应用、电气装备制造、到电力生产企业参观等，新增了具有电气专业特点的电工技能实践、数字设计与 3D 打印、电气工程学科介绍及文献综述撰写等内容，以 CDIO（即构思—设计—实现—运作）为指导思想，以模拟电子产品开发的全生命周期为主线，设置"实现"环节的课程内容，培养学生开发专业相关的工程产品所需的基础技能；增加了团队合作和终身学习单元，以培养学生的团队合作意识及终身学习能力；学生通过团队合作完成一个与专业相关的电子产品，体验制作电子产品时从构思、设计到实现及运作的流程，从工程产品角度实现电子产品开发的全周期，培养学生的工程思维和工程意识。课后问卷调查结果表明，教学效果得到了明显提升。

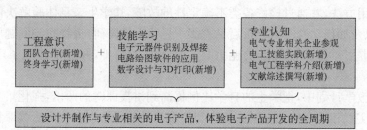

教学模式与方法：采用"以学生为中心"的教学理念，从学生学习效果出发，以反向课程设计法设计学法和教法。课程摈弃以往传统实验教学模式，采用了 SPOC 模式，即"课前预习＋课中实践与讨论＋课后练习"的教学方式，无教材，课前会给参考资料，将培训内容、器材及评价方法告知学生，学生能自学的内容一律不在课堂上教授，放在课前让学生自己预习，但要考核，将场地、设备和器材向学生开放。课堂上以学生体验式自学和实践为主，以任务驱动的方式激发学生学习的积极性，鼓励同伴互教，教师不讲授课程具体内容，而是集中解决学生的疑难问题，课后布置任务让学生多加练习。最后采用团队合作的方式完成大作业，检验学习效果。

成绩评定：课程成绩评定采用形成性评价方法，每一个单元（4 学时）均按课前、课中、课后制定评价量表，从知识、技能和态度多维度进行评价。

"实验安全教育"课程建设

华中科技大学　电工电子实验教学中心　邓春花

1. 课程一般目标

为推进电气与电子工程学院新工科建设,构建以学习者为中心的实践教学环境,学院对所有本科教学实验室实行全开放管理,同时实施实验室安全准入制度。学生参加"实验安全教育"课程学习并取得学分是获取实验室准入资格的条件。"实验安全教育"课程的教学目标为:学生能掌握电气安全知识,习得安全操作技能,实施触电救护,形成实验安全意识,具备独立进入实验室进行实验的能力。

2. 课程内容

该课程内容采用模块化设计,总共8学时,各模块的学习内容如图1所示。

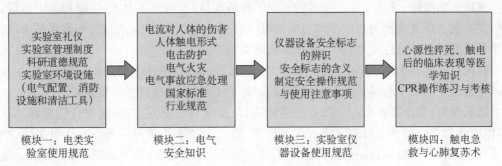

图1　各模块的学习内容

3. 课程教学方法

该课程摒弃了以讲授为主的传统教学方法,尝试探索"以学习者为中心"的新教学模式,以学习效果为导向来设计教法、学法和评价方法。课程极大地缩减了教师的讲授时间,课堂活动以学生自主学习为主。教师在课前提供视频和文本资料给学生自学,课堂上组织学生开展讨论式学习和体验式学习。通过设计每个阶段的评价量表,来对学生的学习进行形成性评价,检验是否达到学习效果,即:"会说""会写""会做"以及学生之间互相"会教"。

模块一课堂活动:以小组为单位,查阅资料,撰写实验室安全使用规范;实地考察实验室,检查实验室是否存在安全隐患,安全设施的设置是否合理,形成文本进行汇报。

模块二课堂活动:以小组为单位,就以下内容开展讨论并进行课堂演示或汇报:生活中的触电事故、电击防护措施和用电保护装置、电气火灾/触电事故应急处理等。

模块三课堂活动:辨识安全标志;学习仪器设备安全使用规范和操作注意事项。

模块四课堂活动:两人一组进行CPR操作练习,互相纠正不规范的动作和程序。

基于团队学习、项目驱动的微控制器课程

华中科技大学　电工电子实验教学中心　肖波

"微控制器原理及实践"课程以 ARM Cortex-M4 处理器为对象,在学习微控制器的原理和常规的 MCU 硬件和软件技术的基础上,注重培养学生的自主学习、团队协作和工程实践能力。

"微控制器原理及实践"作为一门实践性很强的应用型课程,采用基于团队学习、项目驱动的教学模式,激发了学生的学习动机和潜能,发掘学生主动学习和深度学习的能力。

项目驱动: 设计 3 项源于学科现实应用的项目供学生团队选择,这些项目贯穿学生的整个课程学习过程,学生围绕项目的需求学习微控制器原理及技术,利用所学知识与技能完成项目。以真实项目促使学生主动求知,自主深化。

课程开始阶段,学生需要在老师的帮助下解析项目,提出解决方案;在课程学习阶段,同学们需要把总任务分解为一个个与当前学习内容相关的"小任务"并完成;在课程结束阶段,同学们需要进行综合性实施,联合调试以最终完成项目。

在项目实施要求上,一定程度上参考了工程实施和管理方法。通过实施项目,学生相当于亲身体验了一回工程项目的开发,使他们锻炼了工程能力,提升了工程素养。

团队学习: 学生在教师的帮助下组建团队,论证项目实施方案,开展项目管理和团队建设,以团队为单位进行项目的实施。在课程中,组织多项团队学习任务,如:小组探究、小组自讲。学生为了做好项目,一起努力:有不懂的知识,互相请教;有了问题,共同解决。培养了学生团队合作的意识和习惯。

理论与实践一体化教学: 以实验室为教学阵地,理论教学和实验都在实验室中进行,使学生理论学习后马上实践,边学习边实践,在实践中学习。学习资料、便携式开发板提前发放给学生,实验室、设备和器材向学生开放,大大提高了学生实践的机会。

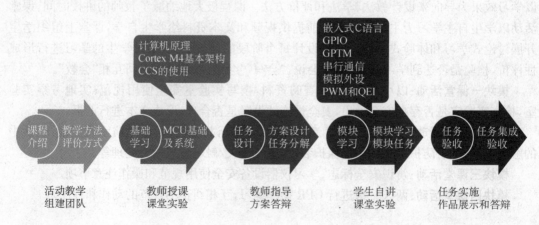

数字系统实验的课程布局设计

南京大学　电子信息专业实验教学中心　郑江

1. 数字电路实验课程的教学现状

传统的数字电路实验采用中小规模集成电路完成,存在的问题是:①其不是数字电路发展的主体技术;②许多器件不易采购;③设计电路搭建存在大量低层次重复性劳动,与实验课时压缩的现状相抵。

数字电路实验教学改革的显著特点是引入可编程器件,在相应的教学实践中,也存在着许多问题:①HDL 难学,调试困难;②语言学习与电路思想容易相左;③可编程器件编程软件使用复杂;④在有限的教学时间内,完成一定量的可编程器件数字电路实验难度大。

2. 实验项目布局

根据实验进展由浅入深,以及与理论课进度同步的需要,将数字电路实验安排为 7 个实验项目,分别是:组合逻辑电路测量与设计,移位寄存器测量,计数器测量,计数器功能电路设计,移位寄存器功能电路设计,波形产生器件测量,波形产生应用电路设计。

3. 项目内容布局

每个实验项目根据各自不同的特点,内容设置包括了实验测量、验证设计和应用系统设计的部分或全部。

实验测量的学习目标主要是仪器仪表的使用规范与方法,在实验规划时,规避传统验证性实验的单一性,部分实验采用黑盒测量概念,通过测量判断电路逻辑功能,并根据判断结果进行仿制设计。黑盒测试的电路源文件由教师提供,因此没有验证性搭试电路环节。

验证设计针对常用中小规模逻辑模块的应用拓展练习,由学生自行选择设计对象、设计任务进行器件功能的验证设计。

应用系统设计,以特定功能应用电路为目标任务进行应用系统设计。

4. 实验平台布局

组合与时序逻辑部分可以完全移植到 FPGA 上,而小系统的波形产生暂时不宜移植到 FGPA 上,因此实验平台布局方面,以 FPGA 为主要实验载体,以面包板、实验箱的中小规模电路搭试为补充。

目前逻辑设计基于呼应 74LS 和 4000 系列的 IP 核完成,实验者面向图形化电路设计软件进行实验学习。

"物联网应用层实训"课程建设

天津大学　电气电子实验教学中心　白煜

1. 课程简介

"物联网应用层实训"是面向全校学生开设的选修课程,于 2016 年第一次开设。该课程共 48 个学时,2 个学分,分为理论教学和实训两个部分。理论教学占用 16 个学时,采用集中授课的形式,向学生讲述物联网的相关理论知识,包含国内外物联网的发展现状和应用实例、无线传感器网络、RFID、编程语言和数据库技术等,并且将带领学生参观物联网智慧实验室;实训部分占用 32 学时,要求学生以分组的形式完成 8 个实验,小组规模不多于 3 人,并撰写实验报告,实验时间不固定,需要提前与教师预约。

2. 课程意义

(1) 为物联网专业的学生提供了实训机会,丰富了物联网专业的实验课程。

(2) 为非物联网专业的学生提供了接触并学习物联网的机会,扩展了学生的知识结构和就业方向,提高了学生的综合能力。

3. 课程内容

教学内容	授课	上机	实验
物联网理论知识	14 学时		
参观智慧实验室,熟悉开发环境	2 学时		
火灾检测报警应用系统开发		2 学时	2 学时
室内防盗报警应用系统开发		2 学时	2 学时
门禁考勤系统应用开发		2 学时	2 学时
基于 ZigBee 的电动窗帘控制实训		2 学时	2 学时
基于 ZigBee 的电源控制节点实训		2 学时	2 学时
基于 ZigBee 的智能灯光控制实训		2 学时	2 学时
实验室预约排号及上课时间和内容的手机提醒功能开发		2 学时	2 学时
基于 PC、平板电脑或手机的实验室远程视频监控系统开发		2 学时	2 学时
总计:	16 学时	16 学时	16 学时

4. 课程资源

"物联网应用层实训"电子教案、"物联网应用层实训"实验指导书、物联网综合实验箱、智慧实验室管理系统。

电子系统设计实验平台建设

西安交通大学　电工电子实验教学中心　刘宁艳

"电子系统设计与实践"是电气本科生的综合设计型实验课程,涵盖数电、模电、微处理器、传感器等多个领域,旨在培养学生综合应用能力、系统设计及创新能力。

为了满足实验教学差异化培养需求,我们研制出了模块化电子系统设计实验平台。该平台功能丰富,涉及广泛,包括了多种处理器、外设及模拟电路。平台中既保留了 51 单片机部分,又紧跟科技发展潮流,增加了多种常用的高性能处理器及外设,具有模块化、多样性、易扩展、可重构等特点,既能完成基础验证性实验,又可实现复杂功能系统的设计需求。

在前期的理论教学过程中,使用模块化实验平台进行基础实验,电路简单明了,易于学习,有利于学生夯实基础,提高学习积极性。在系统设计过程中,学生可根据自身兴趣及能力选择系统题目,先选用或设计所需模块板构建样机,再以此为基础设计整体电路,实现基础知识的深化、综合及应用,也降低了学生硬件设计的风险,并能激发学生的设计兴趣及潜能。

实验平台通过试用和推广,取得了良好的教学效果。学生从基础实验到综合系统设计,学会了自下至上的模块化设计思想和方法,在设计过程中,从简单系统设计着手,逐步积累设计及调试经验。多功能、多型号的模块可满足不同层次的设计需求,51 单片机主要适用于低速控制系统,高性能处理器可实现高速、复杂的系统设计。模块化实验平台可提供灵活多样的选择,以及更大的创新空间,能够引导学生由验证性实验向设计型、综合应用型实验逐步升级,激发其挑战意识和探索精神。

以电子血压计为例,学生基于平台中提供的 STM32 实验板及血压计中的袖带、空气泵构建了系统样机,在此基础上进行软件开发。实现功能后,对样机进行优化和裁剪,自主设计出工作稳定可靠的整机系统。

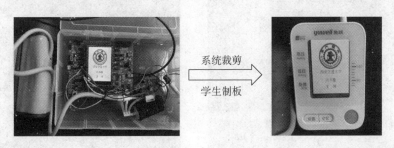

系统裁剪
学生制板

模块化电子系统设计实验平台可不断扩展、升级、重构,使用方便灵活,能搭建不同设计需求的系统,不仅能满足一般实验教学需求,还可用做学生能力拓展、开放创新的综合实践平台。

基于 DSP 的自动控制系统实验教学改革

西安理工大学　信息与控制工程实验教学中心　常晓军

"**自动控制系统**"是一门应用性很强的专业核心课程，"自动控制系统"课程实验平台的构建和实验内容的改革重点是把 DSP 引入到自动控制系统课程的实验教学中，在 DSP 上完成复杂电机控制算法实验。同时，构建体现工程实践的基础性、实践性、创新性的综合工程实践教学新体系，形成了包括基础性实验、综合设计性实验和研究创新性实验的 3 层次实验教学新模式。新的实验教学体系和教学模式提高了实践教学质量，受到了学生的好评。

课程实验平台构建：中心采购的是天煌教仪 THHDZ-3D 型电机拖动与运动控制综合实验装置，各功能组件采用积木式结构，便于二次开发及功能扩展，所有电机均选用工业现场应用的 1.1 kW 中小型功率电机，能真实反映电机本身的特性。其中的 PEC07A 研究型调速实验组件采用挂箱结构，包括调速控制电路和功率驱动电路，是基于 TMS320F2812 研制的一款快速控制原型和硬件在回路实时仿真的开发系统，可以在 Windows 系统上使用 C 语言编写电机控制算法，同时配有 DSP 专业仿真器，用于程序的下载和烧录。利用此系统可以完成直流电机和交流电机的实时闭环控制实验。该系统设计灵活度高，实践性强，有利于培养学生的创新能力和实际动手能力。

课程实验内容改革：从工程应用角度出发，实验课程的安排采用"分层递进式"教学模式：开环和单闭环验证性实验，双闭环设计性实验及基于 DSP 的电机数字化调速综合性实验。为了加深学生对运动控制系统的认识，专门搭建了基于 DSP 的电机数字化调速系统实验平台，该平台有利于实现复杂的电机控制算法，使实验教学内容更接近自动化专业实际工程应用，有助于培养学生分析和解决自动化领域复杂工程问题的能力。

 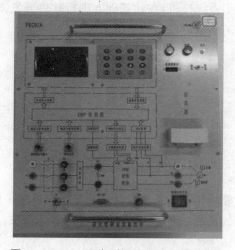

图 1　自动控制系统实验平台图　　　图 2　PEC07A 研究型调速实验组件面板图

基于图形可编程的电力系统继电保护实验

西安理工大学　信息与控制工程实验教学中心　程刚

　　"电力系统继电保护"是一门与实际联系密切,综合性、实践性非常强的专业课程,实验中心结合自主建设的图形可编程继电保护实验平台,开发探索新型实验教学模式,提出"一主三辅"实验教学指导思想,即以培养学生创新思维和实践能力为主体,辅以先进的硬件实验资源、渐进式的实验内容体系以及创新型实验教学手段,三位一体,软硬结合,全面提升学生综合实践能力,激发学生学习兴趣。

　　发明创新实验资源环境:我们设计的创新型图形可编程实验平台采用了工业级继电保护装置 M7D,其特点是编程接口完全对学生开放,采用图形化逻辑编程,简单易学,学生可根据所学继电保护原理知识,针对不同实验,自行编写相应保护程序并下载至保护实验装置中,同时设计上位监控界面,利用保护装置自带的 RS485 通信接口,进行上下位通信调试,形成一个完整的工业自动化闭环控制系统,其灵活度高、实践性强,有利于培养学生创新性思维和实践工程能力。

　　合理规划实验内容体系:坚持以工程项目形式为载体,本着实验难度递进式增长的思想,将实验内容依次安排为:基础类实验—提高类实验—综合类实验,每类实验有多个选题,项目组成员可根据自身情况,选择题目。

　　探索新型实验教学手段:每个实验项目组建立微信群、QQ 群,可以及时与老师沟通,汇报项目进展,咨询相关技术问题,反过来老师也能实时掌握项目进度,予以适当指导,增进师生之间的互动性,确保学生真正地学到东西,而不是得过且过,敷衍了事。

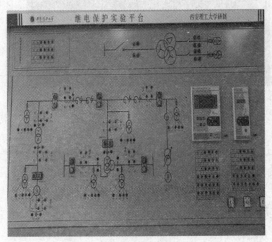

图1　继电保护实验平台图

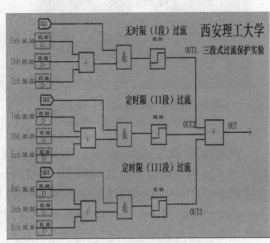

图2　图形可编程继电保护逻辑图

针对弘深电气小班教学的电气工程综合设计课程

重庆大学　电工电子基础实验教学中心　王唯

跨学科培育下的小班实验教学，重在对学生动手能力的培养与自主解决问题能力的培养。弘深电气班是学校为培育跨学科研究性人才开设的特色小班，针对弘深电气小班的教学，我们设计了电气工程综合设计类系列实验课程——"电气工程综合设计实验1""电气工程综合设计实验2""电气工程综合设计实验3"，实验项目及实验教学内容按照阶梯上升式设计，相互关联，从基于基本数模电基础的电子电路硬件设计，到基于核心控制单元的软件编程设计，再到系统性项目的开发设计，采用"任务式＋启发式＋创新性"的教学方法，在课程教学中先布置任务，再启发设计，最后鼓励创新功能设计。最终使学生能够熟练掌握基于软硬件系统的整体电子电路设计基本开发方法。

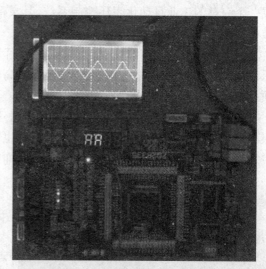

图1　电气工程综合设计实验1
学生自主设计的拓展电路

图2　电气工程综合设计实验3
学生设计的示波器

强调拓展，鼓励创新：如图2所示，学生通过系列综合设计课程的培训，开发出的基于DSP的示波器测试出了在系列课程1中自行设计并制作出的多路波形发生器的输出波形。在课程中，学生还可自拟拓展功能，自行查阅相关资料文献并动手实现。实验室为学生提供免费的开放场地以及实验经费，学生可随时到实验室进行动手实践。在课程评分体系中自主拓展部分的占分权重较高，这对学生有较强的激励性。

立体化单片机综合实训教程

大连理工大学　电工电子实验中心　高庆华

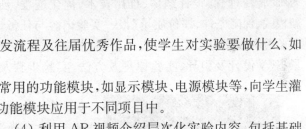

电子类综合设计性实验多为模拟工程项目开发,教学内容相对抽象、复杂。为了让学生直观、形象地了解和掌握课程内容,在编写《单片机综合实训教程》中引入 AR 技术,借助 AR 技术以立体化方式呈现课程相关内容,学生在预习以及实验过程中可通过扫描教程图片便捷地观看相关视频内容介绍,从而增加课程吸引力,提升教学质量。

实施方法:

(1) 设计 AR 虚拟实验供学生课前预习,使其了解实验所需软硬件知识。

(2) 利用 AR 视频介绍工程项目开发流程及往届优秀作品,使学生对实验要做什么、如何做有系统的了解。

(3) 利用 AR 视频介绍实验项目中常用的功能模块,如显示模块、电源模块等,向学生灌输模块化设计理念,像搭积木一样将各功能模块应用于不同项目中。

(4) 利用 AR 视频介绍层次化实验内容,包括基础层、提高层和拓展层,满足不同学生的个性化需求,学生可根据自己的能力自主选择设计内容。

(5) 利用 AR 视频介绍电子元器件特性,注重培养学生开放性思维,鼓励学生自由选择合适的元器件设计电路,学生可灵活设计,自由发挥。

(6) 师生课下借助微信公众号和 QQ 群进行交流讨论、答疑解惑。

应用效果: 立体化教材将多种教学方法有机整合,使抽象、复杂的知识变得通俗易懂,激发了学生的学习兴趣,培养了学生的自主学习能力和工程开发能力,提高了学生的动手实践能力和创新能力,促使学生设计开发了丰富多样的实验作品,从而达到了提升教学质量的目的。

电工电子实验案例竞赛优秀项目选编

东南大学　电工电子实验中心　胡仁杰、黄慧春、郑磊

2014年以来，每年由教育部电工电子基础课程教学指导委员会与国家级实验教学示范中心联席会发起组织，联合主办了"全国高校电工电子基础课程实验教学案例设计竞赛（鼎阳杯）"，竞赛由电子学科组成员单位东南大学、电子科技大学、天津大学、北京交通大学等电工电子实验中心联合承办，成为首个面向国内高校电工电子信息类本科实验教师举办的竞赛活动，得到了各地高校实验教师的积极响应，该竞赛也成为高校实验教师展示成果、互动交流、同步提高的平台。

实验教学案例设计竞赛试图引导实验教学一线教师"转变理念、设计载体、推广技术、优化进程、创新模式、保障条件、评价质量"，从"实验内容与任务、实验过程及要求、教学达成及目标、相关知识及背景、教学设计及引导、实验原理及方法、实验步骤及进程、实验环境

及条件、实验总结与分析、考核要求与方法"这10个方面开展实验教学的组织设计。

为了充分发挥实验案例竞赛"教改成果展示、改革经验交流、实践能力培养、优质资源共享"的示范辐射作用，高等学校国家级实验教学示范中心联席会电子学科组从第一届、第二届、第三届竞赛获奖案例中精选了部分优秀作品编纂成书出版，将这一实验教学优质资源奉献给社会。

选编精选了2014～2016年竞赛获奖案例中的部分构思精巧、内容新颖的优秀作品，同时也考虑了推广方便以及避免题材重复等因素。本着尊重作品原创的原则，编辑时除了删除部分清晰度欠佳的图片之外，尽量保持作品的原貌。

电子设计竞赛优秀作品选编出版

东南大学　电工电子实验中心　胡仁杰、堵国樑、黄慧春

全国大学生电子设计竞赛是面向大学生的群体性科技活动,近年来受到了高校和社会的广泛关注,已成为我国电子信息及电气工程类专业极具影响力的学科竞赛。为了使竞赛活动的成效得到更广泛的推广,使优秀竞赛作品的设计方案给更多同学学习参考,在江苏省电子设计竞赛组委会组织下,以东南大学电工电子实验中心为主的编委会策划出版了2013、2015、2017年全国大学生电子设计竞赛优秀作品设计报告选编(江苏赛区),希望将江苏赛区竞赛的丰硕成果更有力地展现、介绍给全国高校的同行及同学们,以期对已经参赛或即将参赛的同学起到思路上的开阔、技巧上的演练、实战上的引导。

选编精选了2013、2015、2017年全国大学生电子设计竞赛江苏赛区部分获奖作品中具有较完整设计方案和设计思路的报告。由于电子设计竞赛是学生在有限时间内完成的,竞赛提交的设计报告在内容的全面性、行文的规范性以及设计的详尽性等方面可能存在不足之处。选编所选的案例是经过编委会遴选、参赛者和指导教师后期整理的,以期更加全面、详细地展现参赛作品在设计思路、技术方法、软硬件设计、总结分析等方面的创新点及闪光点,对读者的指导更具实用价值。

由于电子设计竞赛的题目包括"理论设计"和"实际制作"两部分,在选编出版的同时也将部分方案最终的制作成品、完整的软硬件设计资料、作品完整介绍的视频等上传到网盘,通过网址链接的方式将作品更全面、更直观地展现给读者。

图1　2013、2015、2017年全国大学生电子设计竞赛江苏赛区部分获奖作品选编

新形态实验教材——《电子技术实验教程》

哈尔滨工业大学 电工电子实验教学中心 廉玉欣

1. 教材简介

哈尔滨工业大学国家级电工电子实验教学中心团队在总结"电工电子实验系列课程"国家级精品课程、国家级精品资源共享课程教学改革和课程建设经验的基础上，为适应全开放、自主学习式的实验教学模式，结合互联网数字化教学资源，编写了新形态实验教材——《电子技术实验教程》。全书内容分为三篇，第一篇为电子技术实验基础知识。第二篇为电子技术基础实验，分为模拟和数字电子技术基础实验。第三篇为电子技术综合设计实验，包含模拟电子技术设计实验、数字电子技术设计实验、印制电路板焊接实验。

2. 教材特点

本教材提供了 50 余个与教材内容相关的实验视频资源，用手机扫描二维码，即可观看学习。采用模块化的电子技术实验装置，基于建构主义学习理论设置实验教学内容。实验内容的安排由浅入深、循序渐进，适用于全开放、自主学习式实验教学模式，亦可用于传统的小班授课实验教学模式。

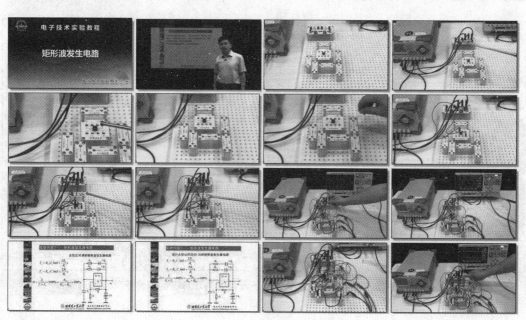

Android Studio 应用开发教材

湖南理工学院　电子信息与通信技术实验教学中心　方欣、杨勃

该教材从初学者的角度出发,通过通俗易懂的语言、丰富的实例,详细介绍了 Android 基础知识以及进行 Android 项目开发应该掌握的基本应用技术。

该教材的内容及特点:

(1) 全书共分 10 章,内容包括:Android 操作系统基础知识、开发环境的搭建、Android 项目的组成、常用基本组件的使用、事件处理机制、常用高级组件的使用、组件之间的通信技术、多媒体技术、数据存储技术和网络通信技术,最后介绍了一个 APP 实例的开发过程,贯穿前面的知识。

(2) 强化实验教学,结合理论讲解和案例教学,便于开展实验教学。在教学过程中我们配合教材开设有 14 个实验,教师指导学生在实验课堂上完成,提高学生程序设计能力。

(3) 以案例教学为核心,便于实现探究式教学、启发式教学和情景教学等教学方法,便于突出教学过程中的学生主体地位,调动学习的自主性,解决学生主体地位欠缺、自主性学习不足等问题。有效解决了学生重理论轻实践、重课内轻课外、重结果轻过程等突出问题。

该教材自 2017 年 8 月出版以来,受到读者的一致好评,目前已被浙江大学、桂林电子科技大学、浙江传媒学院、黑龙江财经大学等多所高校采用,有部分高校的老师还和我们取得联系,多次一起讨论教材内容及教学方法,实践证明教材能充分调动学生的学习兴趣,值得大力推广。

《电工电子技术》立体化教材建设

青岛大学 电工电子实验教学中心 赵岩岭

根据教育部电工电子基础教学指导委员会提出的"电工学"课程新的教学基本要求，为适应新的教学模式（如 MOOC 教学、混合式教学等）需求，我们建设了国家级规划教材《电工电子技术》（第 4 版）立体化教材，包括主教材《电工电子技术》、配套的多媒体电子教案、《电工电子技术学习指导与习题解答》、《电工电子实验教程》。

《电工电子技术》（第 4 版）主教材采用模块结构，涵盖了电工电子技术的所有内容，进一步突出"基础性"，加强"实践性"，体现"先进性"，在部分重点、难点位置插入了形象的动画或视频，扫描相应的二维码即可观看，使纸质化教材数字化，更加丰富立体，同时录制了相应的 MOOC 视频。

《电工电子技术》（第 4 版）配套的电子教案非常实用，条例清晰，内容丰富生动，插图规范，使之易教易学。

《电工电子技术学习指导与习题解答》按照主教材的各章顺序编写，每章分基本要求、学习指导、思考与练习解答和习题解答 4 个部分进行阐述，注重启发逻辑思维，便于阅读和自学，对总结和复习具有一定的参考和指导作用。

《电工电子实验教程》分模块设置，实验项目分基础验证、综合设计、提高创新 3 个层次编写，给出丰富的各层次实验项目及部分实验的实验报告模板。

电工电子实验教学建设成果集萃（2019）

电子元器件应用基础

西安电子科技大学 电工电子实验中心 周佳社、王水平、王新怀

本书从应用的角度出发,对 3 种最基本的电子元器件:电阻、电感和电容进行了讲述,其中主要是以它们的组成材料和生成过程来说明其电特性方面的差异,以及在应用中如何解决温度、压力和水汽等环境因素所带来的影响。全书共分为 4 章。

第 1 章电阻,讲述电阻的一般常识、种类和应用。

第 2 章电感,在对电感进行讲述的过程中,以变压器为主,分别讲述了低频变压器和高频变压器的应用设计和加工工艺,以及组成变压器的磁性材料、漆包线、骨架、绝缘介质等。

第 3 章电容,以介质为主分别讲述了不同介质电容器的特性和应用,最后还讲述了安规电容。

第 4 章介绍 R、L、C 在接地、隔离、屏蔽和电磁兼容(EMC)中的应用。

另外,在各章节中还分别加入了一些相应的国家标准。本书具有较强的实用性和可操作性,可供从事电子技术应用、设计、开发、生产、调试工作的工程技术人员阅读,也可供高等学校电力电子技术专业的师生参考。另外,还可作为《开关电源原理及应用设计》一书的辅助参考书。

开关电源原理及应用设计

西安电子科技大学　电工电子实验中心　周佳社、王水平、王新怀

　　本书主要讲述了开关电源的原理、设计及其应用电路。全书共分为4章。第1章是开关电源基础知识，讲述了开关电源的3种最基本的电路类型，即降压、升压和反极性式开关电源的工作原理、电路设计以及有关整流、滤波、驱动、控制和保护电路的原理和设计，并且对磁性材料、磁芯结构、漆包线、功率开关变压器的加工工艺和绝缘处理等进行了较为详细的介绍。另外，还简明扼要地介绍了目前刚刚兴起的同步整流技术。第2章、第3章和第4章分别讲述了单端式、推挽式和桥式开关电源电路的工作原理、电路设计以及应用电路举例。在讲述过程中重点突出了功率开关变压器的设计与计算以及各种电路结构的变形或拓扑技术。

　　本书具有较强的实用性和可操作性，可作为高等院校、中等专业技校和职业高中等电力电子技术专业师生的教材或教学参考书，也可供从事开关电源设计、开发、生产、调试工作的工程技术人员阅读，还可作为电力电子技术方面的研究所或企业的职工培训教材。

电类工程素质训练课程教学改革

北京交通大学　电工电子实验教学中心　王睿

电类工程素质训练课程是电类专业本科生的第一门专业基础实验课,对学生实验习惯的养成、实验技能的提高、实验兴趣的培养具有非常重要的意义。

该课程长期以来内容较为简单,无非焊接万用表、收音机等成品套件,只管焊接而无须考虑电路的布局布线,工作内容陈旧且简单枯燥,学生的学习兴趣和实验技能并没有得到明显提高。

针对以上问题,课程组进行了改革,从教学方法、实验内容等方面做了一系列的调整。

首先,优化实验时间安排,课堂上拿出一半的时间由老师对重要的基础内容进行深入讲解,接下来学生亲自动手实验,老师进行流动指导;每次课程结束前均安排额外的训练任务,学生课余时间需要观看课程组录制的扩展教学视频并完成训练任务。

图1　智能手指焊接训练套件

其次,在实验内容上,之前的直插元件焊接和贴片元件焊接予以保留,强化各种尺寸贴片元器件焊接能力的训练;巧妙设计练习板,方便学生和老师使用仪器对练习板焊接质量进行测试,提高测试效率。课程组自行设计全新"智能手指焊接训练套件",该套件内含多种常用封装的电子元器件,以及伺服电机等特殊部件,充分锻炼学生的电路焊接和组装能力;电路焊接、组装完成后,还需要使用仪器进行调试、校准,同时培养学生使用仪器调试电路的意识和能力;最终完成的作品可直接用于时下非常流行的"跳一跳"等小游戏中,学生对此非常感兴趣,甚至主动拍摄成"抖音"小视频发到网上宣传,充分激发了学生的学习热情。

再次,在考核方面,增加考试环节,要求学生现场使用通用电路板设计、制作一个完整的电路系统,引导学生用心思考,既要会焊接也要会设计电路的布局布线。

经过实践检验,学生在本课程中的学习状态、学习效果有了明显的改善,较好地实现了课程的教学目标。

电子线路、数字电路课程设计教学模式改革

长春理工大学　电工电子实验教学中心　唐雁峰

　　"电子线路课程设计"和"数字电路课程设计"是电类专业本科生的重要实践课程。将电子线路和数字电路等课程的理论与实践有机结合,加强学生对基础知识的理解和综合运用能力,培养学生勤于思考、勇于开拓的学习作风。

　　为了充分发挥课程设计在学生培养中的积极作用,将理论知识和实践训练有机结合,激发学生的学习兴趣,对课程设计教学模式进行改革。提出"任务布置＋任务实践＋任务验收"的分散教学模式,不再把课程设计集中在两周内完成,开学初布置设计任务,让学生带着任务要求学习理论知识,以"任务驱动"的方式提升学生学习的兴趣和目的。

　　任务布置:开学初,公布课程设计备选题目。"电子线路"和"数字电路"各 10 个备选题目。由学生自由选择,要求每个题目每个班级选择不超过 4 个。任务题目选定后统计上报,如无特殊情况不允许调整。

　　任务实践:将任务分解,每位同学根据所选题目确定所需知识点,加强相应理论课学习;要求学生独立完成方案设计仿真、器件选择采购、电路焊接、调试等,中心开放预约实验室为学生提供调试环境;学期中,中心教师团队为学生提供两次答疑活动。

　　任务验收:期末,以班级为单位,对每位同学的课程设计作品进行现场验收。根据作品效果、功能、指标和设计报告情况给予相应成绩。

　　学生独立完成从题目选择、方案设计、器件选择、产品焊接调试等过程,体会产品的完成流程。课程实践过程中通过理论课程学习、资料查询等方式加强学生的理论基础。

图 1　学生作品——交通灯

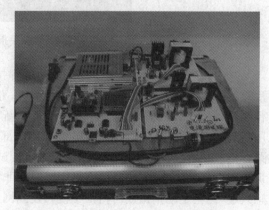
图 2　学生作品——程控直流稳压电源

Python 程序设计课程改革

长江大学 电工电子实验教学中心 沈孝科

针对目前学生对于编程语言学习过程中存在的问题:学习目的性不强,学习与应用脱节导致无兴趣,上机就是敲一遍指定代码,与专业知识无衔接等情况,对 Python 程序设计课程进行改革,主要从 3 个方面进行改革:教学方式的改革,教学内容的改革,考核方式的改革。

教学方式的改革:在教学上利用 Jupyter Notebook 采用一边教一边演示的模式,同时让学生跟着节奏来尝试代码的执行,若出现问题,教师可在课堂上为其解决。让学生在学习 Python 的同时也提高了代码调试能力。

教学内容的改革:除了基本的 Python 语法教学之外,还将 MicroPython 控制 ESP8266、语音信号处理、数字图像处理、数字信号处理、科学计算、网络与网页处理等专业知识进行串讲。通过使用 Python 操作相应的库来完成一些任务,提高学生对专业知识的学习兴趣。

考核方式的改革:把原来的上机练习改为上机辅导。将学生 3~4 人分为一组,指定两周时间完成一个项目。完成之后,学生要对项目的实现过程进行演讲并演示项目实现结果,通过一个由 5 位老师组成的答辩组对每组学生所做的题目进行审核和评分。通过这样的形式,可以让学生在完成项目的过程中积极思考,培养他们的团队意识。

学生实践的项目有:基于人脸识别的人流量检测、知乎专栏电子书生成、听新闻、字帖生成器、基于人脸识别的住宅入侵检测、Wi-Fi 干扰器等项目。

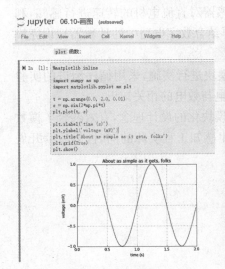

图 1 上机编程

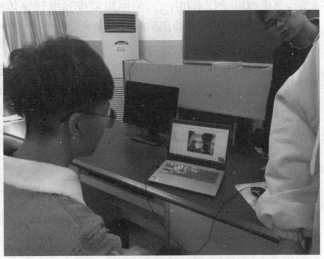

图 2 学生演示项目成果

打造电类实验新模式，培养学生系统概念

长江大学　电工电子实验教学中心　李锐

在电类实验的教学中，长江大学国家级电工电子实验教学示范中心一直努力寻求改革方式，经过多年的努力，现在逐渐形成了与实际工程相结合的实验教学体系。（在电类实验教学过程中，努力打造电类实验教学新模式，培养学生实际工程能力。）

1．设计从实际工程出发的实验内容

从事电类实验教学的老师们希望设计出能融合模拟电路与数字电路的实验内容，但是效果并不理想，像"音响放大器"这样集成度较高的模拟电子技术实验，缺少数字电路内容；像"交通灯模拟实验"这样的数字电路实验，缺少模拟电路内容。针对这一问题，长江大学国家级电工电子实验教学示范中心从实际工程出发，设计了一系列融合模电、数电的实验内容，比如"药片瓶装生产线简易控制系统设计""直流电机驱动与转速测量系统"等。

2．模块化设计理念，循序渐进，促进学生融会贯通

在实验设计与完成过程中，秉持模块化设计理念，让学生融会贯通，培养学生实际工程能力。以"直流电机驱动与转速测量系统"为例，学生首先完成直流电机的 H 桥驱动部分，让学生掌握如何使直流电机运转起来，直流电机如何转向；其次，用示波器产生驱动波形，让学生判断驱动波形的频率与占空比变化对直流电机转速的影响；接着利用 555 集成电路产生占空比可调节的驱动波形，同实际工程接轨让学生明白直流电机在工程中是如何驱动的；最后，与模拟电子技术相结合，采用霍尔或光电转速传感器对直流电机的转速进行感知，利用运算放大器对传感器输出信号进行整形、滤波，然后再结合数字电路中的计数器知识完成对直流电机转速的测量。

在该实验中，有效融合了模电与数电知识，通过各模块进行实施，采用循序渐进的实验方式，既体现了该实验项目的工程性又让学生掌握了模电与数电的相关知识。

通过设计与工程实践相结合的电类实验内容，采用模块化的设计理念，有效融合了模数电知识，让学生在整个实验环节中循序渐进，在培养学生感知工程实际的同时，为后续开展相关微处理器实验打下基础。

单片机原理及应用理论教学模式改革

长江大学　电工电子实验教学中心　孙先松

从 2016 年上半年开始,我们以"兴趣驱动"和"自主学习"为原则对"单片机原理及应用"课程进行了教学改革,探究了激发学生对应用技术型课程兴趣的各种方式和手段,引导学生自主学习和自主研究,采用新的教学形式、教学内容、教学方法等进行实践,大大提高了教与学的效率和质量。

在单片机课程教学中,我们设计了一种单片机实验板,设计原则是简单、各部分独立、实验效果能激发同学们的兴趣,只需连接笔记本电脑就可以使用。制作实验板所需的器件由实验中心统一采购后免费发给每个学生,学生在实验室亲手将所有器件焊接好后,实验板就归他拥有。在课堂上教师根据教学进度指导学生一个个单元调试实验板,每个教学环节同学们的兴趣都很大,这样就大量压缩了课堂上纯粹的理论讲解时间,简单一点的功能单元

图 1　15 级学生课堂上使用实验板实践场景

只是布置任务,引导学生看书,自主去学习和研究,独立解决问题。这样实验教学中的一些内容我们在课堂上就能直接实践,不像以往理论和实验脱节,所以效率很高,并且学生的学习效果也更好。在实验板外围进行扩展后还可以用于单片机实验和课程设计。从改革实践效果来看,学生对单片机的理解程度和应用能力远远超出以往的学生,还有重要的一点是激发了学生学习主动性,彻底改变了教与学的现状,使老师有一种成就感。目前电信学院已在所有专业单片机教学中采用这种教学模式。下表为同一教师近几年单片机课程教学的成绩统计,2009~2012 级是改革前情况,2012 级成绩较好是因为这门课的任课教师是这个班的班主任。从 2013 级开始改革,2014 级有 15 人未使用实验板。

年级	班级	总人数	90 分以上		70 分以下	
			人数	百分比	人数	百分比
2009 级	信工 1/2	78	25	32.05%	12	15.38%
2010 级	自动化 1/2	66	11	16.67%	29	43.94%
2011 级	自动化 1/2	75	1	1.33%	42	56%
2012 级	自动化 1/2	70	16	22.86%	19	27.14%
2013 级	自动化 1/2	71	9	12.68%	23	32.39%
2014 级	电气 1/2	82	19	23.17%	46	56.09%
2015 级	自动化产 1	29	12	41.38%	4	13.79%

模电实验教学模式的改革与创新

大连理工大学 电工电子实验中心 商云晶

在"模拟电子线路实验"课程教学中,我们进行了教学模式的改革与创新,改变传统教学中"教师先讲解学生再操作"的模式,通过多种先进的教学手段让学生在课前做好充分的预习,以便进入实验室能够快速投入到实验项目中。

1. 教学视频

教师创建包括重点难点讲解、仪器仪表使用方法介绍、实验室安全等教学视频,并在网站发布。学生通过在课前观看视频、回答问题,熟悉实验设备和安全操作方法。

2. 虚拟实验

教师创建虚拟仿真实验平台辅助教学。学生在课前通过虚拟实验,熟悉电路构成,改变器件参数,观看波形,进一步修改完善自己的实验方案。

3. 远程实验

教师创建远程实验平台,给学生提供一个随时随地操控远程电路和设备进行实验的便利,学生离开实验室仍然可以使用实验室资源,及时验证自己的想法和创意。

4. AR演示板

教师将单元电路的功能演示、经典实验示例、获奖作品展示做成 AR 教学展示板,学生在手机的 App Store 下载 AR 实验教学 APP,可随时随地通过扫描电路图的方式观看该电路的视频资料。

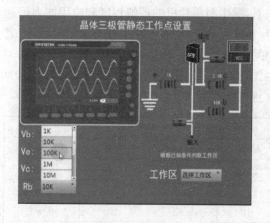 

利用各种先进的教学手段,我们重新构建了学习流程,将"信息传递"提到课前,减少教师重复性的讲解,学生来到实验室时已经做好了充分的预习。将"吸收内化"提到课上,通过课堂互动完成,教师和学生有更多的时间和精力投入到实验项目中,学生主动操作和思考,角色从知识的被动接受者转化为主动学习者,实现高效率的深度学习。

基于拔尖型人才的实验教学改革

东北大学　电子实验教学中心　肖平、杨华、李景宏、潘峰

东北大学"郎世俊自动化实验班"是依托我校自动化优势学科,为积极探索拔尖型人才培养方式而成立的特色实验班。东北大学国家级电子实验教学示范中心作为我校重要的实验实践教学平台,针对("朗世俊自动化实验班")拔尖型人才培养,始终坚持解放教学思想,积极探索以实验教学改革为抓手,以提升课程内涵建设为宗旨,以发展学生自主创新能力为目标的拔尖型人才培养模式。

"郎世俊自动化实验班"主要实验教学改革初步成果为:

(1)增加以目标为导向,交叉融合型实验教学项目。在电工电子系列实验课程中,已增设"基于光敏电阻的远近灯光电路设计""微弱电信号处理电路设计"等实验项目。

(2)建立基于信息化网络平台的教学模式。促进新型实验实践课堂的变革,保障充足的实验教学资源(关注"NEU电工电子实验")。

(3)制定开放、多元的考核方式,鼓励学生进行自主创新。实验班的实验考试环节采用自主设计及命题方式,小组答辩及综合测评后,获得实验考试成绩。

(4)建设创新实验室,作为面向拔尖型人才的第二实践课堂。为学生自主创新提供重要的物力保障,该实验室已成为学生重要的科研交流和创新活动场地。

经过几年来的建设与持续改进,基于拔尖型人才的培养获批东北大学教学成果二等奖,其中好的改革成果被推广到普通班。

图1　"郎世俊自动化实验班"实验考试环节

图2　学生创新实验室

与时俱进，自动化实训课程持续改革发展

东北大学　电子实验教学中心　鲍艳、杨华、钱晓龙

"电工电子实训"是面向自动化类大一年级学生开设的实践课程，课程定位是帮助学生尽早接触实践，对专业建立初步认识。中心对实训内容、教学模式、体系建设等方面进行与时俱进的探索和实践，将课程建设为一门独具中心特色的基础实践课程。

1. 更新实验内容，注重工程教育实效性，拓展学生专业基础认知的宽度

将单一的万用表焊接更新为数字钟、摇摇棒、小音箱等多样化内容，体现了电子电路由元器件到集成、模块化的设计思维转变；将计算机机箱拆装和操作系统安装更新为安装系统、组建局域网、安装使用虚拟机，体现了工业控制领域对计算机的需求定位的变化。实训内容始终能够体现专业知识在实际工程领域的应用。

2. 改革教学模式，注重开放创新多元化，满足提高学生实践能力的需求

实行"1+1"结对导师制，课前由导师引导学生对整个实验教学体系有宏观了解。借助校企平台资源，以项目化教学理念培养学生的工程思维。实行"必修＋选修"和开放实验直通车机制。借助网络平台发布资料，让学生随时随地学习。

3. 完善课程体系，注重实践教学立体化，拓展中心实践教学体系的深度

根据安全生产在工程领域的重要性，将安全教学纳入实训基础内容；建设稳定的教学梯队，保证内容质量，使课程建设与中心实践教学体系高度一致，紧密关联。实训课程是中心"四层次＋模块化"实践教学体系的"入门层"实践课程。

图1　校级教学成果一等奖　　　　　图2　调试焊接作品小音箱

以实训课程改革建设为核心的"基于工程实践能力培养的'电工电子实训'课程全过程改革实践"获批校级教学成果一等奖。

电子电路理论实验一体化教学模式改革

东南大学　电工电子实验中心　堵国樑

"模拟电子电路""数字电子电路"课程为电类专业本科生奠定了电子电路分析、设计、应用的基础，使学生在电子电路设计、调试等实践能力方面得到较为系统的培养和训练。

为让学生在有限的课时内掌握模拟电路、数字电路的基本概念和理论、分析方法和实验技能，激发学生的学习兴趣，提出"理论与实践相融合、基础与应用相融合、课内与课外相融合"的改革思路，采用"理论教学＋课堂实验＋课程实验"的教学模式，以"个人实验室"为条件支撑，使学生的学习兴趣和学习效果得到普遍提升。

理论教学：重点讲解基本概念、基本理论和基本分析方法，将学生的兴趣从对器件外特性的了解、应用，引导到对内电路的学习、研究，以单元电路的分析为铺垫，强调模拟、数字电子系统的设计思路和应用方法。

课堂实验：在理论课程讲解过程中开设的实验，既能对理论教学中较为抽象的、难以被学生理解的知识点进行检验和印证，又补充了理论教学之不足，更为重要的是通过学做练习，激发了学生的学习兴趣和求知欲。

课程实验：针对"模拟电子电路""数字电子电路"单独开设的实验课程，以项目为导向，将基本原理与工程实践问题有机地结合，探讨应用的方法，培养学生的设计能力。

将理论教学和动手实验同步进行；学生可在课上课后非固定时间与场所充分实践；简单实验在课堂解决，综合设计实验课后完成。

041

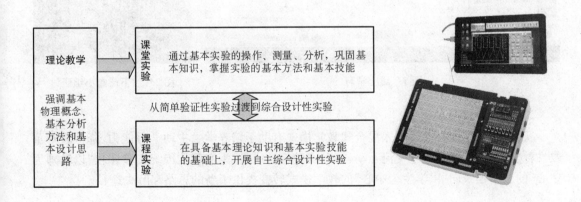

"模拟电子技术实验"混合式教学

桂林电子科技大学　电子电路实验教学中心　李晓冬

1. 混合式教学

针对"模拟电子技术实验"传统教学模式存在的课外学习环节缺乏及时有效的引导、监督,学生课外学习效果较差,课堂讲授演示时间偏多,学生动手实验的时间偏少,实验过程重模仿轻探索等问题,引入了线下课堂教学与线上网络教学融合的混合式教学模式:学生在课前首先完成线上学习任务(学习视频及相关电子课件、背景知识等)及测验,利用发放的面包板和元器件自主搭建实验电路,在实验室开放时间完成较为简单的验证性实验,将搭建的电路及测量数据以视频或照片的形式上传到线上由教师评价打分,随后再进入线下实体课堂与老师、同学讨论、分析课前自主学习过程中出现的问题,开展协作探究进行深度学习,课后再回到线上进行课后测验,学习拓展知识,并可根据兴趣选做实验。

图1　线上学习

图2　线下课堂小组研讨

2. 实验效果

实践表明,实验类课程引入混合式教学模式有助于培养学生主动学习能力,降低教师重复性教学劳动量,增进师生交流互动,提升实验教学质量,为实现从传统实验课程"以教师为中心"的教学模式向"以学生为中心"的教学模式转变提供了新的思路和解决途径。

基于"成果导向"教育思想的三位一体
"电子学实验"课程新模式的构建与实践

哈尔滨工业大学　电工电子实验教学中心　王猛

　　基于"成果导向"（Outcome Based Education, OBE）的教育思想，我们创建了三位一体的工科电类专业"电子学实验"的一种新的实验课程模式，即"高级电子学综合实验"课程的创建，并构建了课程的教学体系和内容，在教学上采用全开放、自主学习的模式。中心对此教学模式实践探索了6年，并于2018年春季学期获得黑龙江省教学成果一等奖。

　　在这种实验课程模式下，学生不需要完成一般专业培养计划下的电子学实验课程所规定的实验项目，而是在一年的时间里，通过完成一个研究型课题项目来获得这门实验课程的学分，以及创新学分和成绩。"高级电子学综合实验"这一课程集电子学实验课程、学生科技创新项目和实验创新研修课三个功能于一体，在完成"高级电子学综合实验"课程后，学生将同时获得这三方面的成绩和成果。

　　这种新的实验课程模式，以学生为本，采用"全开放、自主学习"的实验教学模式，在实验教学各阶段培养学生的综合知识运用能力、工程实践能力和创新思维，挖掘了他们的创新潜力，提高了他们的工程和创新意识。

图1　实验教学设计与学生获得的奖励

图2　学生作品及指导现场

FPGA 口袋实验室的建设与实践

哈尔滨工业大学　电工电子实验教学中心　廉玉欣

1. FPGA 口袋实验室

FPGA 口袋实验室是装在口袋里的 FPGA 开发板，具有体积小、价格低、携带方便、功能丰富等优点，可应用在任何学生愿意实验和学习的地方，例如寝室、图书馆、自习室等场所。与传统的实验箱相比，FPGA 口袋实验室拓宽了实验的时间和空间概念，能够让学生最大限度地利用实验室资源，既满足了学生的基本实验需求，也为学生自主学习和个性化发展提供了条件。

2. 应用实践

（1）实现理论课程与实验课程的贯通与反转

在学生进行"数字电子技术"理论课程学习之前，以班级为单位，为每一位学生发放 FPGA 口袋实验室，实验课程结束前回收。为了保证学生应用 FPGA 口袋实验室配合理论课程学习的教学效果，中心制作了 FPGA 口袋实验室介绍、组合逻辑电路设计、时序逻辑电路设计等视频课件放到中心网站和"爱课程"网。

（2）促进实验教学内容的改革与建设

"数字电子技术实验"课程中引入了自主型、个性化的实验教学内容，学生可以根据所学

理论知识和拓展模块，基于 FPGA 口袋实验室自主构思、策划、安排、完成、总结一个实验的全过程。针对 FPGA 基础较好的学生进行遴选，进入基于项目学习的实验教学模式。

（3）推动实验教学资源建设

中心实验教师基于 Xilinx Vivado 设计套件和 Artix-7 FPGA 口袋实验室编写了两部实验教材。书中包含了 83 个 FPGA 实验例程，涵盖组合逻辑电路、时序逻辑电路、数字逻辑电路设计及接口和综合设计实验。FPGA 实验教学资源的建设，有助于学生快速掌握 FPGA 口袋实验室，并将自己的设计或创意在 FPGA 上进行实现。

基于 CDIO 突出虚实结合的计算机网络课程实训教学模式研究

河北工业大学　电子与通信工程实验教学中心　李琦

为了进一步加大"计算机网络"课程建设,深化实验教学与实践环节,示范中心构建了华为网络通信平台和虚拟仿真平台,为课程的发展带来了契机。课程组以 CDIO 理念为指导,开展虚实结合的实训教学改革研究,并取得了一定的成效。

1. 引入"CDIO"理念构建集成化课程体系,培养学生综合实践能力

针对课程特点,课程组在教学中引入 CDIO 理念,将实践环节中的"构想—设计—实施—操作"作为工程教育的背景,培养学生的交流沟通能力及对多学科、大系统的掌控意识和能力,用于解决复杂性工程问题。

2. 构建虚实结合的课程实训教学模式,积极开发实训项目

基于华为网络通信平台和虚拟仿真平台,实行"以实际工程背景来组织实践教学内容"的创新模式。尝试将"项目实现"作为工程实践教育的原则,以网络构建、网络互联等问题为依托设计实训项目,构建科学合理、虚实结合的实训体系和项目案例,包括:搭建基础网络、路由器配置和静态路由、动态路由协议、VLAN 配置、构建 IPv6 网络、综合实训等。

3. 通过校企深度合作,培养"双师型"教师

课题组与华为技术有限公司、深圳讯方技术股份有限公司、河北华恒信通信技术有限公司等通信企业均有合作。依托示范中心,与华为签署了华为信息与网络技术学院合作协议,引进华为培训体系,努力加强"双师型"教师等师资培养。多名教师分阶段完成了华为 HCNA/HCNP 讲师培训,及"ICT 专业师资培训项目——LTE 移动通信技术""教育部协同育人师资培训——物联网技术"的培训,通过分层次分步骤的培训使教师逐步积累 ICT 实践经验。

4. 改革建设持续发展,成果值得借鉴

通过一系列改革,学生的学习能力和主动性、工程实践能力明显提高,课程受到学生的欢迎和肯定。改革的研究与实践立足本院,并积极开展与兄弟高校的交流,将其成果逐渐向校内外推广,得到毕业生、企业、有关专家及同行的认可,该课程以优异成绩通过学校的优秀课程评估。

该成果为新形势下本科课程改革与建设探索了新路,具有一定的示范作用和借鉴意义。

通信电子线路项目式实验教学改革

华南理工大学　电气信息及控制实验教学中心　梁志明

改革目的:采用基于"项目式"的实验教学方式,实验教学过程全面开放,针对这门课程实践性强的特点,强调让学生动手做电路,通过电路的设计、制作和调试吸引学生学习理论知识,并用电路引导学生运用所学的知识点。

实施流程:

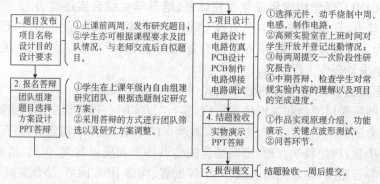

图1　课程教改实验流程

选题:①紧靠课程的主要知识点;②具有一定的工程背景或者实际意义;③复杂程度及扩展的知识点难度适中;④完成后效果直观,具有趣味性和实用性;⑤具备可行性,所用元器件容易购买或方便自制。设计了短波收发系统、基于锁相环技术的调频收发系统、无源电子标签系统、高频系列放大器制作等具有实用性或趣味性的题目供学生选择和参考。

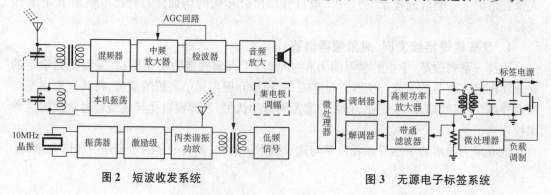

图2　短波收发系统　　　　**图3　无源电子标签系统**

成果特色:学生有时间进行充分的思考、验证、分析和实践,在做中学,学以致用,从而达到对知识的有效消化和吸收。发挥学生学习的主观能动性,提高学习热情;明确学生的学习目标,提高学习效率;培养学生的创新能力和工程能力;形成团队合作意识。

借互联网思维构建电工电子实验教学新模式

华南理工大学　电气信息及控制实验教学中心　吕念玲

1. 目标

由设施主导向内容主导转变,一直是近阶段高校实验工作的重点。但是实验教学过程中内容缺位、内涵模糊、过程控制有效性差,以及效果评价和自我完善机制等存在的问题,一直未得到有效解决。2014 年在 MOOC 建设的热潮中,我们分析了线上课程的特点,思考实验教学的问题,首次提出"互联网＋实验教学"的原型思想;接下来几年,我们专注从事借信息技术和互联网技术,推动实验在线教育的改革实践;基于互联、开放、共享的互联网思维内涵,构建了电工电子实验教学新模式,在解决实验教学的深层次问题方面取得了一定成效。

2. 思路

将实验教学对设备的依赖性转变为实施有效认证的优势,打造实验"金"课。

共建共享教学内容。建设实验在线管理平台,实现可接纳无限多镜像站点接入的容量预期;达成任何时间从任何镜像站点接入,均可获取资源,进行数据交互的目标。实验项目上线,接受校内外学生选做与评价,实现学生、课程互选与学分互认。

实时采集实验过程数据。采集实验现场学生的面部信息,以及实验过程中关键测量数据信息和反映实施情况的操作次数、错误次数、完成时间等过程数据信息,掌握全面的学情大数据;这也是强化过程管理的有效方式,切实提高了教育结果的可信度。

大数据分析实验教学效果。根据教学关注,赋予各类学情大数据相应的权重,建立数学计算模型,计算机自动统计数据正确率、操作试错因素等数据,并进行分级比较,生成教学需要的各种分析数据报表,作为学生调整学习策略,教师诊断教学设计的客观依据。

3. 实施

新模式将传统的实验预习、实验操作及提交报告的开环实验教学模式,转变为过程管理智能化、精细化的闭环系统。图 1 是实验管理闭环系统流程图。主要实施环节包括:

(1) 强制预习。学生开始实验前先进行预习检测,系统随机组卷;在限定时间内,可以进行三次检测;分数达标,实验台自动上电;不达标,实验台没电,无法进行实验。

(2) 全程识别。实验全过程不定时扫描,异常情况下触发多次扫描,上传数据触发强制扫描,自动记录扫描比对结果,保存为认证依据。杜绝代做实验。

(3) 信息反馈。教师得到实验出错率、实验熟练度,项目实施难易情况的大数据分析结果,诊断教学设计中的问题,优化教学内容。学生则可以看到自己实验过程中出错的记录,得到系统针对较严重不足而推荐的附加训练项目,从而形成与学生动手能力相匹配的个性化实验学习方案。

4. 成效

在应用层面:新模式把教学设计、过程管理、效果分析与反馈调整等环节置于闭环系统

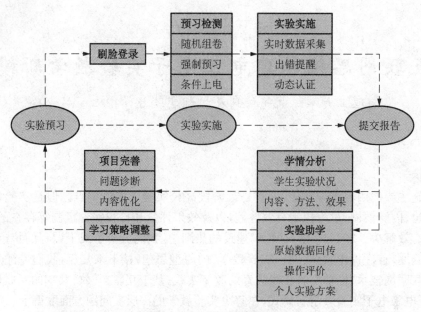

图 1　实验管理闭环系统

之中,促成实验课程可持续改进机制的形成;新模式提供实验出错及时提醒,错误操作记录,现场操作评价,个性化学习方案,给予学生高质量的实验学习辅导;新模式让实验项目上网,设立优秀实验项目排行榜,改变实验教学的"封闭孤岛"现状,切实推动优质实验资源共享;新模式符合学生交流习惯,基于大数据做出的评价与建议深得学生认同,教学的严格要求,得以柔性方式落地。

在改革探索层面:新模式界定了基于"互联网+"的电子信息类实验在线教育的内涵;并针对工科高校实验资源开放共享模式构筑中产生的问题,提出具体化的对策,对实验室共享建设具有一定的借鉴意义。

实验的科学性设计方法

华南理工大学　电气信息及控制实验教学中心　殷瑞祥、袁炎成

1. 目标

一直以来,高校实验教学基本是由经验丰富的教师和工程师根据教学经验来规划设计的。这种形式虽然取得了一定的教学效果,但设计的教学内容对于学生能力培养的贡献往往具有一定的模糊性,不能从根本上确保实验教学内容的科学性。

对此,我们通过对用人单位和毕业生的调研分析,从用人单位对毕业生处理复杂工程问题能力的需求出发,分析出实验教学的 10 项内涵指标,建立了实验教学内涵指标与学生能力成长 12 项毕业达成指标之间的映射。提出了基于实验教学内涵的量化设计方法,科学地指导各门实验课程教学内容的设计与规划。

2. 思路

基于用人单位对毕业生处理复杂工程问题能力的需求,分解出实验教学的 10 项内涵,并进一步统计出各项内涵对学生毕业后 5 年处理复杂工程问题能力的贡献率(R_n),如图 1 所示。针对工程专业认证要求的 12 项毕业达成目标,建立实现实验教学内涵的映射;在完成上述网络映射关系的基础上,项目组对实验课程中各实验项目内容进行了建模,构造量化设计模型。

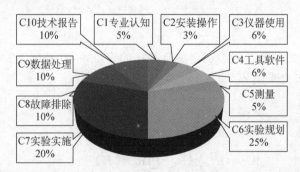

图 1　实验教学 10 项内涵指标对学生毕业后 5 年处理复杂工程问题能力的贡献率

3. 实施举例

以下是对模拟电子技术实验课的实验项目进行量化设计的示例。

(1) 建立实验内涵分解与实验层次分析表,设置实验项目与各内涵的关联度。表 1 中实验项目类别 P、课程综合统计对各项内涵的分解度 K 和课程定位系数 W 的计算模型分别见式(1)、式(2)和式(3)。

(2) 确定实验项目性质。对各实验项目制定预期的 10 项内涵分解系数 k_{nj},如表中阴影部分,然后利用实验内涵对能力的贡献率 R_n,根据公式(1)的数学模型来确定实验项目类别的权重系数(基本实验权重为 1,设计性实验权重为 2,综合性实验权重为 3):

$$P_j = \begin{cases} 3 & \sum_{n=1}^{10} R_n \times k_{nj} \geqslant 0.16 \\ 2 & 0.1 \leqslant \sum_{n=1}^{10} R_n \times k_{nj} < 0.16 \quad (j=1,2,3,\cdots,N) \\ 1 & \sum_{n=1}^{10} R_n \times k_{nj} < 0.1 \end{cases} \tag{1}$$

其中，N 为实验项目数。

表 1　"模拟电子技术实验课"实验内涵分解与实验层次分析表(%)

实验项目	实验内涵										类别 (P)
	C1	C2	C3	C4	C5	C6	C7	C8	C9	C10	
基本放大电路	20	20	20		20		10			10	1
故障排查训练	5		5	10		5	5	60	5	5	2
两级放大电路	5	5	5	5	5	20	30	5	10	10	2
运算放大器应用	2	5		10	5	30	30	5	5	5	3
集成器件组合应用	10			5		40	30		5	10	3
课程综合统计(K)	6.96	4.38	4.67	6.49	4.37	23.56	24.05	11.71	5.60	7.99	$W=2$

（3）确定实验课程性质。在确定了各实验项目类别后，利用实验项目类别权重系数，按公式(2)统计整门实验课程在 10 个实验内涵中的分解系数：

$$K_n = \frac{\sum_{j=1}^{N} P_j \times k_{nj}}{\sum_{j=1}^{N} P_j} \quad (n=1,2,\cdots,10) \tag{2}$$

最后，根据公式(3)的数学模型确定实验课程的定位系数(基础实验课程 $W=1$，核心实验课程 $W=2$，关键实验课程 $W=3$)：

$$W = \begin{cases} 3 & \sum_{n=1}^{10} R_n \times K_n \geqslant 0.16 \\ 2 & 0.1 \leqslant \sum_{n=1}^{10} R_n \times K_n < 0.16 \\ 1 & \sum_{n=1}^{10} R_n \times K_n < 0.1 \end{cases} \tag{3}$$

当课程定位系数不符合培养方案的要求时，说明实验项目预期设置不合理，应根据要求的系数范围，利用反向调整并修改实验项目设计，最终匹配培养方案对实验课程的定位要求。

4. 成效

从 2010 年起至今，我中心 32 门实验课程经过上述设计、完善，共有超过 4 500 名本科生参与改革后的实验课。事实证明，学生的实践能力得到显著提升，在各类学科竞赛中多次获奖，并参与科研项目，获得丰厚成果。

本成果荣获 2017 年第八届广东省教育教学成果 2 等奖。

项目驱动教学方法在"电子系统综合设计"实验教学中的应用与实践

兰州交通大学　电工电子实验中心　王耀琦

1. 课程需求分析

"电子系统综合设计"实验重点培养学生的动手能力和创新能力,其任务是训练学生综合应用各种电子技术知识,掌握电子系统的设计方法和制作过程,开拓学生的设计思路,增强学生理论与实践相结合的能力。该课程涉及很多门学科,如何在诸多的技术中选择教学内容,是首先需要解决的问题,同时电子技术发展迅速,新的 CPU、接口和总线等技术不断出现或升级,新的软件、标准和开发方法不断发展和更新,因此在教学方法和内容上,必须保持开放性的特点。

2. 教学实施过程

基于项目驱动的"电子系统综合设计"的教学流程如图 1 所示。整个教学过程在 4 个学期内完成,在大二第一学期开学之初,指导教师针对每一位学生制定一个具体的项目,每学期指导教师针对本学期开设的理论课程内容,制定具体的学习和设计要求,每学期学生的学习态度和项目的完成情况将作为最后完成电子系统综合设计课程成绩的一部分,大三第二学期完成项目设计的所有内容。

运用项目驱动教学法在课程教学内容、教学方法、考核方式 3 个方面进行了相应的改革。指导教师要设计好难度适中,包含 EDA、处理器、电子技术等各方面的内容,且便于实施的项目,具体实施中指导教师要求学生每学期完成项目的一部分,如模拟电子技术课程学习完

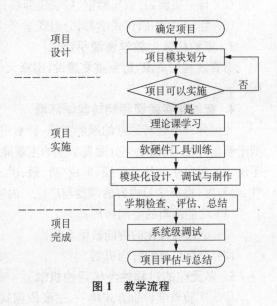

图 1　教学流程

之后要实现电源、放大电路的设计制作,并掌握仿真软件的使用。教学中采用启发式教学,培养学生分析解决问题的能力,每学期至少有 4 次分组讨论。成绩评定以过程性评价为主,单元模块电路设计和平时成绩占总分的 90%,作品验收答辩占 10%。

电子技术基础实验混合式教学模式改革

南京大学　电子信息专业实验教学中心　庄建军

1. 电子技术基础实验课程的教学现状

该课程覆盖范围广,选课人数多,教学手段单一,以验证性单元实验为主,面向低年级学生,对学生工程素养培养的基础性地位不可替代。

2. 基础实验课程混合式教学模式

将传统的单一课堂实验教学方式改成"线上教学""自主实验"和"翻转课堂"3个阶段,构成混合式教学模式,其中每个阶段教师和学生都有了不同的"教""学"任务。

（1）线上教学:视频观看、线上作业、线上互动;

（2）自主实验:开放实验室、口袋实验板;

（3）翻转课堂:研讨式学习、分组式学习、项目式学习。

3. 集约化线上教学资源平台

为有效利用资源,避免重复建设,南京大学统一建设官方 SPOC 网站 http://study.nju.edu.cn。

4. 智能化实验课程翻转教学环境

为保障线下翻转课堂的顺利实施,针对电子技术基础实验课程特点搭建一个智能化的线下教学环境,目的是充分激发学生的主观能动性,使其在动手实践中达到对学科知识点的了解。通过师生的角色转换,形成"听、做、讲、问、评"的全新学习流程,提高学习过程的互动性、参与度,提高学习内容的深度与广度。内容包括:

（1）功能清晰的空间布局;

（2）全程可视化的智能教学系统;

（3）严格规范的管理机制。

5. 多元化的过程性考核评价机制

传统实验教学评价方式单一,主要依据就是实验报告,很难客观评价学生的学习效果。混合式实验教学给考核方式带来了革命性变化。首先,评价手段更加客观;其次评价方式更加多元;再次,评价强调过程化。混合式教学的考核涵盖了实验课程的"课前、课上、课后"学习的全过程,每个环节都会根据重要程度的不同被赋予相应的权重,最后形成对学生学习的综合评价。

基础实验课程与现代工程意识培养的融合

南京大学　电子信息专业实验教学中心　窦蓉蓉

1. 意义与紧迫性

基础实验课程因其覆盖范围广、选课人数多,且面向低年级理工科学生,对其建立现代工程意识,培养其工程素养,具有不可替代的作用。在电类的基础实验课中向学生传递现代工程意识,有利于学生毕业后顺利适应工业界的要求。

2. 内容及措施

2.1 规范意识(标准意识)

(1) 进入实验室伊始,明确实验室规章及实验仪器使用规范;

(2) 将教师检查与学生自查、互查相结合,通过课上点名进行反复强调,确保学生了解实验前后必须要做的检查和各项归位要求;

(3) 每次课前,推送仪器使用规范视频和注意事项;实际操作中,随时指正学生的不规范之处;

(4) 在实验课程安排和具体实验内容设计时,植入质量体系的标准意识。

2.2 安全意识(职业健康意识)

结合 OHAS18001 标准相关条例,实验前重申、强调电学安全知识。

2.3 培养"发现问题—分析问题—解决问题"的能力

(1) 实验中向学生传递"实验中不可能一切都与理论一致","不可能实验中使用的所有器材都是好的或处于最佳状态"的观念。让学生明白工程应用中有问题是常态,工程师就是要观察发现问题、分析问题、解决问题的,鼓励学生将这一过程体现在实验报告中。

(2) 培养学生掌握基本的问题分析方法,将实验中发现的普遍问题,以思维导图的形式进行分析、定位和验证。

3. 学生反馈

结合质量体系最基本的 PDCA 循环管理机制,在课程结束时对学生进行开放式问卷调查。以电子学院 2018 年春季学期"电路分析实验"课程问卷中关于收获的反馈,总结如下:

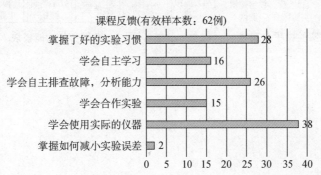

课程反馈(有效样本数:62例)

以学生为中心的电子线路教学模式改革

南京航空航天大学 电工电子实验教学中心 王龙军

在"互联网＋"新形势下，为解决以学生为中心，提高学生学习主动性、开展研究性学习和提升其工程实践与创新能力等问题，对电子技术系列课程的载体、内容、教学方法、考核方式等方面进行改革。

理论课程：采用互联网技术，建成了电子线路的理论及实践 SPOC 网络教学资源，并根据技术发展持续更新优化，设计开发了线上平台及手机 APP。以此为载体，知识学习方式由课堂教学变为学生课前在线学习，课上在教师主导下深化、研讨、提高、应用，形成以学生为中心的教学方式。

实验课程：与公司联合开发了便携式实验微平台，包括示波器、信号发生器、逻辑分析仪等集成虚拟仪器和供学生自主设计的自定义实验区。教学团队分析提炼本专业的代表性工程问题，重新对实验项目进行了组织。学生使用微平台及计算机即可开展实验。学生可在实验项目库中自主选择实验项目，学生即使在宿舍也可以开展实验，不受时间地点的限制。对学生实验成绩的评定，除常规检查内容外，增加了作品展示、演示答辩等环节，突出对学生的自主实验能力和思维表达能力的培养。

科创实践：在 SPOC 理论教学和微平台实验教学基础上，以现代电子技术为主题，围绕"通信电路设计""功率电路设计"和"物联网应用"3 个方向，为学生构建了竞赛、科创、科研三位一体的创新实践平台。在主题创新区，围绕 3 个方向，针对实际工程问题，开展大学生科创项目。以校电子电路竞赛、省和国家电子设计竞赛为牵引，学生通过参与竞赛，将理论和实践融会贯通，培养了团队协作和拼搏的精神，展示了学生的实践创新能力。

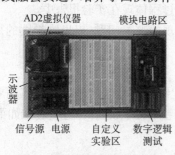

图 1 便携式实验微平台实物

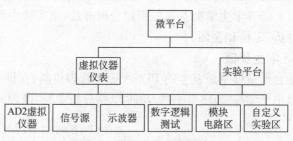

图 2 微平台各功能模块

基于云实验平台的通信电子电路实验

南京邮电大学　电子科学与技术实验教学中心　薛梅

1. 项目拟解决的问题

（1）通信电子电路实验室利用率低

通信电子电路实验是工科通信类、电子类学生的专业基础课。授课班级多，课程虽然独立但总实验课时少，实验室利用率不高。

（2）学生学习主动性、积极性不强

通信电子电路实验都是高频率实验，多数实验项目是验证性实验，学生实验积极性不高，预习流于形式、实验结果互相抄袭，靠教师课堂督促才能独立完成实验，实验效果不佳。

2. 基于云实验平台的通信电子电路实验特色

（1）将实体实验室映射到互联网上

在云实验平台上配置课表、分配实验室、设置学生访问实验室、实验桌权限，学生可以方便地通过客户端查询个人课表及对应实验室，也可以选择实验室空余时间段开展自主实验，打破实验安排固定模式，实行开放管理，大大提高了实验室利用率。

（2）实现在线互动教学

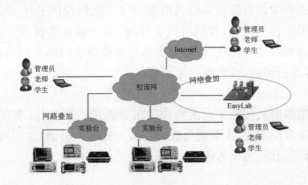

图1　云实验平台配置

学生课前通过远程登录云实验平台，选择所需实验项目，完成教师布置的预习题并在网上提交预习报告。课内根据实验步骤，操纵网络仪表，完成实验。教师可以在教师端看到学生实验结果，实现互动教学。课后，学生远程登录云实验平台，异地云空间提取实验数据，分析结果，在线提交实验报告。电子版的实验报告批改、反馈更及时，提高了学生的学习积极性。

（3）实验信息管理智能化

云实验平台对仪器设备量化管理，方便统计设备利用率、维修率等；平台对学生的实验成绩智能管理，根据教师设定的分项比例换算出总评成绩；教师可以统计实验项目完成情况，改进实验方法。

基于 MOOCS 平台的电工学实验教学改革

青岛大学　电工电子实验教学中心　刘丹

电工学实验是面向高等学校工科非电类专业的一门技术基础实验课程,具有很强的实践性。一直以来,存在着难以检查和督促学生进行有效的实验预习,很难做到对学生进行一对一指导和检查,难以保证实验教学质量,实验报告抄袭问题严重,实验考核方式不合理等问题。随着近几年 MOOCS 平台的建设及对其功能的不断完善,为实验课程的教学改革提供了崭新的平台。中心基于 MOOCS 平台对电工学实验进行了教学改革。经过了几学期的尝试,教学效果良好。下面从 4 个方面做简单介绍。

1. 实验预习

制作"碎片化"实验教学视频。要求学生课前预习观看相关教学视频。预习过程中遇到的问题,可以利用 MOOCS 的在线讨论平台,教师与学生进行线上互动答疑。实验预习考核包括:完成预习"闯关题"和"测验题";按照要求对实验电路进行仿真,并提交相关数据;根据学生参与在线讨论的情况,系统给予评分。

2. 实验课堂教学

学生在完成实验预习考核后,进入实验室进行实验,可以节省课堂讲解环节,大大提高了课堂效率。实验过程中的答疑也可以利用 MOOCS 的讨论区平台,灵活地开展一对一、一对多和全体参与的课堂在线讨论,教师可以更好地、更全面地掌握课堂情况,提高工作效率和课堂效果。实验过程的考核包括:根据学生参与在线课堂讨论和回答问题的情况,系统给出评分;在每次实验课的最后,设置线上考试环节。

3. 实验报告

将原有的实验报告形式按照平台的操作要求重新进行调整,以客观题和主观题的形式出现。客观题由系统自动批改,主观题由教师在线批改。一方面,学生可以随堂提交实验报告,可有效地解决抄袭问题;另一方面,大大减轻教师的工作量。

4. 实验考核

利用 MOOCS 平台可以简单而高效地对实验预习、实验过程和实验报告各个环节实现"全过程"考核;各环节考核的权重,教师可以根据情况自行设定。可以单独设置实验期末考试。

电工电子技术混合式教学模式研究

山东科技大学　电工电子实验教学中心　马进

1. 课程定位

"电工电子技术"课程是我校非电类工科专业的工程技术基础课之一,该课程所涉知识面较广,是理论和实践并重的课程;对大部分专业而言,是其整个大学期间唯一一门系统学习"电的理论与基本应用"的课程,是学生由纯理论学习向专业课学习过渡的桥梁。

2. 混合式教学方案

由于课程内容繁多,既包括电路分析的基本理论,又包括应用电子线路的基础知识,还有典型的应用电器及其控制方法。为了让学生在有限的时间内尽可能多的熟悉、掌握电路基础知识和典型应用电路,我们采用了混合式教学模式,具体方案如下:

（1）"雨课堂"引入课堂教学

充分利用"雨课堂"强大的线上线下交互功能,实时了解学生的到课情况、学习动态、知识掌握情况(如图 1),课堂上师生信息双向传输,数据分析让教师精确了解课堂效果,做到"有的放矢",从而"知己知彼,百战不殆"。

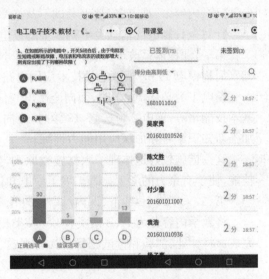

图 1　"雨课堂"课程界面

（2）"仿真演示"融入课堂教学

在课堂上应用仿真软件进行电路仿真演示,让学生看到复杂电路特别是电子线路的工作原理,了解器件的特性及电路参数的关系,从而深入理解电路理论知识,做到"拨云见日",让学生"醍醐灌顶,茅塞顿开"。

（3）"口袋实验平台"走入实验教学

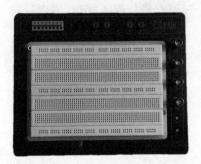

图 2　口袋实验平台

充分利用"口袋实验平台(如图 2)"功能强大、便于携带的优势,让学生摆脱实验室的束缚,利用课余时间完成选做实验并将结果上传"雨课堂"讨论区和大家交流心得,教师也可在讨论区解答学生的疑问,做到"学以致用",让学生"兴味益然,事半功倍"。

（4）"在线课程"建设推进课程教学

目前中心正在积极推进电工电子技术在线课程建设,在线课程将为学生提供更加丰富的学习资源和师生互动的空间,让学生不再束缚于课堂,让课程内容更加丰富多彩。

"模拟电子技术"混合式教学模式改革

山东科技大学　电工电子实验教学中心　赵洪亮、卢文娟、刘春晖

"模拟电子技术"(以下简称模电)是电子技术系列课程的入门级课程,是电气信息类各专业的主干课和专业基础课。学好模电,对于学好后续数字电子技术、高频电子技术、电力电子技术以及单片机、DSP、嵌入式系统等重要专业课程,及参加大学生电子设计竞赛等各种科技创新活动具有重要意义。但是,模电也是公认最难学、最难教的课程之一,素有"魔电"之称,内容多、难点多,学生考试不及格率高。

针对全日制电气信息类本科学生的模电教学,采取了以下措施:

第一,课程体系改革。将模电由一门64学时的大课改为两门课,即"模拟电子技术基础"(简称模电1)和"模拟电子技术应用电路"(简称模电2)。

模电1为必修,54学时,面向全体电气信息类学生,削枝强干,加强模电基础知识教学和基本技能培养;模电2为选修,18学时,面向对模电兴趣高、基础好的部分学生,加大信息量、加强新知识学习和加深应用能力训练。

这一措施较好地体现了因材施教原则,使全体学生具备了必要的模电基础知识和基本技能,使学有余力的学生显著扩展了模电知识视野、强化了模电应用能力。

第二,采用线上/线下、课内/课外、理论/仿真/实验相结合的混合式教学模式。

将教学内容分为A、B两类模块,A类模块通过线上学习完成,B类模块采用课堂教学完成。将作业、测验和考试题目分为客观题、主观题两大类,客观题线上完成(其中测验和考试要求在规定时间内完成),主观题线下完成(其中测验和考试要求在教室内集中进行)。客观题、主观题均覆盖了A、B两类模块所涉及教学内容。

模电是理论性、实践性都很强的课程,理论与实验的有机结合很重要。除实验课(独立设课)外,强化了基于Multisim的仿真实验,开发了22个仿真实验在线上/线下教学中使用。

将创新性实验引入模电课程教学,使学生创新意识和创新能力培养工作及早开展。要求学生2~3人为一组,结合模电课程所学知识,对模电某一知识点进行深入探讨,或者针对某一实际问题,综合应用模电知识给出解决方案。

"机器人综合设计"课程实验教学新方法

武汉大学　电工电子实验教学中心　张铮

本课程是测控技术与仪器专业的一门实践教学课,主要进行机器人的综合设计与制作。通过本课程的学习,使学生进一步熟悉典型的机械结构原理及其应用;掌握常用传感器的基本特点与应用场所;学习运用自动控制的原理来实现运动控制的基本方法,为学生综合运用相关专业课知识和进一步研究机器人技术打下初步的基础。

1. 把知识点学习与实验内容相融合

(1) 基础实验

利用课程组老师开发的机器人实验平台完成基础实验,开发的机器人实验平台的控制主板采用主流的 STM32F4 系列 Corte-M4 内核处理器,集成了如超声波传感器、QTI 传感器、颜色传感器、无线射频接收模块、摄像头、机械手、遥控手柄等模块。

(2) 知识点学习

要求学生掌握各类传感器原理并完成相关实验,并能够综合运用,克服以往智能机器人教学中集成传感器种类少、任务单调、综合运用不强等问题,通过强调知识点学习并以任务驱动型实验激发学生参与兴趣,提升了学生的创新思维。

2. 把学生能力融入实验考核

改变了以往对单一实验的验收模式。强调作品设计的新颖性、先进性,通过技术指标、作品完成情况、非正式的咨询答辩等形式考查学生的综合素质和能力,并将这些与实验课成绩挂钩。

把实验与相关学科竞赛相结合,考查学生的工程运用能力。在实验教学过程中,我们引入学科竞赛元素,比如借鉴了 ROBOCON 机器人比赛规则中机器人直线行走、S 路径的寻迹、抓取目标物块、避障和智能探测等任务,不仅具有趣味性,也增强了学生的团队意识和合作精神。

图 1　两组机器车比赛实景图

嵌入式技术实验个性化人才培养实践

武汉大学　电工电子实验教学中心　谢银波

嵌入式技术以研究软硬件集成、多技术融合的复杂综合电子系统为基础。武汉大学是一所综合型大学，电子信息类学科有着理工结合的特点，强调创新人才的个性化发展。

个性化的人才培养需要有丰富的教学资源和内容为基础。中心一线实验教师团队在总结多年实践教学经验的基础上，结合本校电子信息类专业的特点，融合最新的嵌入式技术，自主设计完成并批量应用了 ARM-Android-II 型嵌入式教学实验平台（以下简称"平台"），平台的研制得到校设备处和学院的立项支持。

软硬件组成上，平台功能全面、制作工艺精良，采用最新的嵌入式硬件系统架构技术，各种组件齐全，外围接口丰富，涵盖几乎所有嵌入式技术中常用和当前最新的主流接口。软件层，实验平台形成了从无操作系统到嵌入式 Linux，再到 Android 操作系统一脉相承的实验体系内容，适合学生个性化发展。

教学内容上从硬件"零基础"到综合系统设计，从简单控制程序到移动应用开发，到驱动程序设计，到操作系统构建与移植，知识点全覆盖，由浅入深，适应各专业层次开展教学活动。

平台还设计了多种扩展接口，可方便、可靠地与各种便携式、嵌入式实验板和功能组件进行对接融合，便于学生课内、课外"分合式"的实践和创新活动，并形成互补。

针对学生不同层次、兴趣爱好，专注特长，实施有针对性的教学过程，课程设计了丰富的实验教学内容，编写系列实验指导书，以满足不同层次教学及个性化人才培养的需要。

图 1　ARM-Android-II 型嵌入式教学实验平台

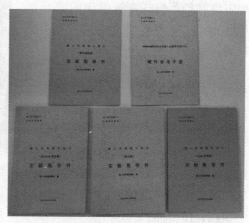

图 2　分层次教学的系列实验指导书

实验从设计到验证学生 DIY

西安交通大学　电工电子实验教学中心　宁改娣

几十年传统的实验教学方式基本都是按照实验指导书进行,即使是综合设计实验也是提出各种详细任务和要求,限制了学生的思考及自主设计思路,也制约了学生的创新空间。最近几年我们在"数字电子技术"和"数字电子技术与微处理器基础"课程中引入开放实验项目,包括学生课外自主设计实验、验证实验、优秀学生课堂演讲等环节,效果非常好。以下是本科生 DAC 开放实验举例。

1. 教师提供实验平台资源和简单要求

比如,在数字电子技术课程中,关于 DAC 实验,在介绍完 DAC 基本原理之后,提供给学生 Pmod-DA1 和基于 FPGA 的 B2 实验平台,Pmod-DA1 上有两片 AD7303,AD7303 是 8 位 DAC。要求学生课外完成用 FPGA 控制串行数/模 AD7303 实验,优秀者做翻转课堂。

2. 学生查资料从设计到完成实验并分析结果

其中一组学生不仅下载了 AD7303 和 B2 实验需要的详细资料,还对实验平台设计制作公司的相关产品也进行了对比分析。研究了平台的原理图,并指出器件数据手册对设计的指导意义,自学了 SPI(Serial Peripheral Interface)通信协议和应用场所,了解了 AD7303 的 SPI 通信时序,可贵的是他们强调了《AD7303 数据手册》中通信时序图中的每个时间指标的具体参数列表,这是目前很多教材包括实验指导书都没有提及的细节。根据上述内容,给出了 FPGA 控制 AD7303 的有限状态机设计思路,并进行了实验验证和课堂演讲。用示波器观察得到了完美的 100 Hz、9 000 Hz 等正弦波和锯齿波,并对实验观察到的时序波形与理论知识进行对比分析。这种实验效果是以往的实验方式无法达到的,放飞学生,教学相长。

微处理器类课程教学方法

西安交通大学　电工电子实验教学中心　宁改娣

　　自 20 世纪 70 年代起,随着 IC 设计和制造技术的发展,各高等院校陆续开设了一系列微处理器类课程。图 1 所示是我院 2010 年培养方案中与微处理器相关的 4 门课程的情况。这种方式存在学时和学分多、低层次重复、课程衔接不当、师资及实验资源浪费、普遍针对某芯片教学、规律性基本概念几乎没有等问题。多数学生学习之后并没有掌握微处理器软硬件设计需要的基本功,教学也跟不上科研的需求和技术的发展。笔者针对微处理器类课程教学在研究生和本科生教学中进行十多年的改革尝试,总结出以下方法。

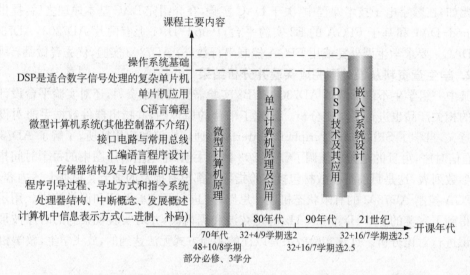

图 1　电气学院 2010 版培养方案中微处理器类相关课程(不含集中实践课程)

1. 课堂上只讲共性概念不讲具体芯片,学生设计实验

　　教师在课堂上只介绍微处理器软硬件共性概念,然后学生根据这些共性概念,自由选择任一型号的微控制器实验平台,在课外查阅具体使用的微控制器手册、熟悉实验平台、设计实验、软硬件运行调试、优秀学生课堂讲解和演示等。本科生第一次试点教学,效果就超乎想象的好。这种完全脱离过去按照实验指导书照猫画虎的实验方式,可以使学生更好地掌握处理器最通用的开发方法,以便面对后续不断涌现的新型处理器。

2. 完全取消笔试,成绩由实验确定

　　课程的考核方式是学生学习的指挥棒,微处理器课程教学的目的是"用"。在教学一开始就要公告考核方式是"用"好平台。课程成绩由查资料设计实验、预习报告、课堂演示及现场改动实验、综合设计、实验总结报告、遇到问题的解决方法等确定,取消笔试环节。

借助可程控仪器改进实验教学

浙江大学　电工电子实验教学中心　姚缨英

在实验室条件改善之后,如何与时俱进,充分利用测量仪器的功能,深化实验教学内容,如四通道示波器、逻辑分析仪、功放、仪器的可编程控制等,需要开发新的实验项目,探索新的教学方法和评价机制,以提高学生学习能力和实践能力,提升其综合素养。

在深入理解测量原理和测量方法的基础上,对传统实验进行了改造,增加了拓展内容和自动化测量,充分发挥了测量仪器的新功能,使实验方法与时俱进,提升学生实验设计和测量系统设计的能力。近两年我们陆续基于 Labview、Matlab 开发了开放式的高级虚拟

图1　实验系统界面

仪器,实际上就是自动化测量,如,半导体器件特性图示仪、频率特性测量波特仪、频谱特性分析仪等。基于可编程任意波信号源开发了含毛刺的信号、含干扰的心电信号等自定义信号作为滤波器设计的测试源,大大展宽了实验的实用性。对于学生自制的功能电路板,我们开发了性能指标自动化测试程序,可以自动测量、计算设计指标并记录。例如,音频放大电路是一个大型的实验项目,要求学生设计、布线、焊接、调试,以往的验收是老师看着学生调出某个指标和试音,因为时间关系无法现场验收全部指标,现在采用实验室四通道示波器,信号源发出相应频段和幅值的信号后,程序获得测量波形和数据,计算后立刻将测量电路的性能指标呈现在界面上,马上可以与学生手工测量值作比对。类似的自动化测量拓展了学生的眼界,也激发了学生探究的兴趣,在掌握基本手工测量的前提下,更加体会到测量系统和自动化测量的重要性以及它们与手工测量之间的关联和差别。

基于程控仪器开发高级虚拟测量仪器,如波特仪、伏安特性测量仪、半导体特性图示仪、李萨如图示仪、频谱特性测量仪等,并用于实验课程。音频放大电路性能指标的自动化测试程序经过多轮使用已经得到老师和学生的认可,从试点班推广至面上使用。

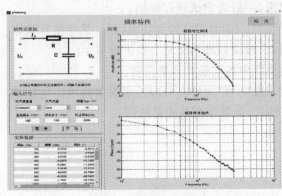

图2　虚拟测量仪界面

依托智慧教学工具构建实验教学新模式

浙江大学　电工电子实验教学中心　姚缳英

2017—2018 年秋冬,在学习"电路与模拟电子技术"课程的学生中,组织了一个电路与模拟电子技术实验课的班级,教师统筹安排理论与实验课程的教学内容和进度。基于智慧教学工具雷实验＋雨课堂,实施每个实验的课前入门测试、课堂讨论、课后追踪测试和课外探究与研学。开发了配套实验,编写了配套的系统使用指导和应用释疑集。

基于数字课程提供预习资料、基于 ADLab 见缝插针随时随地设计与测试,并借助雨课堂进行实验教学全过程管理(预习概览、知识点测试、实验要求、仿真论证、电路搭建、测试数据上传),为实验教学的在线学习和自主探究提供了实现途径,积累了相关经验。

雨课堂和雷实验所用的课件与传统 PPT 不同,雨课件贯穿"课前""课上"和"课后",可推送视频、音频,测试题(单选、多选、主观题),适合课上讨论(投稿、弹幕)等,并可实时追踪学生的学习状态,受到学生的欢迎,学生探究性实验的深度和广度提升明显。

电路与模拟电子技术实验雨课件被授予"智慧教学优秀电子教材"称号,是教育部在线教育研究中心首次评选出的 36 门课程优秀雨课件的获奖作品之一。

雨课件包含 5 个文件夹:秋学期实验项目(7 个)、冬学期实验项目(6 个)、ADLab 使用指导、雷实验入门视频、"雷实验"中每周实验前推送的实验目标要求及内容文件夹。每个实验项目由课前推送、课上、课后推送以及仿真源文件组成。其中,课上文件夹中的课件包含课前须知(要求必备这方面的理论基础,一般含测试题),如果不是第一次课可以放在课前自学。"任务,课前知晓"是实验任务的概览,有所了解即可。为节省宝贵的课内时间,课上课件一般不安排测试题,但可安排投稿,根据情况组织讨论,或者针对其中的重难点用附录课件有选择地深度讲解。附录课件是与实验有关的知识点讲解,原则上可不讲,但是,如果理论基础不够时可指导学生查阅,部分课上解读,部分课后复习用;"思考、拓展与预习"为本次课之后的复习、思考拓展以及下次课的预习要求,一般含测试题和视频。

每次实验的文件夹中还包含器件数据手册、Multisim 源文件和仿真指导、某些仿真数据以及参考文献,这些资料作为实验的辅助资料,由授课教师判断是否提供给学生。

"ADLab 使用指导"文件夹汇总了雷实验系统中各实验的详细内容。

"雷实验中每周实验前推送的实验目标要求及内容"文件夹对应于每次实验给出电脑端雷实验软件上推送的资源(源文件和 Word 文档)。包含了面包板接线图。

"虚实结合"电子技术实验课程群教学实践

中国矿业大学 电工电子实验教学中心 袁小平

为了完善电子系列课程群的实验教学手段,实验中心构建了不受时间、空间限制的电子设计仿真与实验系统,主要包括:(1)虚拟仿真实验资源丰富,满足模拟电子技术、数字电子技术、单片机、电子技术综合设计等课程群实验教学。(2)"虚实结合、互为补充"。学生进入实物操作实验室之前通过软件仿真实际电路,然后上传仿真结果,经过教师审核通过方可进入实体实验室实验。(3)建立了基于 Proteus 虚拟仿真的远程实验室。学生不受时空限制可进行远程虚拟实验。(4)通过虚拟仿真管理系统确保学生进入实验室进行实体实验前进行实验预习和实验电路的模拟仿真。

数字电子技术实验已实现开放式运行,该实验系统平台包括课程管理、Proteus 学习、课程实验、作品展示、通知/公告、辅助学习、用户管理等模块。其中,课程实验模块可以添加或查看实验。该课程采用"虚实结合,软硬兼施"的方式,首先要求学生设计预习实验内容,先在 Proteus 软件中仿真通过,将仿真结果上传到 Proteus 电子设计仿真与实验系统,然后再进入实验室实物调试。具体界面如图1、图2所示。

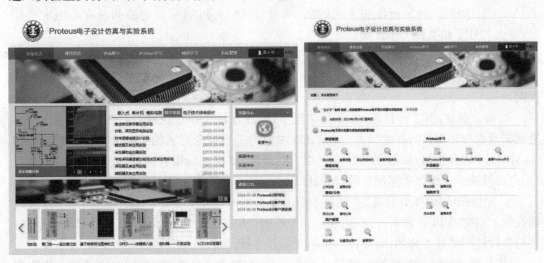

图1 实验系统界面1 图2 实验系统界面2

在电子技术综合设计实践中,采用 Proteus 软件可以实现模/数混合电路、单片机和嵌入式系统的仿真。利用计算机网络构成单片机实验的局域网、校园网,学生可以不受时间、地点和实验内容的限制,教师可以在网上和学生交流、辅导。在实验中,教师特别强调在实验方案的设计上要采取软件仿真与硬件实验相结合的方法,同时强调软件仿真的局限性,软件仿真不能代替硬件实验,引导学生将软件仿真与硬件实践有机结合。

《工作日志》在实验教学中的运用

北京交通大学　电工电子实验教学中心　马庆龙

在综合设计性实验课程教学过程中，学生容易出现前松后紧、最后突击、"搭车"、"抱大腿"等问题，严重影响教学质量。实验中心电子系统课程组在教学实践中尝试采取要求学生记录工作日志的方式，督促学生认真完成课程学习，具体如下。

1. 上课学生每人准备一个笔记本作为《工作日志》，记录本人（个人工作，不含小组其他成员完成的工作）每次进行设计工作的具体时间、地点、工作内容、查阅资料的笔记、设计过程的分析和推演（含设计草图和文字说明等），记录的内容在项目的整个设计过程中不断添加更新。《工作日志》就是设计过程的演草纸、随手记。

2.《工作日志》的格式不做特定要求，但必须手写，字迹应尽量工整。

3.《工作日志》中有错误的地方可以用笔划掉，但仍要能够看出来原来的字迹。记录应保持完整，一页都不要撕除，否则将被视为未记录。

4.《工作日志》每次记录后都要落款签字并在签名旁附记录日期，避免冒用他人的记录。

5.《工作日志》封面应注明本人姓名、学号、班级信息，第一页应注明所在小组成员信息、本人的分工和项目工作计划。

6. 每周将本周已更新的《工作日志》全文拍照，同时在最后附上本周最新的作品（包括半成品）照片1～2张，制作成一个PDF格式文件，在规定截止时间前在课程平台网站上传提交。

7. 每次提交的《工作日志》内容完整翔实，反映设计工作量饱满，进度正常的给10分，进度偏慢或存在明显问题的给5分，未交或内容严重不符合要求的给0分。结课时将历次《工作日志》评分相加，如不能取得60%以上的分数，课程成绩将直接评为不及格。《工作日志》总成绩按一定比例折算进入课程总成绩。

8. 原始纸质版《工作日志》在结题答辩时要当场检查并上交，要求必须与实际工作及之前在网上提交的PDF版本一致（抽查），如果不能提供《工作日志》或发现《工作日志》记录内容与实际情况明显不符的，则对该学生不予验收答辩，课程成绩按不及格计。

《工作日志》的记录，既有效督促了学生认真、按时开展实验学习，同时也培养了学生规范进行工程设计和项目开发的意识和方法。实施该措施以来，学生学习积极性和投入程度较以往有了明显提高，效果良好。

团队实验项目组内互评方案

北京交通大学 电工电子实验教学中心 马庆龙

　　在实验教学过程中,很多课程的教学形式是以小组团队为单位进行实验项目开发,多人组队共同完成一个题目的研究或项目设计。在这种教学方式中,部分学生缺少实质性工作,而采取"搭车""抱大腿"的方式借助小组内其他人的工作"混"过课程的情况屡见不鲜,由此产生的成绩评定上的不公平最终会对学生学习的积极性和教学质量产生比较严重的负面影响。而作为教师对此类现象进行甄别和评判又往往缺少依据,甄别存在一定困难,也不易掌握尺度。

　　针对以上问题,参照国外部分高校的做法,我们设计了一种面向团队实验项目的组内互评方法,具体方案如下。

　　1. 实验完成后,要求小组中每个学生必须根据项目工作投入程度、工作态度、成果质量等因素为同组除本人外的其他每一名学生评分,分数区间为-5分~$+5$分,可以打0分。

　　2. 评分如高于$+2$分或低于-2分应说明理由,评分应有依据。

　　3. 每个学生给同组所有其他学生评分的总和应为0分,即有加分就有减分,以示区别,避免乱加分。

　　4. 每个学生单独将评分结果通过邮件或课程网站发送给任课教师或助教,每个学生都不清楚其他同学的打分情况,避免人情因素干扰。

　　5. 任课教师或助教将收到的对同一学生的评分相加,得到每个学生的组内互评总分,将该分数转换为一个系数与其所在小组的项目得分相乘,或转换至一定区间后与其所在小组项目得分相加,得到该学生的最终成绩。

　　同组学生对组内成员的实际工作情况远比任课教师清楚,学生评价胜过教师评价。采用该方案时团队成员人数越多评价结果越客观,适合小组人数在3人以上的课程使用。同时私信评分的方式又可有效避免人情分的影响,将认真投入实验项目工作的学生与"搭车"学生的成绩区分开,鼓励积极投入的学生,警示"搭车"混日子的学生。该方案本人曾在所讲授的"工程经济与项目管理"课程的项目设计、"数字电子技术"课程的研究性教学等环节试用,效果很好。

实验教学规范化管理及制度实施

东北大学　电子实验教学中心　杨华、鲍艳、陈姝雨、肖平

实验教学是高等教育重要的组成部分之一，在培养及提升本科生科学思维方式、工程实践能力、自主创新能力等方面发挥着不可替代的作用。实验教学管理系统是由一系列教学环节组成，其中包括：实验教学大纲、实验项目评分细则、实验教学质量反馈表等方面。

1. 规范实验教学大纲：按照课程要求，参考专业认证模式，将实验项目与毕业生达成度指标进行对接。每门课程结束后，课程负责教师需提交学生成绩达成度分析表。

2. 规范实验项目打分表：根据预习、实验过程情况、实验报告、安全等多方面评定实验成绩，使学生实验成绩更加透明。

3. 规范实验成绩评定：依据实验项目打分表和实验项目的加权系数，形成最终的实验总成绩。

4. 规范实验教学质量反馈表：通过学生反馈的问题认真讨论，对存在的问题提出整改措施。

5. 规范安全签到制度：实验室安全是开展各项工作的前提，从多角度加强学生及教师的安全教育，实施学生每次实验签到制度。

6. 规范实验教学资料的存档工作：实验教学材料存档用于支撑专业认证等方面的要求。

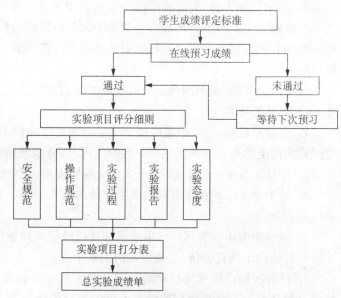

图 1　实验成绩评定规则图

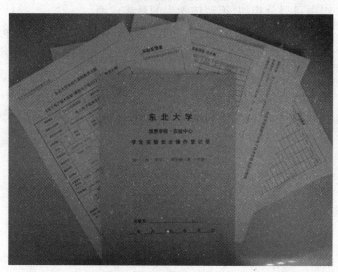

图 2　实验教学文档

面向工程应用能力的单片机课程考试改革

湖南理工学院　电子信息与通信技术实验教学中心　童耀南

为提升学生工程应用能力,单片机课程组开展了系列教学改革,形成了"理论与实践一体化"的考试模式。2013 年开始探索无纸化考核,即要求学生基于中心自主研发的便携式单片机实验系统(如图 1 所示)模拟完成一个小项目,监考老师根据运行结果和完成时间现场验收赋分。该模式可有效考核学生的应用能力及编程效率,但无法掌握学生的编程思路,也难以避免舞弊现象。因此,从 2017 年开始探索现场编程＋答卷的混合模式,考试现场如图 2 所示。

图 1　中心自制单片机实验系统　　　　　　图 2　考试现场

下面给出 2018 年考核试卷示例,开卷考试,100 分钟。为节省篇幅,试题已做适当处理。

题目:物联网、大数据和云计算等技术方兴未艾,并逐步普及。如湖南理工学院历史建筑保护工程专业的"文物云"平台建立于 2017 年,首批共有包括故宫在内的 70 余个古建筑纳入了该监测系统。然而,这些新技术的基础还是数据的获取与感知。请你用学校自制的便携式单片机实验系统,帮助该平台模拟设计一款简易的岳阳楼室内环境监测装置。

内容:

1. 设计方案描述(在答题纸上作答,15 分)。(1)给出上述装置的硬件总体方案、关键知识及原理、核心器件;(2)给出下述项目实现中 3 道小题的软件设计思路或程序流程图。

2. 项目实现(现场评分,共 80 分)。(1)检测功能。用滑动变阻器模拟湿度变化情况。规定 8 位数码管显示湿度、学号等内容,详细内容略。(2)人机交互。规定按键功能和 LED 指示灯状态等,详细内容略。(3)存储功能。规定每隔一段时间存储一次,并要求增加一个暂停/运行按键,暂停时显示存储的模拟湿度传感器电压值,运行时实时显示模拟电压值。

3. 项目拓展(在答题纸上作答,5 分)。(1)如果要进一步实现温度检测和远程无线监测功能,你计划怎么实现?(2)从工程应用的角度考虑,还有哪些工作需要改进?

通过上述改革,促进了学生平时综合运用单片机知识构建并实现电子信息系统的能力。

电工电子技术慕课考核体系研究

青岛大学　电工电子实验教学中心　王涛

为了实现有教之"学"，也为了提高在线课程的教学效果，中心对电工电子技术课程基于慕课开设了翻转课堂教学。这门课之前的考核方式是线上考核与线下考核各占总评成绩的50%，该考核体系存在的问题是：线上部分，学生刷课现象严重，由于平台的技术手段的限制，很难完全杜绝学生刷课；线下部分学生翻转课堂到课率低，听课效果不佳。为了解决这个问题，我们分析了几届学生的学习数据后，决定调整为过程评价体系，力求能够全面、真实、公平地反映学生的学习效果，课程权重构成如图1所示。

首先，我们把线上成绩的占比从过去的50%降低到40%。根据平台的特点将线上成绩分解成4个考核点，分别是：学习进度30%，学习行为10%，章测验30%，线上考试30%。其中学习行为的统计功能是利用学习时长的平均值来对比学生的学习习惯，在一定程度上能够预警刷课现象的产生。同时，通过降低线上学习的成绩占比，降低学生对作弊的期望值，提高学生在线学习的真实性。

其次，我们增加了翻转课堂的考核占比，将课堂学习纳入考核范围，占期末总评成绩的20%。课堂成绩我们分成了3个考核点，分别是：考勤25%，随堂测验50%，课堂表现25%。这部分考核通过"雨课堂"的签到功能和随堂测验功能进行实施和统计。课堂表现主要从课堂发言、参与讨论、回答问题准确率等方面进行统计。

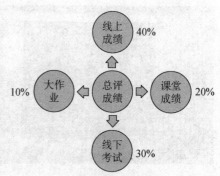

图1　课程权重构成图

在授课过程中，为了增加学生理论联系实际的能力，课程有一次大作业。大作业的成绩占期末总评成绩的10%。大作业的成绩我们分成4个考核点，分别是：电路调试60%，电路测试20%，PPT汇报10%，论文10%。测试的重点在学生的参与度和完成度，我们把学生分组，3人一组，每组发放一套虚拟仪器及配套器件，学生可以把器件带离课堂，利用业余时间进行调试。通过这种方式，一方面激发学生的学习兴趣，另一方面促进学生间的互动和合作。

最后，我们仍然保留了线下的闭卷考核，这部分的占比，由之前的50%，调整为30%。这样做的目的也是向国际通行的工科教学模式靠拢，把过程考核、动手能力的考核作为重点，逐步弱化理论考核的比重，从而引导学生学以致用。

开放课程教学模式创新

西安电子科技大学　电工电子实验中心　陈南、易运晖、何先灯

1. 目的

针对开放实验课程中学生不会进行项目的时间管理、学生的自主选题重复率高的情况，通过改革课程管理模式，让学生扎扎实实地完成工程设计各个环节的工作，提高学生的工程素质。

2. 思路

改革课程管理模式，加强过程管理。

3. 做法

改变以往仅仅针对最终结果的考核方式，增加选题、开题、中期检查3个检查环节。

（1）要求学生在规定时间内完成选题，由教师对题目进行审核。在选题的过程中，主要审核学生题目的难度和重复率。

（2）学生完成电路设计和元件购买后，通过学生的系统框图、电路图、元件及学生的陈述，再次降低重复率，发现问题。

（3）增加中期检查，对学生开放实验的中间过程进行检查。

同时，向 TI 公司申请了 200 多套 Launch Pad，免费供学生使用，并制作了工程设计专用通用板。

4. 成效

通过以上措施，学生自主选题的重复率（特别是各类报警器、时钟重复率很高）大大降低，并且出现了很多创新的题目。

图 1　学生中期检查

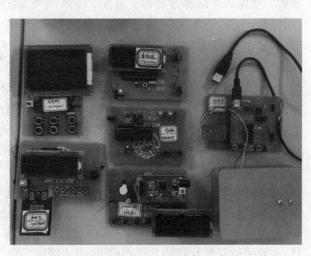

图 2　部分学生作品

大学生实验实践能力达标测试

西安电子科技大学　电工电子实验中心　周佳社

为全面落实《国家中长期教育改革和发展规划纲要（2010—2020 年）》，推进落实"质量提升计划"，着力培养"爱国进取、创新思辨，厚基础、宽口径、精术业、强实践，具有国际视野的行业骨干和引领者"，强化实践环节和质量控制，学校制定了《本科生实验实践能力达标测试实施细则》。通过实施实验实践能力达标测试，形成促进学生实践能力和实践水平提升的有效机制，并将实验实践能力达标测试考核成绩纳入学生毕业及授位最低标准范围内，共计 2 学分，分 4 年实施。测试成绩合格者方可毕业，测试成绩同时记入学生第二张成绩单，即"能力素质拓展模块"成绩档案。

1. 组织机构

成立西安电子科技大学"本科生实验实践能力达标测试专家组"。"专家组"由校教学委员会委员、国家级实验教学示范中心专家委员会委员、国家级实验教学示范中心负责人、校教学督导等人员组成。主要负责具体实施达标标准制定及测试的组织与考核工作；负责实验测试项目的设计与开发等工作。

2. 达标测试等级与内容

实验实践能力达标测试贯穿本科生培养全过程，测试成绩"达标"是本科生毕业的基本条件。依据人才培养方案和实验教学规律，学校将达标测试分为操作层（C1）、基础层（C2）、设计层（B）、综合层（A）等 4 个层次，分别对应 4 个学年。

（1）操作层（C1 级）。包含内容：计算机基本使用、基本编程能力与网络应用，基本实验仪器仪表的使用。主要面向本科一年级学生。

（2）基础层（C2 级）。包含内容：基本实验操作和实验数据处理。主要面向本科二年级学生。基础层（C2 级）达标测试由电工电子实验中心负责。

（3）设计层（B 级）。包含内容：设计实验方案、选择实验器材、独立完成实验。

（4）综合层（A 级）。包含内容：根据功能和指标，完成综合性、系统级实验项目。

3. 实施与管理

实验实践能力达标测试 C1、C2 等级，充分依托计划内的课堂教学过程统一组织实施，并增加相对应的实验实践达标测试单元。实验实践能力达标测试 B、A 等级，用来完成综合性、设计性实验，鼓励学生尽早进入自主创新实验室，尽早接触系统级实验项目的学习与设计，主要采取开放预约的方式，分批组织实施。

测试成绩未达标的学生可以采取预约的方式，向相应的实施单位申请复测，按要求独立进行测试。

4. 成绩评定与质量监控

学生实验实践能力达标测试成绩评定分为：通过、不通过两个等级。评定标准依据实验测试内容制定,由组织单位具体实施,经"本科生实验实践能力达标测试专家组"对测试结果进行认定后记入学生的成绩档案并为学生颁发证书。

5. 经费管理与使用

为了确保实验实践能力达标测试工作有序开展,学校每年下拨专项经费,用于支付此项工作的组织运行费、耗材费以及教师酬金等。实验耗材费依据承担学生人数拨付,实验测试和实施单位组织管理工作参照学校核算标准计入教师工作量。

6. 奖惩机制

学校每年遴选若干在本科生实验实践能力达标测试工作中成绩突出的先进单位和先进个人,给予表彰和奖励。对大学 4 年顺利通过实验实践能力达标测试 1—4 等级的本科生颁发能力达标证书。对于测试总成绩前 10% 的学生给予校"实践创新能手"称号。

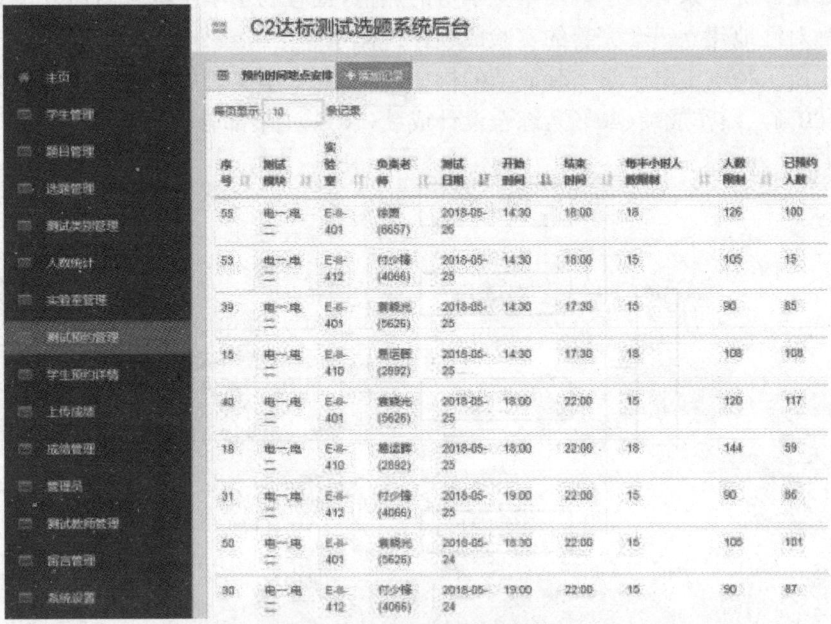

图1　C2 达标测试选题系统

图2　C2 达标测试现场

构建完善的实验成绩评价体系

重庆大学 电工电子基础实验教学中心 李利、周静

电工学系列实验课程涉及专业广、面对学生多,教师对学生综合能力的评定是否客观公正,将直接影响学生做实验的积极性,而且对教学质量有非常大的影响。公平合理、科学规范的实验成绩评价体系有利于调动学生学习的热情,也有利于学生综合素质及能力的培养,因此必须针对性地建立一套完善的实验成绩评价体系。

如图1所示是电工电子学实验成绩的构成情况,电工学实验成绩包括平时成绩(20%)、报告成绩(30%)、操作成绩(40%)、综合设计成绩(10%)4个部分。

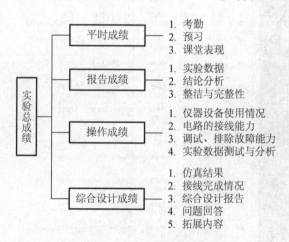

图1 电工学实验成绩构成

平时成绩:包括上课时的考勤、预习报告的随机抽查、课堂提问,实验结果检查等,无故缺席实验一次将从总成绩中减15分。

报告成绩:对于验证性实验项目,采用当堂检查验收的方式对仿真结果及测试数据进行评定,并将得分计入平时成绩。而对于综合设计性实验项目,则对实验报告的质量提出了更高的要求,强调报告内容的灵活性及个性化,不能千篇一律,更严禁抄袭,否则取消成绩。

操作成绩:操作环节主要考查学生对器件结构、使用方法、电路接线、调试方法的掌握情况,通过操作考核使教师能较全面掌握每个学生的实验能力与技能。

综合设计成绩:综合设计实验项目通常为2~3人一组,成绩主要由仿真结果、实际操作完成情况、提问环节及设计报告等内容组成。另外每个设计项目都有两个以上扩展内容,鼓励有兴趣、有能力的学生完成。

电磁场与电磁波 MOOC 实验建设

北京交通大学　电工电子实验教学中心　邵小桃

随着大规模在线开放课程（MOOC）的快速发展和广泛应用，由北京交通大学电工电子国家级实验教学示范中心制作的"电磁场与电磁波"MOOC于 2018 年 2 月在"中国大学 MOOC"网站上线开课。课程包括 120 个知识点的授课视频和 18 个演示实验视频。在已经结束的两次开课中，选课人数在同类课程中排名第一，教学效果得到了学生和同行的好评。"电磁场与电磁波"数字课程已经由高等教育出版社于 2018 年 12 月出版发行。

"电磁场与电磁波"课程理论性强、概念抽象，电场和磁场看不见、摸不着，为了使抽象的概念、公式、物理现象等直观可视，生动有趣，从而激发同学们的学习兴趣和学习热情，"电磁场与电磁波"MOOC，在原有 8 个学时的课内实验的基础上，针对 MOOC 的特点，精心录制了 18 个演示实验。其中静电场部分，利用静电系列演示仪，录制了静电起电机、静电除尘、静电场风车实验、静电场导体球实验、静电场走马灯实验；恒定磁场部分，录制了常规导体磁悬浮演示实验；时变场部分，录制了包含磁铁和螺线管的电磁感应实验；电磁波的传播特性部分，录制了八木天线的发射和接收特性以及导体的趋肤效应，并利用微波分光仪系列演示仪录制了反射现象、迈克耳孙干涉、无损介质介电常数的测量、全折射、圆极化波产生、圆极化波的反射和折射等演示实验。

在正式录制前，演示老师做了大量的准备工作，并多次录制，反复观看，直到录制出满意的

演示视频。为了使演示实验现象与解说对应，我们采取静音录制，当 18 个视频，总时长 45 分钟的演示录制全部结束后，针对演示视频，写出脚本，然后由实验老师对应视频添加字幕，最后对 18 个视频统一添加片头，显示实验名称，使视频整体美观大方。

本课程在"中国大学 MOOC"平台同类上线课程中，独一无二地加入演示实验，受到了广大学习者和其他兄弟院校的好评。

电工与电子技术实验 MOOC 建设效果

北京理工大学　电工电子教学实验中心　高玄怡

1. 实验慕课实现目标

为充分利用现代化教学手段，解决实验课时紧张问题，我中心制作了"电工与电子技术实验"MOOC 课程，并在中国大学 MOOC 网上线。该平台可为学生提供预习、交流讨论、考核等功能。这种授课形式可以拓展实验课的外延和深度，使学生变被动学习为主动学习，鼓励学生为自己的学习负责，提升实验课的质量。对比理论课慕课，实验慕课的视频效果更为丰富生动，更能激发学生动手实践的欲望，也丰富了实验教学手段。

2. 实验慕课体现出的效果

（1）利用实验慕课有效提升实验教学质量：通过课堂指导和批阅学生实验总结报告，明显感觉到学习该慕课课程后，学生分析问题更加深刻，自主探究问题的能力得到提高。

（2）减少教师大量重复性工作：实验慕课避免了传统实验教学中教师花很多时间去重复解答共性的基本操作问题，使教师有更多的时间和精力引导学生对实验现象、故障等问题进行深层探究。

（3）利于分层次教学：慕课微视频具有回放性，针对理解能力不同的同学，可以通过反复观看或选择性观看视频，最终能够熟练应用，提升学生的自信心，有利于素质教育的实施。对能力强的同学很快完成实验任务后，在教师指导下拓展排查故障、创新设计等多方面的能力，提高了学生学习的自主性和灵活性。

在线开放实验课程的建设与应用

电子科技大学　电子实验中心　李朝海

1. 建设在线开放实验课程的必要性

电子实验中心面向全校电类专业开设电子类实验课程，量大面广，每年约 60 万人时。每门实验课程均采用 30 人左右的小班教学（选课或行政班），授课教师平均每学期要负责约 10 个教学班级，同样的实验内容，教师在一周内会重复讲解 10 遍，效率低下。同时由于对应理论课的学时数压缩，部分理论知识点需要在实验课程中补充扩展，导致实验课教师讲解时间与学生操作时间如何分配存在矛盾。建设在线实验开放课程，可以将实验课堂更多的时间留给学生完成实验内容的探究，同时也较好地解决了老师重复讲解的问题。

2. 在线开放实验课程的建设

中心在学校支持下，建设了 4 门实验在线开放课程，并在爱课程网上线运行，其中有两门实验课程分别获得了 2017 年、2018 年国家精品在线开放课程。

电子工程实践基础　董爱军 | 电子科技大学　2018年04月10日　人 2984

电子技术实验基础（一：电路分析）　李朝海 | 电子科技大学　2018年03月05日　人 8072

电子技术应用实验1（数字电路基础..　陈瑜 | 电子科技大学　2018年03月12日　人 4682

现代电子技术综合实验　陈学英 | 电子科技大学　2018年04月23日　人 2912

电子实验中心的 MOOC 建设由各实验室自主申报立项，视频录制可以选择在学校多媒体中心录制或者实验室老师自行录制。除了常规的实验原理以及操作录制外，每门课程结合理论课的讲解情况补充扩展理论知识点（中心 70% 的老师参与了相应理论课的教学）。课程上线后安排老师在线值班答疑，根据系统记录的答疑情况，有工作量的认定机制。

3. 在线开放实验课程的应用

改变成绩评定方式，从制度上促进了学生的自主学习。实验课的成绩调整为：

$$课程成绩＝期末成绩 40\%＋平时成绩 40\%＋MOOC 成绩 20\%$$

其中 MOOC 成绩的构成为：单元作业 30%＋单元测验 30%＋期末考试 30%＋讨论区参与度 10%。

为了有利于课堂讨论的开展，要求学生的单元作业必须课前完成，单元作业提交截止时间设定到相应的课堂实验前（成绩评定均由系统自动完成统计）。

"模拟电子电路实验"在线课程建设

东南大学　电工电子实验中心　堵国樑、黄慧春

1. 教学目的及对象

使学习者在进一步理解掌握理论知识的同时，着重培养他们的实践技能、设计能力以及发现问题、分析问题、解决问题的综合能力，发挥他们的学习潜能，激发他们的创新意识，为成为一名优秀的电子工程师奠定基础。课程课内学时为32，覆盖的专业有电子工程、信息工程、电气工程、自动化、仪器工程、机电工程、医学电子工程、计算机工程等，课程的开设可以给在校大学生或有兴趣的社会学习者提供开放的学习环境和条件。课程网址：https://www.icourse163.org/course/SEU-1001774002。

2. 课程内容及方式

该课程开设的实验包括：放大电路基本性能的测量、放大电路频率特性的测量与研究、多级放大电路及负反馈特性的研究、基本比例放大电路、加减运算电路的设计、微分积分电路实验研究、单电源供电运算放大器的应用、精密整流电路设计、有源滤波器实验研究、RC振荡电路的设计、比较器电路实验研究、波形产生电路的设计、555定时器电路实验，以及功率放大电路实验研究、线性稳压电源设计和开关稳压电源实验。

每个实验按实验目的、实验原理、实验举例和自主实验等4个方面要求，通过实验目的的引导，在简单介绍电路理论知识的基础上，以一个典型电路为例，开展电路性能指标的测量、记录和分析，研究电路性能指标和电路结构参数之间的关系，最后要求自主完成一个新的实验，包括电路设计、仿真、测量、分析及报告等每个环节。

3. 课程特色

"模拟电子电路实验"在线课程力图以项目内容工程性、知识应用综合性、实现方法多样性、实践过程探索性为特征构建实验项目，通过实验原理的讲解，以及实验举例、设计仿真、自主实验和实验报告撰写等多个环节，培养学习者模拟电子电路的实验技能、设计能力以及发现问题、分析问题、解决问题的综合能力。

"模拟电子电路实验"自主在线课程在爱课程网中国大学MOOC平台开设，向在校大学生、中小学生、工程技术人员、社会大众提供包括仪器仪表、电路、测控对象在内的开放式硬件资源；学习者可根据个人的知识背景、工作特点和兴趣爱好自由选择学习内容、实践项目、研究课题，在自由的时间、方便的地点开展自主实验。

"电工电子实验基础"在线课程建设

东南大学　电工电子实验中心　胡仁杰、王凤华

1. 教学目的及对象

该课程在爱课程网中国大学 MOOC 平台运行。课程以培养学习者掌握开展电工电子实验所必需的基础知识、基本方法、基本技能为主要目的,让学习者掌握实验电路设计、实验过程设计、实验参数获取、实验结果分析的基本方法。"电工电子实验基础"是电工电子系列实验课程的入门篇,覆盖的专业有电子工程、信息工程、电气工程、自动化、仪器工程、机电工程、医学电子工程、计算机工程等。该课程具有广阔的应用群体。课程网址:http://www.icourse163.org/course/SEU-1001754355? tid＝1003452005

2. 课程内容及方式

该课程主要介绍常用电子元器件、电气设备的分类及特征参数,常用实验仪器的类别、应用特点及操作方法,电路设计仿真、元器件参数选择、电路参数测量、电路状态分析、数据分析处理、结果分析总结等电子电路实验基础知识与基本方法技能。

该课程每个章节由课程视频学习、教学辅助资源观看、实验操作练习几部分组成。教师通过知识讲解、实例分析、工具软件使用、仪器设备使用、实物电路搭试实现等现场操作演示,介绍实验相关的技术与方法,给出要求学习者自主学习、设计并操作实践的详细内容。

3. 课程特色

课程为使用者提供了在线实境实验平台及在线实验报告提交、批改等功能。学习者通过远程 PC 使用浏览器打开网页登录在线实境实验系统,通过预约实验时间、选择实验项目、操作仪器设备、设计实验电路、配置电路参数、调整仪器状态、观察实验现象、获取实验数据、撰写实验报告的一整套流程可完成实验。该平台实现高质量实践教学资源全天候时空开放与真实共享,为行动不便、外出交流的特殊学生群体以及社会学习者提供了实践的可能;为课堂教学、学术交流提供远程调用展示实验的可能性;开创了多人远程合作实验、开放式在线观摩交流、实验过程记录保存、实验现场快速恢复再现、任意场合调用实验资源等前所未有的学习模式。

课程配备了大量碎片化的辅助教学资源,由浅入深、由点及面、从单元到系统,从知识方法应用、综合设计到科学研究分层次递进,逐步提升项目的广度、深度、综合性、研究性和探索性。所选取的动手实践项目从社会生活和工程应用中常见的现象与问题着手,在促进学习与实践相结合的同时也有利于增加实验的趣味性。

"电工电子技术"在线课程建设

青岛大学　电工电子实验教学中心　杨艳

"电工电子技术"是高等院校理工科非电类专业一门重要的专业基础课,是电工电子国家级实验教学示范中心(青岛大学)承担的主干课程,于 2007 年被评为国家级精品课程,2013 年被评为国家级优质资源共享课,2015 年制作成在线课程并在优课联盟平台上线。通过在线课程的建设与运行,课程组应用信息技术,主要进行了以下教学改革:

1. 教学内容扁平化

由于本课程体系庞大,传统教学模式下,教师至少需要 112 学时才能讲完所有重要章节。但老师讲完了不代表学生都学会了。面对课程内容多、学时少及工程教育培养需求,我们将自编国家级规划教材中所有知识点按照扁平化、去冗余、少而精的原则进行碎片化,即基础知识点直接关联到具体案例,配以在线视频、练习、仿真实验等立体化教学资源,让学习者所学即所得。

2. 教学设计柔性化

利用信息技术,教师可掌握每位学生的学习行为数据(例如视频看了多长时间、练习的正确率、讨论区的参与度,拓展内容的点击量等),从而以学生为中心,进行教学过程的细化,实时调整教学设计,做到有理有据。同时,教师亦可不断更新或开发新的课程资源,在直播课、见面课或讨论答疑等环节中实施有针对性的引导,满足学习者个性化的教学需求。

3. 教学活动多元化

在混合式教学中,教师角色发生彻底改变,老师不再急于赶进度、唱独角戏似的满堂灌,而是把落脚点放在了如何启发学生的主动学习上。我们利用虚拟仪器、雨课堂、QQ 等信息化工具,开展了丰富多彩的教学活动,分组讨论"我来当专家",仿真实验"团队合作",大作业实操、答辩与论文,全方位提高了学生的综合学习能力。

"电子电路设计(模拟篇)"在线课程建设

青岛大学　电工电子实验教学中心　杨艳

国家正在实施创新驱动发展,"一带一路""中国制造 2025""互联网＋""网络强国"等重大战略,为促进以新技术、新业态、新产业、新模式为特点的新经济蓬勃发展,迫切需要培养大批新兴工程科技人才。为紧跟产业最新发展,课程组于 2014 年与全球领先的半导体公司——美国德州仪器(以下简称

TI)公司合作,从零基础电类竞赛培训角度出发,将基础理论、综合实验、设计理念有机结合,利用互联网及仿真技术开发了本课程。本课程作为 TI 在线培训课程,部分内容于 2015 年在 4 大电子网站上线,完整内容于 2016 年 9 月在优课联盟平台上线。本课程具有以下特色:

1. 做中学的课程体系

为符合网络学习者特点,本课程涉及信号链、电源和电机等最常用电路,利用 TI 最新模拟技术及 MCU 平台,设计了生动有趣的综合实验及其配套口袋实验板卡,学习者可以随时随地,边做边学。课程组按照少而精的原则构建了整个课程体系,部分实例将模拟电路与单片机编程相结合,具备完整的产品功能。例程代码结构清晰,可移植性和添加性强,方便拓展应用。

2. 学中用的教学内容

将课程所有知识点碎片化后,精心制作了课件与视频,力求呈现面对面授课环境。课程中所有电路,均含有详细电路参数,并配有仿真电路源文件(官方免费的 TINA-TI 仿真软件)。学什么用什么,学习者无须进入实验室即可调试电路,尽量从工程角度分析和解决问题,大大提高了学习效率。

3. 信息化的教学互动

利用在线课程的各项信息数据,课程组教师通过掌握每位学生的学习行为,包括视频、测验、讨论等,实时调整推送任务,开展混合式教学。课堂上,利用雨课堂、学习通、问卷星、微信、QQ 等移动平台,开展教学,包括课前预习、检测与讨论,课中签到、测验与弹幕,课后作业、答疑与反馈,课外拓展、实践与社交,实现了教与学的充分互动。

"模拟电子技术实验"课程信息化改革

青岛大学　电工电子实验教学中心　王贞

"模拟电子技术实验"课程是促进电类及相关专业学生加深理解和掌握模拟电子技术基本理论,培养电子电路分析、设计和调试等实践动手能力的有力手段。

为激发学生的学习兴趣,加快推进实验与实践教学类的在线开放课程建设,结合在线课程、雨课堂和智慧教室等多种教学平台,提出了"线上预习、线下实践、雨课堂辅助"的教学模式,构建了"模拟电子技术实验"课程的多维一体化的教学体系,实现了实验与实践类课程的信息化改革。

线上预习:利用"智慧树网"平台的模拟电子技术实验在线课程进行课前预习。通过观看课程视频。完成嵌入式视频弹题、单元测试和仿真实践等多种形式认识实验目的、了解实验任务和熟悉实验方法。改变了原本只能对着实验教材书面预习的局面,激发了学生的学习积极性,预习效果显著提升。

线下实践:为充分发挥学生自主能动性,教师在课程上主要强调实验重点和注意事项,以学生为主,学生单人单组完成实验。实验过程中,在线课程的课程视频和智慧教室平台的讨论区可作为辅助学生顺利完成实验的工具。改变了原本以教师讲解为主的局面,减少了教师烦冗的重复性工作,提高了学生分析、探讨和解决问题的能力。

雨课堂辅助:利用雨课堂进行实验预习和实验过程的考查,辅助完成实验课程考核。改变了原本实验考核难的局面,提高教师工作效率,更加客观便捷地对学生进行过程评价。

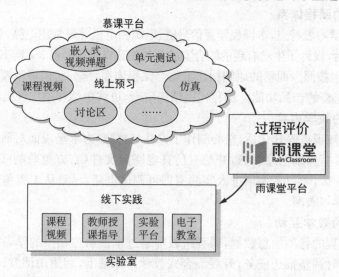

国家精品在线开放课程"电路"建设

西安交通大学　电工电子教学实验中心　罗先觉、邹建龙

2017 年,由罗先觉教授、邹建龙副教授负责的"电路 MOOC"由教育部认定为首批国家精品在线开放课程。从 2014 年至今,该课程学习人数已达 22 万人。

该课程的特色鲜明,不同于一般的电路 MOOC,具体情况如下:

(1) 基于中国大学 MOOC 平台,构建了由公告区、课件(教学视频＋知识点文档)、在线测验、讨论区、在线期末考试等模块组成的课程体系。

(2) 为了适应 MOOC 大规模、开放、在线的要求,教学内容充分考虑了学习者的多样化需求,并给出了多个电路实验演示视频。每个教学视频在 5 分钟左右,有利于学生利用碎片化时间学习。

(3) 为使学生在网络环境下仍能饶有兴趣地集中注意力学习,课程教学视频主要采用动态书写的白板动画形式呈现教学内容。教学视频动画的版面和节奏经过精心设计,文字、公式、电路图、波形图等采用动态的虚拟手呈现,模拟了教师在黑板上的书写过程。这种表现形式动感流畅,内容自然逐步呈现,再配以教师画外音,使学生更容易沉浸其中,有聆听教师给自己单独授课的亲切感。

(4) 充分利用 MOOC 可以大规模互动的优势,课程团队全力投入,及时解答学生提出的各种问题,营造了师生、生生热烈讨论的良好氛围。仅在 2016 年下半年一个学期,学生在讨论区提出问题就超过 1 000 个,教师回帖近 2 000 个,学生发帖数近 5 000 个。

该课程应用程度广泛,收到了很好的效果。

(1) 西安交通大学应用情况及效果。课程组已进行了两次混合式教学试点,分别采用了不同的混合式教学模式。在采用混合式教学的班级,学习氛围非常活跃,学生从被动听课转变为主动学习和讲课,自主学习能力和表达能力显著提高,而教师则转变角色,成为引导者、倾听者、答疑者和朋友。

(2) 西安工业大学、西安邮电大学和中国石油大学(华东)将本课程改造成适用于各自学校的 SPOC,进行混合式教学,取得了较好的教学效果。

(3) 社会学习者应用情况及效果。"电路 MOOC"已开课 10 次,选课人数总计超过22 万人。学习者中既有在校大学生,也有社会学习者。课程互动十分热烈。

理论与实验融合的在线课程——"电网络分析"

浙江大学　电工电子实验教学中心　姚缨英

继"电路原理与实验"在线课程（http://zjedu. moocollege. com/course/detail/30004673）被评为浙江省精品在线开放课程之后，"电网络分析"课程也在中国大学 MOOC平台上线（https://www.icourse163.org/course/ZJU-1205718806），两门课程均采取理论与实验相融合的设计思路。

理论与实践原本就是密切相关的，伴随理论课的实验一方面可以趁热打铁更好地理解理论知识，另一方面也可以体验知识的应用和拓展，构建出电类基础知识及其应用的架构。"电网络分析"MOOC 课程包含 5 个探究专题，各专题按系列化递进式展开：基本实验→拓展提高→应用设计，既分层次又具开放性。课程侧重于实验方案的设计，充分利用仿真工具引导学生对其拟定的实验方案进行论证，并适时呈现相关的实验过程演示，让学生感受理论与实验的异同。

探究专题 1：正弦和非正弦系统中功率因数定义以及提高方法设计实验。

Lab1-1 功率测量与功率因数提高；Lab1-2 功率因数校正（选做）。

探究专题 2：互感及其应用（互感参数测量、建模，设计合适的耦合线圈在尽可能大的间距下有着尽可能高的传输效率）。

Lab2-1 互感参数的测量；Lab2-2 单相变压器等效电路模型的实验研究（选做）；Lab2-3 无接触电能传输系统设计（选做）。

探究专题 3：滤波器设计（深入理解网络函数、频率特性、滤波器设计和调试）。

Lab3-1 信号的分解与合成（选做）；Lab3-2 心电信号滤波器设计（选做）。

说明：在实验室中，利用四通道示波器同时测量输入信号、基波、三次谐波和合成波形，并显示其特征值，很容易评判滤波器设计和调试效果。另一个选题是设计滤波器消除心电信号采集过程中的干扰。为了便于评判，我们教学生用任意波形发生器模拟心电信号并通过通道耦合预置已知的干扰信号，以此作为心电滤波器设计的测试源。

探究专题 4：有源器件综合应用系统设计。

Lab4-1 负阻与系统稳定性；Lab4-2 回转器设计与应用（选做）；Lab4-3 混沌发生器设计（选做）；Lab4-4 基于混沌掩盖的信号保密传输系统设计（选做）。

探究专题 5：编写电路分析软件 myCAA（编写通用电路分析程序，可计算直流、交流、暂态线性电路和尽可能多种类的器件）。

国家精品在线开放课程
"电工技术与电子技术"

中国矿业大学　电工电子教学实验中心　张晓春

1. 课程简介

"电工技术与电子技术"课程是一门技术基础课,是非电专业培养基础扎实、知识面宽、能力强、高素质复合型创新人才所必需的课程。在江苏省教学名师、国家级精品资源共享课负责人、国家精品课程负责人、国家级教学团队带头人、国家精品在线开放课程负责人——王香婷教授的带领下,经过多年的成果积累,电工电子国家级实验教学示范中心(中国矿业大学)的"电工技术与电子技术"课程于2018年被认定为国家精品在线开放课程。

2. 课程建设

"电工技术与电子技术"在线开放课程分为两门课程,同时开设。电工技术与电子技术A(1)(电工学上),8个模块,视频80个,总时长881分钟;电工技术与电子技术(二)(电工学下)8个模块,视频98个,总时长959分钟,含实验视频8讲。课程面向高校学生及社会学习者,与学校开设的课程同步。对每个知识点配备了随堂测验、课堂提问、课堂讨论以及单元测验与作业,并提供了虚拟仿真视频音频讲解、演示动画及知识点讲解等丰富的辅助教学资源。

3. 课程特点

(1) 线上线下结合,混合翻转式教学效果好

充分运用在线课程平台丰富的教学资源,积极开展线上线下结合的混合式教学,运用学校引进的雨课堂系统,开展课堂互动式教学。利用学校智慧教室优良的教学环境,开展翻转课堂研讨式教学。课堂组织形式、教学方法多元化,学生课下看视频,课上进行案例剖析、小组讨论、实验展示、专题研究等,有效传授知识,全面培养学生能力。

(2) 课程视频制作精良,教学资源丰富

在线课程视频讲授内容精湛,视频制作精良,并提供了丰富的教学资源。课程平台除了提供178个视频资源外,还提供了非视频资源等总计178个,包括"视频＋音频"虚拟仿真演示、重点难点内容的知识点讲解等,并提供了111个知识点的随堂测验题600道。

(3) 课程考核

面向高校学生和社会学习者,在线课程成绩设定为:在线课程学习、单元测验及作业等占50%,互动讨论占10%,期末考核占40%。

面向本校学生设有结课考试,最终成绩由网络在线成绩和结课考试成绩综合评定。

(4) 课程应用情况

① 在本校教学中的应用情况

在线开放课程与校内开设的课程同步。在两轮的运行中,通过学校云开设了同步

SPOC课程,对我校计算机学院和机电学院共24个班级的837名学生,运用课程平台丰富的教学资源,积极开展线上线下结合的混合式教学;运用学校引进的雨课堂系统,开展课堂互动式教学;运用智慧教室,开展小班翻转研讨式教学实践。重修学生通过学习在线课程,通过了重修考试。

② 面向高校学生和社会学习者的应用情况

第一次开课运行:课程(一)(电工学上)在全国93所高校和社会学习者中应用,总选课人数达4 434人。课程(二)(电工学下)在全国103所高校及社会学习者中应用,总选课人数达4 034人。

第二次开课运行:课程(一)(电工学上)在全国104所高校和社会学习者中应用,总选课人数达4 923人。课程(二)(电工学下)在全国130所高校和社会学习者中应用,总选课人数达6 275人。

③ 后续展望

今后将继续面向高校和社会开放学习服务,每年开设"电工技术与电子技术"在线课程各两期。希望通过不断完善教学内容、进一步改进教学方法,让更多的学习者以及高校认可这门课程。

图1　利用智慧教室,进行翻转课堂教学

二、项目与活动

物联网监控实验系统的设计

长江大学 电工电子实验教学中心 涂继辉

1. 项目内容与任务

以物联网监控模型为应用目标,设计一个能够采集位置、温度、湿度、方位和图像的无线监控系统,并能够把这些采集信息在远程服务器上动态展示给用户。

2. 实验系统的解决方案

(1) 系统结构

所设计的物联网监控实验系统整体结构如图 1 所示,由测控终端、无线路由器、远程服务端及用户端组成。

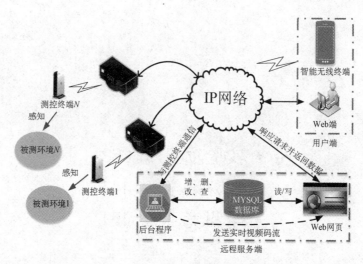

图 1　系统总体结构

测控终端部署在各类不同的场景中,接入可用的 AP(access point)后连入互联网,实现与远程服务端的通信。终端不断地将传感器的数据上传至目标服务器,并且能够接收服务器的命令做出响应动作。服务器向终端发送命令消息,接收并存储终端发回的数据,利用网页即时显示检测的数据,了解终端的动态,控制设备的运行。

(2) 方案具体设计

测控终端采用德州仪器公司的 CC3200 芯片,采集方位、温度、湿度和位置信息,通过 Wi-Fi 网络上传到服务端;服务端的后台程序利用 C 语言开发,负责接收终端的数据,并下达服务端的指令。服务端前台利用 LAMP(Linux-Apache-MySQL-PHP)开发,为用户提供 Web 方式的可视化界面,可以通过地图方式展现终端设备的位置信息、状态信息和采集的各种参数信息。所有的采集数据都存储于 MySQL 数据库中。

基于自制数字舵机的运动控制实验

大连理工大学　电工电子实验中心　巢明

1. 项目特色

自制数字舵机创新使用电路板材料,榫卯拼接三维机械构件。控制元件焊接在构件上,无须3D打印,实验室方便制作。集成按键、指示灯、直流电机、增量式编码盘等外设,可用于基础教学。扩展实验覆盖协议设计、PID控制等综合知识,扩展性强。提供一个C语言到汇编的分步优化例程,可提升8倍效率,增加学生对汇编语言的兴趣。

2. 实验内容

(1) 编写LED控制程序,用计时器实现秒闪烁;

(2) 编写按键查询程序,用按键控制LED灯,再将程序改为中断模式;

(3) 编写PWM输出程序,实现按键控制的电机起停,换向(层次一);

(4) 编写串口/SPI通信程序,设计指令集,实现指令控制(层次二);

(5) 编写编码器脉冲中断和计时程序,通过串口/SPI口输出计时值;

(6) 编写一阶PID控制算法,实时计算PWM值,将转速控制在指定值(层次三);

(7) 验证多种透传模块的通信功能,组合控制多个舵机(层次四)。

3. 组合效果

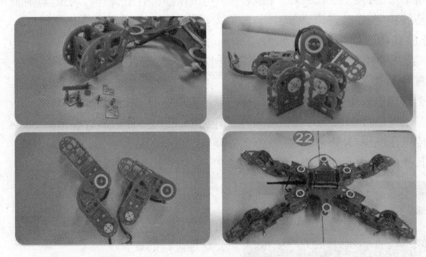

图1　自制数字舵机及组合成的机械臂、机器人

注:2017年学生使用此舵机获得辽宁省大学生电子设计竞赛二等奖

2018年此项目获得全国电工电子基础课程实验教学案例竞赛一等奖

开放式的智能小车综合设计实验

大连理工大学　电工电子实验中心　崔承毅

为了激发学生的实验兴趣、提高学生的工程实践能力、培养学生的创新意识，针对综合设计实验"电子工程训练"，设计开发了开放式创新实验题目：基于手机 APP 无线控制的智能小车系统。

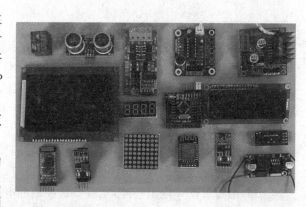

实验题目多知识点融合，将单片机原理、数字电路、模拟电路等知识有机结合，在实践应用中使学生深入掌握电机驱动及 PWM 控制、手机 APP 应用、无线通信、传感器检测技术、LCD 显示、系统调试技术等相关知识，有效提高学生的动手能力和综合实践能力。

1. 开放式设计内容

针对学生能力的不同，将实验项目分为基本功能和拓展功能两部分。学生的设计内容可自主选择，充分发挥学生的特长，锻炼学生的动手实践能力。

（1）基本功能：使用手机 APP 无线控制小车的前进、后退、转弯、调速，具有显示功能；

（2）拓展功能：设计避障、循迹、语音、重力控制、手机 APP 开发等。

2. 开放式功能模块拓展

硬件功能模块化，学生可以像搭积木一样自由选择，任意拓展，提高学生实验的主动性，发挥学生的创造性。

（1）无线通信模块：蓝牙无线模块、Wi-Fi 无线模块、红外无线模块；

（2）显示模块：LCD12864、LCD1602、点阵显示、四位一体数码管显示；

（3）传感器模块：超声波模块、红外循迹模块、18b20 等；

（4）其他模块：电机驱动模块、语音模块 ISD1820 等。

3. 多种教学手段有机结合

学生可通过虚拟实验掌握实验中器件的使用方法；通过 AR 实验观看教学视频；通过微信公众号进行答疑。

4. 实验效果

有效调动了学生的主动性和积极性，使不同层次学生都得到有效的锻炼，学生作品多种多样，取得了良好的效果。

基于 RSSI 的 WSN 测距及定位实验

电子科技大学　通信与信息系统实验中心　覃昊洁、周亮

1. 项目内容与任务

1.1　基础要求

（1）掌握基于 RSSI 的 WSN 测距/定位原理及方法，一个节点通过射频向另一个节点发送信息，接收节点向串口打印输出接收的信息内容和 RSSI 值。

（2）测量并记录两个通信节点不同间距对应的 RSSI 值，拟合 Shadowing 模型参数。

1.2　进阶要求

布设盲节点与至少 3 个参考节点，节点组网后，盲节点周期性地广播消息给周围的参考节点以获取它们的坐标及信号强度，然后上传获取到的 RSSI 信息及参考点位置信息给 Sink 节点。记录实验结果并选用多边定位算法计算盲节点位置。

2. 项目主要技术问题的研究与解决

2.1　设计并实现硬件模型仿真 RSSI 测距原理

用经典的信号传播模型——Shadowing 模型，只要求得 RSSI 传播时的电能 P 就能推算出距离。

CC2431 内置的接收信号强度指示器，其数值为 8 位有符号的二进制补码，可以从寄存器 RSSIL.RSSI_VAL 读出，RSSI 值总是通过 8 个符号周期内，取平均值得到的。接收到的 RSSI 值与 RF 上涉及的电能 P 之间的关系由下式表示：

$$P = RSSI + RSSI\_OFFSET [\mathrm{dBm}]$$

利用搭建的硬件测算实际数据，将数据输入 Matlab 中进行拟合，求出信道衰减指数 n，该值与实际环境的关系非常大，因此每次都需重新拟合。

2.2　基于 RSSI 进行盲节点定位

算法选取：常用的经典算法有多边定位算法，质心定位算法，卡尔曼滤波、粒子滤波等，选取时不仅要考虑算法的误差，还要考虑算法的效率，综合评定后选取其中一种算法。

根据选取的算法建立硬件模型，测算实际数据。测算盲节点的 RSSI 值，利用 RSSI 定位算法在 Matlab 上建模算出估算值。

误差分析：测量室内场景的盲节点实际值，利用估算值测算误差，并分析误差来源，提出改善方案。

精简指令集 CPU 设计与实践

电子科技大学　通信与信息系统实验中心　覃昊洁

1. 项目内容与任务

1.1　基础要求

（1）掌握用 Verilog 设计常用组合逻辑电路和时序电路的方法，编写测试验证激励文件；

（2）熟悉 CPU 的结构组成、模块划分和工作原理，掌握用 FPGA 设计及实现 CPU 的方法；

（3）实现 CPU 及其外围电路，并完成软件仿真和下板验证。

1.2　拓展要求

根据 CPU 的设计方法，完成与示例 CPU 架构不同精简指令集的 CPU 设计并下板验证。

2. 项目主要技术问题的研究与解决

2.1　CPU 结构图（见图 1）

2.2　实现方案

采用自顶向下的设计方法，设计如图 1 所示结构图。示例精简指令集 CPU 的内部模块很多，内容非常丰富，需要充分理解各模块的建模以及控制通路和数据通路之间的配合才能对下一步自己的 CPU 进行设计，因此充分理解该结构图及其内在联系至关重要。充分理解后结合实验指导书的设计提示进行组内分工，按层次完成各级电路的建模、仿真及下板验证。

为了对示例 CPU 进行完整验证，需结合使用的 FPGA 开发板的具体情况进行设计，可选择逐条指令验证或设计一个应用到多条指令的小程序进行验证。

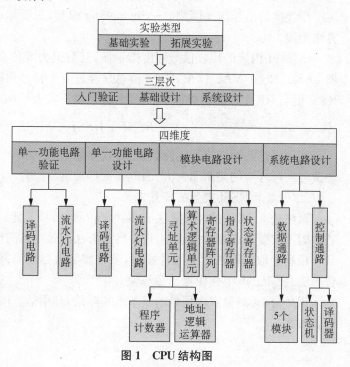

图 1　CPU 结构图

风力摆控制系统

东南大学　电工电子实验中心　胡仁杰

1. 项目内容与任务

一组直流风机构成一个风力摆,风力摆上安装一个向下的激光笔;驱动各风机使风力摆按照一定规律运动,激光笔在地面画出特定轨迹。

1.1　基本要求

(1) 从静止开始,控制风力摆做类似自由摆运动;

(2) 风力摆的摆幅可控;

(3) 风力摆摆动的方向可控;

(4) 风力摆在摆动状态中迅速制动呈静止状态;

(5) 驱动风力摆用激光笔在地面画出直径可控的圆的轨迹,偏离度越小越好。

1.2　提高要求

控制风力摆画出多种其他图形,如图形轨迹非平滑过渡、有角度;角度越小控制难度越高;可以设置图形轨迹旋转等。

1.3　拓展要求

(1) 风力摆画圆时,设计一些外部干扰,干扰的强度可大可小;

(2) 在各种外部干扰下,风力摆可抗外部干扰继续画圆。

2. 项目主要技术问题的研究与解决

这是四旋翼飞行器的简化版。可以采用 MEMS 工艺三维角度传感器、高精度惯性导航模块等传感器,或者采用摄像头检测风力摆的运动姿态,包括三维位置及运动趋势;采用高性能单片机/嵌入式处理器/FPGA 进行信息处理、运动建模、算法控制;通过各风扇间的协调控制,实现风力摆的各种运动轨迹。学生在设计中需要达到以下要求:

(1) 了解处理器结构及 I/O 接口资源;

(2) 分析直流风机的推重比、三脚架高度及功率驱动的关系;

(3) 得到风力摆摆动方向与各风机风力分配比;

(4) 得到风力摆摆动幅度与风机驱动功率的关系;

(5) 完成电子罗盘等传感器信号的读取及处理,风力摆姿态检测;

(6) 对风力摆系统建模;

(7) 相关控制算法及选择:PID、模糊控制、模糊 PID 控制;

(8) 设计干扰源,在各种干扰下实现对风力摆的控制。

高精度电子秤设计平台

东南大学　电工电子实验中心　郑磊

1. 项目内容与任务

（1）学习了解电阻应变片的应用特性；

（2）采用电阻应变片构建多种不同的称重电路；

（3）设计针对不同电阻应变片称重电路的信号调理电路；

（4）根据称重范围及精度要求，设计信号调理电路；

（5）采用硬件或软件方法实现电阻应变片称重电路的非线性校正；

（6）实现电子秤称重、去皮、计价等功能。

图1　电子秤装置

2. 项目主要技术问题的研究与解决

高精度电子秤设计包含传感器及其测量电路、高精度信号调理电路和多通道数据采集电路，可具有故障自诊断功能；应变片传感器输出的称重信号经过电气测控平台的高精度数据采集模块采样转换后，由处理器模块进行数据分析和处理。学生在设计中需要做到：

（1）学习了解电阻应变片传感器的应用特点；

（2）了解采样单个应变片、两只应变片、4只应变片构成称重传感器的方法；

（3）设计不同方式构成的称重传感器后续测量电路的设计方法；

（4）通过理论分析及实验测量的方法分析各种称重传感器的优缺点；

（5）设计方法测量检验系统高精度 A/D 转换电路的量程、精度、灵敏度等主要参数；

（6）根据项目对电子秤量程与精度的要求，结合系统 ADC 量程及分辨率，提出信号调理电路设计方案，如模拟信号动态范围、电路对信号的灵敏度等方面的要求；

（7）设计信号调理电路放大器的级数、各级放大器的增益分配及放大器增益控制方法；

（8）学习研究高增益、低时漂、低温漂放大器的设计与实现；

（9）采取合适的方法对电子秤进行全量程范围内的测量、标定；

（10）设计软件实现定标、去温漂、去时漂、非线性校正等功能；

（11）设计软件实现电子秤称重、去皮、计价等功能；

（12）可用远程实境实验操作。

电工电子实验教学建设成果集萃（2019）

光强测量显示电路的设计

东南大学 电工电子实验中心 黄慧春

1. 项目内容与任务

1.1 基本要求

（1）研究光敏电阻性能，以光敏电阻为传感器，设计一个放大电路，要求输出电压能随光线的强弱变化而变化。根据给定的光强变化范围，用万用表测量输出电压值；

（2）设计一个输入光强分挡显示电路，当光照度在 260 lx～8 000 lx 范围内变化时，分4挡，用发光二极管显示对应光照度的范围并列表表示它们的关系。

1.2 提高要求

（1）设计一个矩形波发生器，要求其输出波形的高电平脉冲宽度随控制电压的变化而变化，控制电压就是基本要求（1）中已经设计完成的随输入光强变化的输出电压值；

（2）利用固定时钟信号，对提高要求（1）中可变输出矩形波的高电平脉冲宽度进行计数，用数码管显示所计数值，列表给出显示的数值和光强的对应关系。

1.3 拓展要求

利用 FPGA 或单片机最小系统构建 AD 采集模块，实现光强的测量并显示。

2. 项目实现方案及特点

2.1 系统结构

光强测量显示电路的结构图如图1所示。

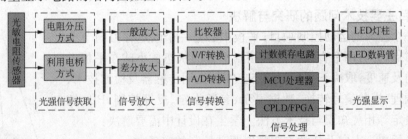

图1　光线强弱测量显示电路的设计实验系统框图

2.2 方案特点

掌握测量方法及传感技术，理解实现方法的多样性并能根据工程需求比较选择技术方案，学会设计电路及选择元器件的方法，构建测试环境与条件，并通过测试与分析对项目作出技术评价。

以日常生活中物理量的测量来提高学生的实验兴趣，也可以将光换成热、压力等，实验项目串接了电路、模电、数电等课程知识，也给后续课程的自学提供了拓展空间，每个模块可以有不同的实现方法，提高学生的自主设计能力。

滚球控制系统

东南大学　电工电子实验中心　胡仁杰

1. 项目内容与任务

在正方形平板上均匀分布着 9 个外径为圆形的区域,其编号分别为 1~9 号,设计一个控制系统,通过控制平板的倾斜,使小球能够按照指定的要求在平板上完成各种动作,从动作时开始计时并显示工作时间。

1.1 基本要求

(1) 控制平板使小球停留在指定区域;

(2) 控制平板使小球从一个区域运动到另一个区域并停留在此区域;

(3) 控制平板使小球从一个区域出发,经过数个指定区域,停止在另一个指定区域。

1.2 提高要求

(1) 控制平板使小球从某一个指定区域出发,然后围绕 5 号区域做圆周运动;

(2) 控制平板让小球在平板上做一些轨迹非平滑过渡图形的运动,运动的起止点区域可以设置,运动中无停顿。

1.3 拓展要求

(1) 将小球从平板之外抛到平板上,控制平板使小球稳定停留在指定区域;抛球距离越远、落点距离平板中心点越远,控制难度越高;

(2) 设计其他干扰方法,并克服干扰控制小球运动轨迹。

2. 项目主要技术问题的研究与解决

这是一个经典的运动控制项目,平板中心是一个固定在万向节上的定高支撑点,另有两个直线型电机控制平板的状态。小球在平板上的运动方向及速度,取决于平板的状态。需要运用传感器及检测技术、信号放大调理、模数信号转换、数据显示、参数设定、反馈控制、PID 控制及参数设定等相关知识与技术方法。学生在设计中需要解决:

(1) 平板单一方向及任意方向倾斜驱动控制的实现;

(2) 平板倾斜程度(最大倾斜角度)及倾斜速度驱动控制;

(3) 小球大小、材质、重量对测量、控制的影响分析;

(4) 小球在平板上点位的辨识、位置检测及定位校准;

(5) 便于小球检测定位的辅助方法设计;

(6) 平板系统建模及相关控制算法选择:PID、模糊控制、模糊 PID 控制;

(7) 分析抛球距离、抛球落点对系统模型的影响,设计消除影响的方法;

(8) 设计平台系统的干扰方法,以及克服干扰的小球运动轨迹控制。

"黑箱"电路元件判定

东南大学　电工电子实验中心　胡仁杰

1. 实验任务

"黑箱"电路由3个元件构成,可能是Y形或△形结构。这3个元件分别可能是电阻、电容或电感等单一元件,且不会是同一种元件。要求学生通过实验测量、分析及计算,完成如下要求:

（1）判断"黑箱"电路的结构（△形或Y形）;

（2）判定电路中各元件的性质;

（3）测量计算各元件的参数。

2. 实验要求

（1）根据电容、电感元件的频率特性,分析两种结构电路可能呈现的频率特性,构思解题思路,设计实验方案。

（2）选择实验条件,制定实验步骤;选择施加激励方式、激励类型和状态,设计电路参数测量方式及测量对象。

（3）根据电路信号幅度、相位的变化规律（趋势）,判断电路结构、判定元件性质,根据实验数据计算元件参数。

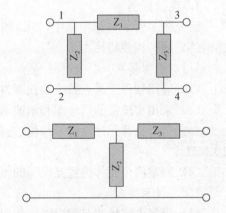

（4）采取保护措施,防止电路因过流而损坏。

（5）测量时注意信号源驱动能力（输出阻抗）对测量的影响。

3. 研究方法

（1）通过施加不同激励、采用不同测量方法,边测量、边分析、边计算;

（2）改变激励频率,分析阻抗随频率变化和电流与电压相位差的变化规律判定电路结构及元件性质;

（3）根据前一步结果分析判断后再设计下一步方法。

4. 考核激励

学生选择不同结构,给予不同成绩等级,选取Y形结构正常评分,选△形结构加5分,随机抽取加15分。注重学生的研究方法、实验过程及分析思考,主要根据电路结构、元件性质判断评价,元件参数误差在10%～30%都可以接受。

双端口网络频率特性测试（电路）

东南大学　电工电子实验中心　胡仁杰

1. 实验任务

研究图 1 所示 L 形网络中，当 Z_1 和 Z_2 分别为电阻与电容、电阻与电感时的幅频和相频特性。

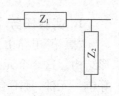

图 1　网络结构

1.1　基本要求

（1）应用软件工具点频法及扫频方法进行仿真测试；

（2）采用实验室的信号源和示波器用点频法测量；

（3）自行选择元件性质及结构（选择一种结构），自行选择元件参数，频率范围：10 Hz～10 MHz；

（4）测量两个元件位置互换时的频率特性。

1.2　提高要求

（1）当多个这样的双端口网络组合应用时，频率特性又怎样？能否获得图 2 所示幅频特性？

（2）如果将电路网络中的电容改换为电感，或电感改为电容将如何？

1.3　拓展要求

能否实现图 3 所示幅频特性的电路？

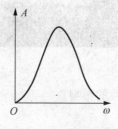

图 2　"带通"幅频特性

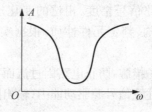

图 3　"带阻"幅频特性

2. 实验要求

（1）设计实验电路，设计数据记录表格；

（2）测量并记录实验数据，画出幅频特性及相频特性曲线；

（3）对比不同实验方法下的实验结果，判断有无差异；若有，请分析原因；

（4）撰写实验报告，需包含但不限于原理分析、电路设计、实验数据、实验分析、实验总结等。

3. 教学目的

（1）掌握不同的实验方法，了解其中异同；

（2）用理论知识指导需求分析及电路设计；

（3）不断提升问题的专业深度与难度，引导学生自主思索，揭示学无止境的道理。

温度测量与控制系统的设计

东南大学　电工电子实验中心　胡仁杰

1. 项目内容与任务

1.1　基本要求

（1）以帕尔贴温控装置为对象，设计一个能够测量自然环境温度（20～70℃）、测量精度不低于±1℃、以数字方式显示的温度计；

（2）能将帕尔贴装置的温度控制在指定的温度值，且温度值可以设定；温度控制精度不低于±2℃，请自行设计温度的设定方法。

1.2　提高要求

可以设定帕尔贴温控装置连续工作在多个温度时区，可以设置每个时区的起始与结束时间；每个时区有两种工作模式：恒温、升/降温；这些温度都可以设置。

1.3　拓展要求

（1）利用帕尔贴装置上的风扇作为干扰源，设计多种施加干扰的方式；

（2）提高帕尔贴装置抗外界干扰的能力，当启动干扰源施加干扰时，仍然能够将温度控制在指定范围内。

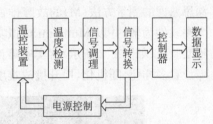

图1　温控系统结构图

2. 项目主要技术问题的研究与解决

首先，可选择多种温度传感器；其次，不同传感器输出信号形式（数字/模拟、电流/电压）及信号幅度各异，与之相应的信号调理与控制电路也各不相同；在将模拟信号转化成数字量、温度的数字显示形式、温度的控制方式、温度的控制算法等方面都有多种实现方法；控制过程中，可以启动帕尔贴装置上的风扇作为扰动源，增加控制的难度；也可以设计风扇工作的控制，以风扇风速、间休工作方式等施加干扰的方法。

图2　帕尔贴温控系统

基于 APM 理论的电子线路故障排查实验

华南理工大学　电气信息及控制实验教学中心　赖丽娟

1. 目标

理解基于 APM 的故障排查理论，掌握其实施的基本方法和技巧；培养全面考虑、深度挖掘各种致障因素的排障工程观念；树立尊重实证，用测量数据说话的实验精神；促进理论与实践的紧密结合。

2. 教学设计思路

引入首先分析故障的线索和征兆（A），进而制定一个排除故障的逻辑计划（P），再实施深思熟虑的测量方法（M）的故障排查逻辑，强化学生对排障思维方法和技巧的掌握；以硬件为主软件为辅，并以 Multisim 虚拟实验故障为先导，用专门设计的、难度系数不同的硬件故障实验板（如图 1,2 所示）落实实障诊断；通过布放"短路子"并配合独特的 PCB 设计，使故障设置多样化、随机化，提升挑战难度。

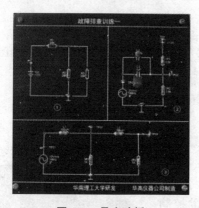 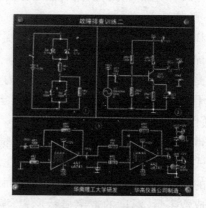

图 1　一号实验板　　　　图 2　二号实验板

3. 实验实施

强化预习环节，要求学生使用 Multisim 完成 11 个虚拟电路的故障检测实验，仿真作业正确率达 80% 以上才有资格进入硬件实验环节；采用"双盲"的故障设计，每个实验板上有 3 个故障电路、每个电路有一或两个故障点，故障在实验前随机设置，同一故障现象可能有多个致障原因，有效杜绝抄袭现象；严控验收流程，学生完成一个故障诊断流程后，向老师展示详细的 APM 过程数据及纠错逻辑，师生一起确认并修复故障。

4. 成效

这门课弥补了理论课教学中对故障诊断知识教授不足，令抽象的电路理论有了踏实的落脚点；将 APM 理论导入实验课堂，为提高学生的故障排查能力提供科学、规范的思维方法；本实验在 2017 年 5 月荣获全国电工电子基础课程实验教学案例设计竞赛二等奖。

基于 CPLD 的数字系统竞争冒险问题的研究

华南理工大学 电气信息及控制实验教学中心 吕毅恒

1. 设计思路

本实验参考"工程专业实验十项内涵及各项内涵 C1-C10 对学生毕业后 5 年处理复杂工程问题能力的贡献率"(如图 1 所示,该项目获 2017 年广东省教学成果二等奖)进行内容、实施及考核评价的设计。将实验项目定位为课程的综合设计性项目,把解决复杂的工程问题和系统的综合设计作为本实验的主要任务;将竞争冒险问题作为数字系统设计中最有代表性的工程问

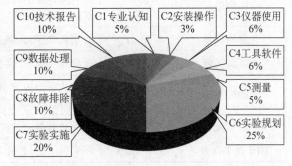

图 1 实验内涵对处理复杂工程问题的贡献率(R_n%)

题,我们将其作为本项目的主线贯穿其中;选择打地鼠游戏电路的设计作为实验载体,能兼顾到设计的综合性、灵活性、可扩展性,并兼有娱乐功能,容易激发学生的兴趣。实验硬件采用 CPLD,可利用其传输延时可预估的物理特性,对竞争冒险问题进行相对准确的仿真分析。

2. 实验任务及实施过程

为满足不同层次学生的需求,我们设定了难度适中的基本任务、难度较高的附加任务和拓展讨论 3 个层次的实验任务,覆盖图 1 的 C6-C8 的关键内涵。

基本任务:要求学生完成教师设定的竞争冒险问题的排除(Fp=0.45);打地鼠游戏电路基本功能的实现——随机控制的 16 位 LED 灯、4×4 矩阵键盘按键识别、游戏定时、游戏计分(Fp=0.3);

附加功能:设计防作弊功能——同时按下两个以上按键每次扣一分(Fp=0.1);

拓展讨论:通过实验现象说明冒险现象对不同的后级电路(组合、时序电路)的影响;设计一个既简单又准确的冒险判别电路(Fp=0.15)。

Fp 为实验任务完成度系数,总和为 1。

实验实施分为两个阶段,第一阶段为冒险问题的解决,第二阶段为系统的综合设计,两个阶段的实验规划和实施由学生自主完成,教师只作思路上的启发引导,对学生实施过程中无法自行解决的问题给予必要的提示。两个阶段的过程及验收作为考核的依据。

3. 考核方式及实验教学有效性的分析

考核的指标以项目涉及的实验内涵 C1、C3-C10 在该项目中的占比确定每项的最高分值,再用最高分值乘以该同学完成的实验任务总和ΣFp 得到该项目的满分值。以该同学在实验过程、验收结果及提交的实验报告为原始评分依据,根据每项内涵对应的基本观测点量

化出每项得分,见表1所示。

表1　项目考核标准

考核内涵指标(C)	满分值	观测点	实得分
C1 专业认知	$10 \times \sum Fp$	1. 竞争冒险问题的分析;2. 数字系统顶层构建;3. 功能模块的设计	
C3 仪器使用	$5 \times \sum Fp$	1. 示波器的使用;2. 逻辑分析仪的使用	
C4 工具软件	$5 \times \sum Fp$	QuartusII 的使用	
C5 测量	$5 \times \sum Fp$	1. 冒险现象的波形测试;2. 多路波形测量;3. 数字电路逻辑功能的测试	
C6 实验规划	$20 \times \sum Fp$	1. 实验顺序;2. 条件评估;3. 仪器选择	
C7 实验实施	$15 \times \sum Fp$	1. 电路实现;2. 实验步骤;3. 功能展示	
C8 故障排除	$20 \times \sum Fp$	1. 解决冒险方案的制定与实施;2. 消除冒险的效果验证;3. 机械按键抖动问题的解决	
C9 数据处理	$5 \times \sum Fp$	1. 原始数据记录;2. 结果分析	
C10 技术报告	$15 \times \sum Fp$	1. 实验结论;2. 作品互评报告;3. 心得体会	

通过对每位实验参与者基于实验内涵的量化分析,可以从点到面,将实验教学目标的达成度进行最直观的展现。

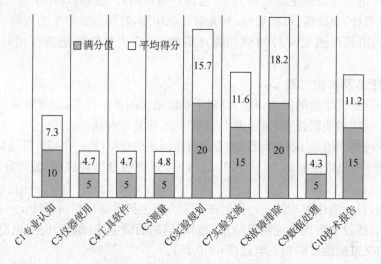

图2　实验班教学目标达成度量化统计

4. 项目成效

本实验项目获得2018年第五届全国电工电子基础课程实验教学案例设计竞赛(鼎阳杯)一等奖(最佳工程奖)。

LED 点阵的旋转显示设计

华中科技大学　电工电子实验教学中心　吴建新

1. 项目的内容与任务

1.1　基本要求

(1)搭建实验硬件平台;(2)设计制作 PCB 板;(3)对立体图形进行仿真与分析;(4)实现一种动态 3D 显示。

1.2　提高要求

(1)显示两种不同光的立方图形;(2)设计具有平面旋转列的两种不同立体图形;(3)设计具有立体旋转列的两种不同的 3D 显示。

1.3　拓展要求

(1)通过无线串口通信,用上位机控制 LED 平面点阵屏上的 3D 显示图形;(2)应用手机 APP 控制 3D 图形显示。

1.4　创新要求

自主发挥,选择其他实现方法,3D 显示可以在颜色、深度、速度、复杂图形和文字等方面进行开发与扩展。

2. 项目设计与实现

2.1　系统结构

LED 点阵的旋转显示设计结构如图 1 所示。

2.2　项目实现方案

LED 点阵的扫描频率和显示图形是由基于 FPGA 芯片的开发板控制。开发板和 LED 点阵以及一个蓝牙模块连接起来,该蓝牙模块接收与电脑相连的另一块蓝牙模块发过来的信息,开发板根据接收到的信息控制 LED 点阵的输出,从而实现输出图形的切换。同时开发板还要根据接收的信息返回相应的信息,通过蓝牙模块传送到电脑端,在电脑上的串口助手中就可以看到返回信息。电脑端通过串口助手实现对蓝牙模块的控制,使用的蓝牙模块是支持 UART 传输协议的,通过设置可使两个蓝牙模块之间实现自动配对,即通过简单的串行通信实现稳定的信号传输。

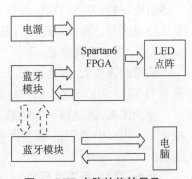

图 1　LED 点阵的旋转显示设计结构图

多功能音乐系统设计

华中科技大学　电工电子实验教学中心　夏银桥

1. 项目内容与任务

1.1　基本要求

（1）话筒前置放大：放大器的作用是不失真地放大声音信号，实现阻抗转换。

（2）混合放大：将播放器输出的音乐信号与话筒的声音信号混合放大。

（3）功率放大：给音响系统的负载（扬声器）提供一定的输出功率。当负载一定时，希望输出的功率尽可能大，输出信号的非线性失真尽可能地小，效率尽可能高。

1.2　提高及拓展要求

（1）设计并制作音调控制电路来控制和调节音响放大器的幅频特性。

（2）实现音乐彩灯按照频率高低和音量大小控制 LED 彩灯的显示，提高音乐的视觉感受。

（3）设计双通道立体声音响，使音乐有较强的立体感。

（4）实现卡拉 OK 混响，使音乐显得更厚实，音色更丰满。

2. 项目主要技术问题的研究与解决

2.1　系统设计

整机电路由话筒前置放大器、混合（混响）放大器、音调控制放大器、彩灯控制器、功率放大器组成，根据各级的功能及技术指标要求合理分配电压增益，分别计算各级电路参数，通常从功放级开始向前级逐级计算。

2.2　系统实现方案

话筒前置放大、混合放大、LED 彩灯以及音调控制放大级采用集成运算放大器，常用运放有 HA741、NE5532、LM324；低频功率放大器采用常用的 LM380、LM386、LA4102。

音调控制：通过调节音响放大器的幅频特性可对低音频与高音频的增益进行提升与衰减（± 20 dB），中音频的增益保持 0 dB 不变。音频控制器可由低通滤波器和高通滤波器实现。

音乐彩灯的频率高低控制：LED 彩灯可以由低通或高通滤波器实现，也可以采用频率电压转换电路实现；音量大小的控制采用多级电压比较器实现。

卡拉 OK 电子混响器是用电路模拟声音的多次反射来产生混响效果的，混响能增加声音的深度和广度，使声音听起来更厚实有立体感，能让音色更丰满。混响延迟芯片 M65831 延迟时间可以在 $12.3\sim196.6$ ms 中选择，应用电路简单，混响效果好。

调频信号参数自动测量

南京大学　电子信息专业实验教学中心　姜乃卓

1. 项目内容与任务

1.1　基本要求

设计制作一个变容二极管直接调频电路,调频信号的中心频率为 10.7 MHz,且尽量稳定,最大频偏大于 100 kHz,输出幅度可达 300 mV 以上,在通用洞洞板上焊接和调试电路。

1.2　提高和拓展要求

(1) 计算并画出连续几个完整周期内的调频信号瞬时频率变化曲线;

(2) 调频信号的中心频率不变,改变变容二极管的直流反偏电压和调制信号的幅度,高精度地定量测量调频信号的中心频率、最大频偏,并精确地判断调频线性度;

(3) 利用计算机的 Labview 软件实时采集示波器的波形数据,实现对一段时间内调频信号的中心频率、最大频偏等参数的自动测量,并进行均值、方差、直方图分布等统计运算。

2. 项目主要技术问题的研究与解决

2.1　实验流程

实验主要流程图如图 1 所示。

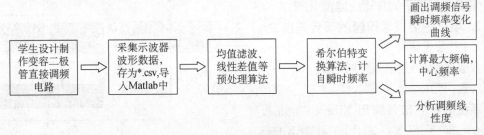

图 1　实验主要流程图

2.2　实现方案

首先合理选择示波器的存储深度和采样频率,采样频率较高时,每周期可获取更多的调频信号波形数据,提高瞬时频率的测量精度;存储深度较大时,可分析较长时间内调频信号瞬时频率的变化。利用计算机中 Labview 软件的仪器控制功能,实现 Matlab 软件对示波器存储波形数据的自动实时导入。使用希尔伯特变换算法,计算出一段时间内的调频信号瞬时频率,并画出调频信号的瞬时频率变化曲线,与标准的正弦波调制信号波形进行对比,精确地判断调频的线性度。对多周期采样的波形数据进行均值滤波来提高采样波形数据的信噪比,改善示波器本身 8 位 A/D 采样带来的量化误差,提高瞬时频率的测量精度。同时可编写算法自动测量一段时间内调频信号的中心频率和最大频偏等参数的变化情况,并画出中心频率变化的直方图或者分布曲线,定量观察中心频率的稳定度。

基于 Vivado HLS 的 AC97 音频系统设计

南京大学　电子信息专业实验教学中心　高健

1. 项目内容与任务

1.1　基本要求

（1）通过音频输入 Line in 端口、耳机输出 Line out 端口和 Atlys 开发板提供的音频 AC97 编解码芯片 LM4550 完成信号的采集；

（2）使用 AC97 控制器、左右声道 FIR 滤波器和 MicroBlaze 处理器等完成信号处理，是本设计的核心环节；

（3）结合互连的 MicroBlaze 处理器 IP 核，处理一段立体声音乐信号，左右声道滤波器分别对其作带阻滤波处理。

1.2　提高要求

自行使用 C/C++代码编写的算法描述系统的 FIR 滤波器，然后按照 Vivado HLS 编译工具的规范，将程序代码转换为 RTL 模型，快速、直接地生成对应左右声道的 FIR IP 核和综合结果。

1.3　拓展要求

完成任意频率的自适应滤波处理。

2. 项目主要技术问题的研究与解决

2.1　系统结构

音频系统的结构如图 1 所示。

2.2　实现方案

系统的核心部件采用 Xilinx Atlys 板载 Spartan6 XCSLX45 芯片，工具为 Xilinx 高层次综合技术 Vivado HLS。首先使用 C/C++代码编写的算法描述系统的 FIR 滤波器，然后按照 Vivado HLS 编译工具的

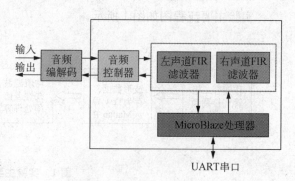

图 1　音频系统结构图

规范，将程序代码转换为 RTL 模型，快速、直接地生成对应左右声道 FIR IP 核和综合结果，再结合互连的 MicroBlaze 处理器 IP 核，处理一段立体声音乐信号。通过这种软硬件协同设计和仿真的方法，完成基于 Vivado HLS 的 AC97 音频系统设计。

"音乐楼梯"的设计和实现

南京大学 电子信息专业实验教学中心 戚海峰

1. 项目内容与任务

1.1 基本要求

(1) 设计和实现一个有趣的音乐楼梯；

(2) 完成的装置在实验中心的楼道中实际安装，尺寸和外观符合工程要求。

1.2 技术要求

(1) 楼梯宽度为 2 m，级数为 20 级，且 50 级以下均可工作；

(2) 音乐为钢琴音，按楼梯以"do re mi fa so la xi"七个音符顺序循环排列；

(3) 音乐声和人的脚步之间的同步性好，延时不大于 50 ms；

(4) 音频放大器的功率不小于 50 W；

(5) 可以两种模式工作，一种是梯级与乐音对应不变，一种是按序演奏乐曲。

1.3 进度和分组

(1) 要求学生在一个学期内完成实验，使用的传感器类型无限制，设计方法自由选择；

(2) 完成分组，每组 3~5 位学生。

2. 项目主要技术问题的研究与解决

2.1 系统结构

系统结构如图 1 所示。

2.2 实现方案

很多种物理量传感器都可以实现"音乐楼梯"，例如激光、超声波、红外线等。根据其工作原理以及这些传感器的特点，可以筛选出较为合理的方式。选择总线方面，根据传输距离估计总线的噪声水平，采取相应措施降低噪声；另外要考虑总线延时对系统的影响，可采用自定义总线以减小延时。音源和功率放大器可选择市面上现有的模块。各模块连接时应反复测试总体噪声，防止噪声影响到系统总线、音频等模块的可靠运行。

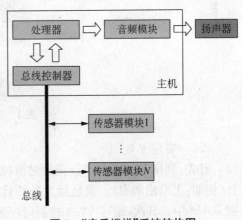

图 1 "音乐楼梯"系统结构图

基于 FPGA 平台的示波器设计

南京邮电大学　电工电子实验教学中心　郝学元

1. 实验内容与任务

1.1　基本要求

（1）实现模拟信号 0～100 Hz 带宽,幅度最大为＋10 V 的单通道示波器功能,要求波形能实时显示,并具有触发功能;

（2）能计算出波形的峰峰值和频率,并能实现存储;

（3）编写 VGA 控制电路,显示信号波形,并能显示计算得到的峰峰值和频率值。

1.2　提高及拓展要求

编写 FFT 相关程序,分析信号的频谱,计算各个频率的幅度值和相位,并能通过 VGA 进行显示。

2. 项目主要技术问题的研究与解决

2.1　系统结构

示波器系统的结构如图 1 所示。

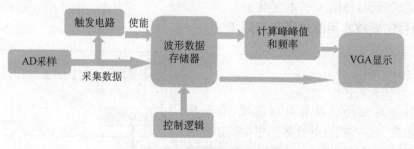

图 1　示波器系统结构图

2.2　实现方案

首先,利用 FPGA 的 AD 模块对模拟信号进行采样,触发电路根据采样信号判断触发条件(例如:上升沿触发)。满足触发条件后,连续采样一定数量的点(可选用 640 个点),存储到 RAM 中。其次,编写 VGA 控制时序逻辑,并能显示波形和信号的峰峰值和频率值。

在此基础上,可进一步添加远程控制模块,能够实现示波器的远程控制。

简易频率合成器的设计

南京邮电大学 电工电子实验教学中心 常春耘

1. 项目内容与任务

1.1 基本要求

设计一个基于锁相环的简易频率合成器。该频率合成器的频率范围为10～500 kHz,频率1 kHz步进可调。用数码管显示输出信号的频率。

1.2 提高要求

(1) 设计完成基于FPGA的数字频率合成器,该频率合成器的频率范围为100 Hz～1 MHz,频率10 Hz步进可调;

(2) 设计频率计测量输出信号的频率并用数码管显示。

1.3 拓展要求

(1) 采用等精度频率测量法设计频率计,测量相对误差的绝对值不大于10^{-2},测量数据刷新时间不大于2 s,测量结果稳定。

(2) 测量结果能通过VGA接口显示在液晶屏上。

2. 项目主要技术问题的研究与解决

2.1 系统结构

基于锁相环的简易频率合成器的系统框图如图1所示。

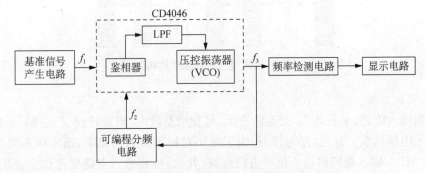

图1 基于锁相环的简易频率合成器的系统框图

2.2 实现方案

实现简易频率合成器可以采用锁相环频率合成的方案,也可以采用数字频率合成的方案,还可以采用混合式频率合成的方案。基准信号产生电路可以采用石英晶体振荡器、555振荡电路等多种实现方案;基于FPGA实现可编程分频电路、频率检测电路的方案也有多种;显示电路可以采用数码管显示和VGA显示。采用不同的方案实现的频率合成器的频率范围、频率分辨率以及频率检测电路的测量精度都有所不同。

交流电压表系统设计

南京邮电大学　电工电子实验教学中心　刘艳

1. 项目内容与任务

1.1　基本要求

（1）以正弦函数信号为测量对象，设计一个能够测量正弦电压有效值的电压表，以数字方式显示；

（2）被测信号频率范围：10 Hz～10 kHz，被测信号有效值显示分三个挡位：1.0 V～9.9 V、0.10 V～0.99 V、0.010 V～0.099 V。

1.2　提高要求

测量在 10 Hz～10 kHz 范围内正弦函数信号的不同挡位的峰峰值电压，自行设计。

2. 项目主要技术问题的研究与解决

2.1　系统结构

交流电压表的系统结构见图 1。

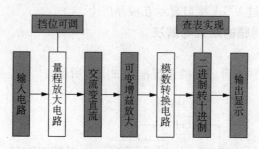

图 1　交流电压表的系统结构图

2.2　实现方案

系统由输入电路、量程放大、交流转直流、可变增益放大、模数转换、二进制-十进制转换及译码显示电路构成。首先，作为仪表，为了减小对被测信号的影响，通常输入阻抗比较高（一般在 1 MΩ），输入电路对输入信号进行衰减；其次，量程放大电路要考虑量程的转换，实现挡位可调；接着通过半波整流、全波整流，实现交直流转换；然后可变增益放大（为模数转换器 ADC0804 提供适当的电压范围），通过 ADC0804 实现模数转换；最后将模数转换后的二进制电压值作为存储器的地址，把相应的 BCD 码值存入 E²ROM，实现二进制-十进制转换；显示输出。

示波器通道扩展电路的设计

南京邮电大学　电工电子实验教学中心　孙科学

1. 项目内容与任务

1.1　基本要求

（1）将 CH1 通道作为 4 路被测信号的输入，CH2 通道作为 4 路被测信号的直流位移输入，在屏幕上能均匀稳定地显示 4 路输入信号的波形；

（2）输入电压范围 10 mVpp～1 Vpp；

（3）4 路信号的负载阻抗≥100 kΩ；

（4）被测信号的频率范围 1 kHz～1 MHz。

1.2　提高与创新要求

（1）实现 8 路被测信号的输入，在屏幕上均匀稳定地显示 8 路输入信号的波形；

（2）只用双踪示波器的 CH1 通道实现单踪/四踪/八踪转换。

2. 项目主要技术问题的研究与解决

2.1　系统结构

示波器通道扩展电路结构如图 1 所示。

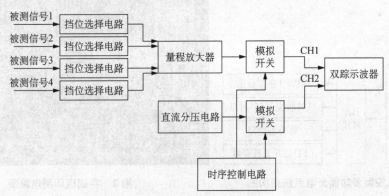

图1　电路结构示意图

2.2　实现方案

首先可设计 4 路不同的被测信号，并送入电压衰减电路和可变增益电路，直流偏置分压电路产生电位控制信号，再利用加法器电路实现两通道信号相加，即显示带有直流电平的被测信号，从而实现示波器同时显示 4 路被测信号。

示波器通道扩展是仪器仪表中的基本电路，体现探究性学习，学生自主发挥空间大，技术方法具有一定的先进性，实现方法具有多样性。对于教学来说，可以方便地进行变化，根据学生的能力强弱确定不同的实现要求，适应不同层次学生的电路设计和工程实践训练。

手机控制多功能光电系统的设计与制作

南京邮电大学　电工电子实验教学中心　张胜

1. 项目内容与任务

1.1　基本要求

（1）熟悉电路仿真与设计软件 Proteus 及 Tina 的使用，画出实训项目原理图，进行仿真设计与调试；

（2）能够实现手机 APP 软件安装、蓝牙配对、功能键设计、手机遥控等功能；

（3）焊接、调试实训板硬件电路，实现实训板各项功能。

1.2　提高要求

（1）能够基于 AD 进行电路板原理图和印制板的设计；

（2）学会修改蓝牙模块名称；

（3）在现有模块电路的基础上，通过修改程序，实现实训板更多扩展功能。

2. 项目主要技术问题的研究与解决

2.1　系统结构框图

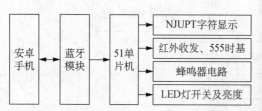

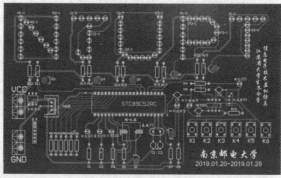

图 1　手机控制多功能光电系统结构图　　　　图 2　实训板印制电路图

2.2　实现方案

本实训项目要求学生设计并制作一个由手机 APP 控制的光电系统。项目由手机 APP 串口通信、51 单片机、字符多功能显示、红外收发、蜂鸣器、LED 开关及 LED 灯 PWM 亮度控制、555 时基电路等模块组成。另外，项目涉及 Proteus 和 Tina 仿真、AD 电路图设计、单片机 C51 编程、手机 APP 设计等软件。项目的实施能综合提高学生的虚拟仿真与设计能力，硬件设计、焊接、调试能力，以及系统的联调能力。

数控函数信号发生器

南京邮电大学 电工电子实验教学中心 张瑛

1. 项目内容与任务

1.1 基本要求

用数字电路技术产生几组函数信号,输出信号的频率和电压幅度均由数字式开关控制。

(1) 输出正弦波信号的频率范围:10 Hz～1.25 kHz;

(2) 输出正弦波信号最大电压:5 V(峰峰值);

(3) 输出频率最小步长:5 Hz;

(4) 幅度选择挡位:64 挡。

1.2 提高要求

(1) 实现三角波、脉冲波及锯齿波信号的产生;

(2) 输出频率变化最小步长:1 Hz。

1.3 拓展要求

根据用户设计需求可以产生任意波形,并能实现各种数字调制信号,如二进制频移键控(2FSK)、二进制相移键控(2PSK)和二进制幅移键控(2ASK)等。

2. 项目主要技术问题的研究与解决

2.1 系统结构

数控信号发生器的结构如图1所示。

2.2 实现方案

通过频率控制开关来控制数字频率控制电路的输出信号频率,由此改变计数器(地址发生器)的循环计数速度,进而改变从存储器取出的速度。计数器作为存储器的地址发生器,依次从存储器中取出正弦信号的样值,该样值经 D/A 变换后

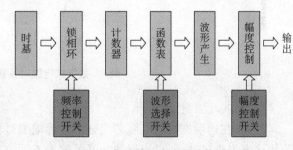

图1 数控信号发生器结构图

产生正弦波信号。通过幅度控制开关来控制幅度控制电路,使输出信号的电压幅度变化。

本实验除了可以用上述基本电路实现外,也可以利用单片机实现频率和幅度步进,还可以使用 DDS 技术实现函数,或者用实验箱上的 FPGA XC3S50TQ144 实现上述数字电路的功能。

数字式电缆对线器设计

南京邮电大学　电工电子实验教学中心　顾艳丽

1. 项目内容与任务

1.1　基本要求

（1）对线器一次可接入芯线数量：30 根；

（2）芯线编号显示方式：2 位数码，编号为 1～30；

（3）显示及刷新时间：2 s 刷新一次，显示数码时间不少于 1 s；

（4）测试方式：远端编号并接好芯线后不再操作，近端用人工方式逐一选择被测芯线；

（5）电缆故障报警：当发现某条芯线有短路或开路故障时，发出报警信号。

1.2　提高要求

可自动测试各路芯线。

2. 项目内容与方案

2.1　系统结构

数字式电缆对线器系统结构如图 1 所示。

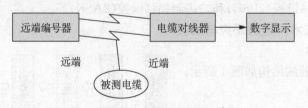

图 1　数字式电缆对线器系统结构图

2.2　实现方案

首先，在远端把被测电缆芯线分别与远端编号器中的电阻连接，并约定好编号。由于电阻均是事先选定的，所以当近端的开关位于不同位置时，在忽略导线电阻的前提下都可事先计算出电压值。这些电压值经 A/D 转换成为一组量化的数字值。可先将这些数字值建立一张译码表，表中量化后的数字值对应着芯线号码。

选择不同的 A/D 转换芯片，对于确定 A/D 转换器输出位数和转换阶梯来说设计方法不同。可在 A/D 转换电路之前加入自动切换电路，来实现"自动测试"的要求。

设计中为了便于显示译码器和数码管完成数字显示，需将 A/D 转换输出的量化值二进制码转换成 8421BCD 码。另外，控制电路的设计形式也比较多样化，可以控制 A/D 转换电路，也可直接控制显示电路部分。

光立方的设计与实现

山东科技大学　电工电子实验教学中心　孙秀娟

1. 项目内容与任务

1.1　基本要求

(1) 以 4×4×4 的 LED 光立方体为控制对象,设计并制作一个具有多种造型和图案、能进行三维立体显示的光立方系统;

(2) 光立方至少有 3 种显示效果。

1.2　提高要求

实现键盘输入,用于选择不同的造型和图案,或者选择光立方呈现变化的速度。

1.3　拓展要求

(1) 扩展成 8×8×8 的光立方系统,实现闪烁、平移、旋转、缩放等各种呈现效果;

(2) 扩展创新动态显示模式,如根据感应到的音频或光照强度来改变显示状态。

2. 项目主要技术问题的研究与解决

2.1　系统结构

光立方控制系统结构见图 1;实现图见图 2。

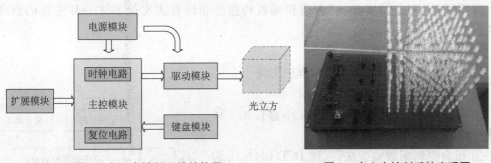

图 1　光立方控制系统结构图　　　　图 2　光立方控制系统实现图

2.2　实现方案

系统各个模块中均有多种实现方案,比如主控模块中可供选择的主控芯片有多种:单片机、微处理器、ARM、DSP、FPGA 等,因此本实验可根据主控模块的选择来用作相关课程的综合性/创新性实验项目;光立方模块的 LED 发光二极管,按颜色分有单基色、双基色和全彩色显示,按使用场合可分为室内、室外屏,还可按发光点直径分类;驱动模块可分别设计行驱动和列驱动,有多种带有驱动或锁存功能的芯片可供选择;系统可扩展各种感应模块,如增加光敏电阻,通过对环境光照的识别,使光立方能够自动调节亮度;增加音乐播放功能,实现根据音乐频率来变换图案或动画节奏;增加触摸屏模块,通过触摸感应控制光立方图形的变化;增加上位机电脑,通过电脑软件来进行控制等。

多位 BCD↔B 转换电路的设计

山东科技大学　电工电子实验教学中心　吕常智

1. 项目内容与任务

1.1　基本要求

(1) 研究 BCD→B 数值转换算法,拟定算法实现方案并论证 3 位(百、十、个位:0～999)8421BCD 数值与 10 位二进制数值间的转换与显示;

(2) 采用 MSI 或 SSI 数字芯片,完成相应电路的设计、仿真、制作与测试。

1.2　提高要求

逆向考虑 B(≤999)→BCD 数值转换的处理方法,仍采用 MSI 数字芯片,完成相应电路的设计、仿真、制作与测试。

1.3　拓展要求

(1) 选用可编程逻辑器件,重新设计一种 B↔BCD 的数值转换电路;

(2) 估算转换电路的硬件成本与能耗。

2. 转换原理研究与实现

2.1　转换方法研究

分析研究用移位修正法、组合逻辑函数构造法和计数法实现 BCD↔B 变换的原理与方法。

2.2　转换实现方案

(1) 转换电路采用如图 1 所示框图实现。

(2) 转换算法:

① 移位修正法:采用 10 位 B 码≥5 移位加 3 移位法进行修正,实现 B→BCD 变换。

② 组合逻辑函数构造法:三位 BCD 码$(N)_{10}$ 的变换公式为:$(h_8 h_4 h_2 h_1 d_8 d_4 d_2 d_1 g_8 g_4 g_2 g_1)_{BCD} = h_8 h_4 h_2 h_1 \times (64 + 32 + 4) + d_8 d_4 d_2 d_1 \times (8 + 2) + g_8 g_4 g_2 g_1$,将 BCD 代码进行 5 次移位和 5 累加即可得到 10 位自然 B 码。

③ 计数法:将输入 BIN(BCD)码数据存入二进制(十进制)减法计数器,而将 10^m (二进制)加法计数器清零。启动两个计数器同步计数,一旦减法计数器中的数值减为零,封锁时钟脉冲停止计数,则加法计数器所得累加结果即为 BIN→BCD 转换结果。

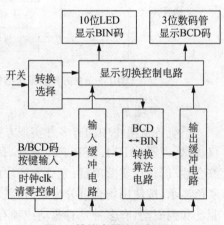

图 1　转换电器实现框图

电工电子实验教学建设成果集萃（2019）

Nao 机器人实验系统设计

山东科技大学　电工电子实验教学中心　张仁彦

1. 目的与意义

Nao 机器人具有 25 个自由度，配备了丰富的传感器，如：超声波传感器、摄像头和陀螺仪等，可用于人工智能和机器人控制等很多教学和科研领域。目前，Nao 机器人的实验教学多采用官方提供的开发软件 Choregraphe。但在实际使用过程中发现，该软件用法复杂、功能分散，其基于"指令盒"的编程方式使得学生无法了解机器人控制程序的整体结构，不适用于实验教学。为解决该问题，设计了操作简单、直观的 Nao 机器人实验系统，该系统代码开源，便于深入学习。学生可以利用该系统控制 Nao 机器人实体或"Webots for NAO"虚拟机器人，以完成机器人控制等学科领域的实验任务。

2. 设计方法

采用 Python 语言及其丰富的标准函数库（简称为标准库）和面向对象程序设计思想中的类方法设计实验系统的软件。实验系统软件架构如图 1 所示。

为便于学生实验操作，系统仅有一个主界面（见图 2），并根据功能将其划分为 3 个区域，即：(1)左侧的视频显示区，用于显示机器人上、下两个摄像头处理前后的视频图像；(2)右上角包含多个标签页的区域，用于分组显示各类一维信号曲线；(3)右下角包含多个标签页的区域，用于摆放机器人实验操作的各种控件。

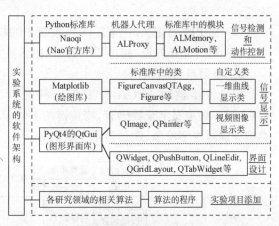

图 1　实验系统软件架构

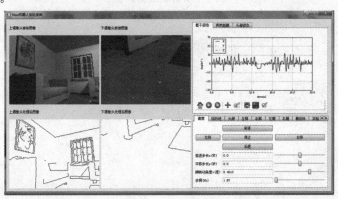

图 2　实验系统主界面

基于 FPGA EGO1 板卡的信号发生实验

上海交通大学　电工电子实验教学中心　殳国华

1. 项目内容与任务

1.1 项目任务

设计简易的 DDS 信号发生器,引导学生了解 DDS 技术和 FPGA 数字逻辑电路设计方法,具体掌握数字可编程器件知识、DDS 工作原理、硬件编程语言、学习 EGO1 开发板外设资源和 Vivado 辅助开发环境,掌握 FPGA 项目的基本开发流程。

1.2 项目要求

(1) 以流水灯为例介绍 FPGA 辅助设计工具 Vivado 的使用及项目基本开发流程;

(2) 使用 EGO1 开发板基本外设资源,如按键、数码管和拨盘电位器实现简单交互功能;

(3) 在 FPGA 芯片中构造 DDS 系统中的相位累加器和相幅转换器;

(4) 整合交互外设、相位累加器、相幅转换器和 DAC 构造简易的 DDS 信号发生器。

2. 项目系统结构

信号发生器由 FPGA 开发板上的拨盘可调电阻设置输出信号频率,范围在 1～1 023 Hz,频率显示至数码管,将按键按下可循环选择波形类型:正弦波、方波、三角波,波形类型分别对应字母 A、B、C 显示至数码管。

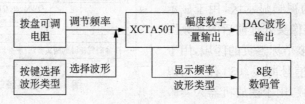

图 1　项目系统结构图

基于计算机图像处理的智能车项目

上海交通大学　电工电子实验教学中心　张士文

1. 项目内容与任务

1.1 项目任务

系统包括上位机遥控端和下位机被控小车,上位机包括摄像头、计算机和蓝牙设备,小车端包括单片机控制核心、车架和蓝牙设备,系统实现捕捉预置路线和小车图像,根据算法输出小车行进指令,通过蓝牙通信遥控小车沿预置路线行驶。

1.2 项目要求

(1) 通过单片机编程实现对实验用车的基础行进控制;

(2) 实现计算机蓝牙设备与单片机控制的蓝牙模块的通信;

(3) 搭建计算机图像处理环境,实现对预置路线的识别;

(4) 用计算机处理路线图像,并通过蓝牙通信无线遥控实验用车使其按照预置路线行驶。

2. 项目系统结构

2.1 项目系统结构

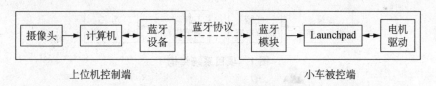

图1　项目系统结构图

2.2 项目效果图

图2　项目效果图

简易音响系统

上海交通大学　电工电子实验教学中心　王自珍

1. 项目内容与仿真

1.1　项目内容

设计一个简易音响系统,包括音量调节电路、音调调节电路和功率放大电路,并在面包板上使用直插元件搭建并实现该电路。音量调节电路能够供听众根据个性化需求调节音响输入信号放大电路的增益,改变音响的输出音量。音调调节电路是调节声音信号中高音和低音部分的增益,也就是对音源频谱里高频和低频成分进行提升和衰减,以满足听众对声音细致多样的需求。功率放大电路的作用就是为负载提供足够的功率,并保证输出信号的非线性失真尽量小,效率尽量高。

1.2　项目仿真

通过 Multisim 搭建虚拟电路,进行项目仿真,分别仿真调试音量调节电路、音调调节电路和功率放大电路。

2. 项目系统结构

2.1　项目系统结构

图 1　项目系统结构

采用集成运算放大器构成的音量调节电路调节反馈可调电阻的阻值,改变放大电路的放大倍数,调节音量大小。音调调节器能够单独调节低频区和高频区增益的大小,并能保持中频区不受影响,增益为 1,选择由运算放大器构成的有源低通滤波器和有源高通滤波器可以实现音调调节电路。采用专门用于功率放大的集成运算放大器构成音响功率放大电路。

2.2　项目仿真电路及实物电路样例

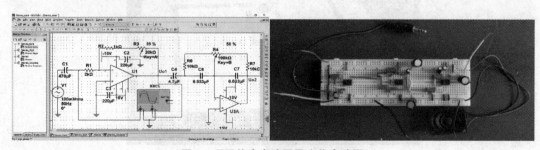

图 2　项目仿真电路图及实物电路图

基于 PLC 的温度控制系统设计

天津大学　电气电子实验教学中心　卢学英

1. 项目内容与任务

1.1　基本要求

(1) 以西门子 S71200-CPU 1214C DC/DC/DC 型 PLC 的 ADC 和 DAC 为控制器,以特制小灯箱为温控对象,设计一个利用算法,通过程序送入给定信号的数据和反馈信号的数据,从程序中获取 PID 运算结果,从而实现 PID 控制关系的温度自动控制系统;

(2) 基于 PLC 实现模拟量控制的编程方法,PID 指令块的调用及基本设置,PID 参数设置。建议温度设定范围:30～70℃。

(3) 对系统运行曲线进行监测:给定量、被控量和控制量。

1.2　提高要求

(1) 去掉 PID 中的积分环节和微分环节,研究比例控制时,比例系数与系统行为的定性关系。建议比例增益在 2～30 范围内取值;

(2) 在某比例系数下的比例控制基础上逐渐增强积分环节,研究积分环节以及积分常数的大小与系统行为的定性关系;

(3) 在某比例系数下的比例控制基础上加入微分环节,研究微分环节以及微分常数的大小与系统行为的定性关系;

(4) 在选定较优的比例系数、微分常数和积分常数下,观测 PID 全控下的系统行为。

1.3　拓展要求

使用被控盖(小灯箱)上方的风扇降温,并观测相应的实验现象。

2. 项目主要技术问题的研究与分析

2.1　设计

(1) PLC 温度控制系统的 I/O 接线图。

(2) PLC 温度控制系统的梯形图控制程序。

2.2　分析

(1) 对实验过程中得到的实测曲线进行归纳分析整理(注意标注相关参数和给定电压的大小)。

(2) 结合曲线特征,例如稳定性、稳定状态下的超调量、调节时间、稳态误差等,定性分析 PID 3 个分量及其 3 个参数的取值与控制系统输出动态、静态行为的关系。

晶体管单元电路
故障诊断实验

天津大学　电气电子实验教学中心　刘开华

本实验在前期认知、实体晶体管单管放大器等实验的基础上，依托虚拟、三维仿真、数据库等技术，构建虚仿晶体管单元电路故障诊断实验，开展研究型实验教学的探索。

该实验利用电路出现故障时，其关键节点的电参数会与理论分析结果有明显差距这一原理，使用工具软件构建拥有多种电路故障样本的数据库。实验中，首先由学生选择实验电路，虚仿实验平台将从故障样本库中随机为学生提供个性化的故障样本实验内容，迫使学生针对平台推出的虚拟故障电路，独立完成理论数据计算、现场测试数据等步骤。在此基础上，理论研究和实际经验结合，通过比对、分析、研究判断故障的可能范围，最终定位故障并排除。该实验可快速提供多种故障现象样本，使学生可在较短时间内高效地完成晶体管单元电路故障诊断的基本训练。同时，每次实验以闯关形式完成3个电路故障样本的诊断过程，以激发学生的实验兴趣。

该实验具有独立的、差异化的实验内容与过程；交互、闯关式的实验进程；体现理论、技能、经验、归纳综合能力的故障诊断任务；内容、时间、地点、方法全开放的实验方式等特点。该实验可充分调动学生学习的主动性和积极性、激发学生的学习潜能、提高学生的综合能力，使高校实验教学与工程实际进一步接轨，为培养学生解决复杂工程问题的能力提供支撑。

实验流程示意图如图1所示。

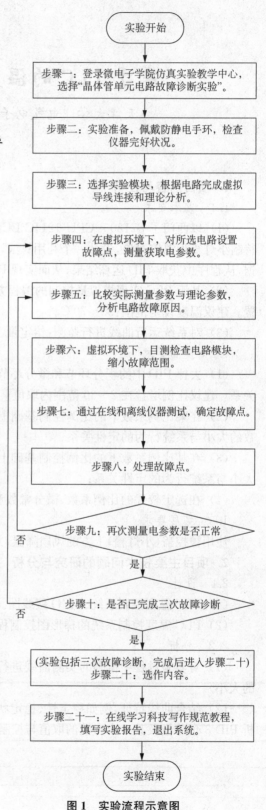

图1　实验流程示意图

直流电机及其控制系统设计

天津大学 电气电子实验教学中心 刘高华

1. 项目内容与任务

1.1 基本要求

（1）以直流电机（如 390 等）为控制对象，设计一个能够利用 PWM 实现快、中、慢三级调速（按键选择）的驱动车装置；

（2）自行设计电源电路实现从 9.6 V 降压到 5 V 为各模块供电，利用单片机实现直流电机的控制；自行设计直流电机驱动板。

1.2 提高要求

自行设计上位机模块，利用 ESP8266 模块连接指定 Wi-Fi，实现在局域网内控制器与上位机通信，从而达到对控制器的控制，实现对直流电机的无线控制及调速功能。

1.3 拓展要求

针对具体对象，通过红外编码模块发射红外信号实现通信，构建简易服务器，搜集信息，实现整体协调控制。要求整个系统输出稳定、界面友好。

2. 项目主要技术问题的研究与解决

2.1 系统结构

直流电机系统结构如图 1 所示。

2.2 实现方案

首先，可选多种直流电机，各电机的要求不同，对应驱动模块的芯片选择及对电流、电压的考虑也不同。其次，控制器的选择多样，FPGA、Arduino、单片机等均可实现 PWM，也可以实现与无线模块和红外的通信。在控制方式上可增加设计难度，如可增加上位机（客户端、服务器）、APP 控制或者蓝牙控制等。

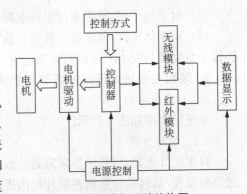

图 1 直流电机系统结构图

图 2 学生设计作品的实物图

基于单片机的称重测量实验产品设计

天津大学　电气电子实验教学中心　刘高华

1. 项目内容与任务

1.1　基本要求

（1）采用STC80C52单片机作为主控制器，依据单片机控制原理，利用传感器、A/D转换芯片、通信芯片进行电路设计、PCB制作、程序编写与调试，最终完成电子称量器。

（2）利用压力传感模块采集数据，放大后经A/D转换模块（可选用HX711芯片）将采集到的数据转换成数字信号，自主设计单片机控制电路实现电子称量功能及其扩展功能，可选体重秤类、电子秤类（二选一）。

（3）电子秤类设计：设计电路，实现称量范围1～20 kg，测量精度1 g，误差范围3％，完成电子秤基本功能（能够进行参数设置和数据显示，设置报警阈值，实现"去皮"）。

（4）体重秤类设计：设计电路，实现测量安全范围≤120 kg，极限范围≤150 kg，测量精度为0.1 kg，完成体重秤功能（能够测量体重、体质指数、显示、报警等）。

（5）根据设计原理制作PCB，焊装产品，制作适合产品的包装，保证产品的美观性，同时可以在一定程度上保护产品的结构稳定性。

1.2　提高要求

（1）对于电子秤：研究通过设计电路提高电子秤精度的方法。

（2）对于体重秤：研究蓝牙数据传输协议，在单片机端设计电路，调试程序，根据提供的协议平台完成与安卓上位机的数据传输。

2. 项目主要技术问题的研究与解决

2.1　系统结构

系统结构图如图1所示。

2.2　实现方案

自主设计电路，将传感器采集到的数据进行放大，经过高精度模/数转换使数据在单片机内进行运算，利用蓝牙模块进行数据传输，控制系统显示。该实验涉及传感器及检测、信号放大、模数信号转换、称量类运算方法、通信协议、显示模式调整、误差分析与校正等相关知识与技术。此外还涉及电路设计软件、PCB制作工艺、焊接基本功训练、仪器设备使用等操作。实验要求的测量精度，主要取决于称重传感器的误差、电测装置的误差、机械承重系统的误差、动态干扰误差等，可采用并联多个传感器、载荷质量垂直作用于传感器、传感器水平、减少摩擦力等方法提高精度。

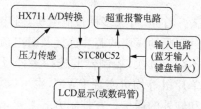

图1　系统结构图

图2　体重秤实物图

要求学生可以简略地介绍蓝牙数据传输的基本原理,有能力的学生可实现数据传输。让学生理解监听端(单片机)与主动连接端(手机)的连接过程和数据传输过程。为学生提供手机端 APP 及接口框架,学生需要设计单片机程序(在单片机端接收 3 个字符,判断接收控制信息),根据提供的框架平台完成与手机端通信。

基于用户电力技术的电能质量控制装置的教学实验应用

天津理工大学　工程训练中心　毛书凡

1. 实验目的

了解用户电力技术及电能质量控制相关知识、应用、概念和社会意义；学会电能质量指标含义及计算方法；学习功率因数表、示波器等仪器的使用及原理。

通过自适应电容调节实验仪模拟演示电能质量控制效果；通过实验学习，模拟实际电能质量问题并提出解决方案，设计电路图并进行电路焊接和模拟控制等。该实验可拓宽电子电路实践教学思路，丰富电力电子开关器件的应用范围。

2. 系统设计

以基础教学实验自适应电容调节实验仪为核心，对影响用户电能质量的重要指标（谐波、无功功率、电压偏差、频率偏差、三相电压不平衡度、电压波动和闪变）进行针对性的实验并对解决方案加以验证，了解暂时过电压和瞬态过电压对电路的影响和对它们的控制方法。实验主要采用单体自适应电容调节技术，使用单体电容和感性负载组成模拟负荷，学习电能质量的有效控制解决方法。实验环节包括高频开关电路、LC 稳压滤波电路、各类型负载对电能质量的影响、谐波及无功的模拟和抑制方法。

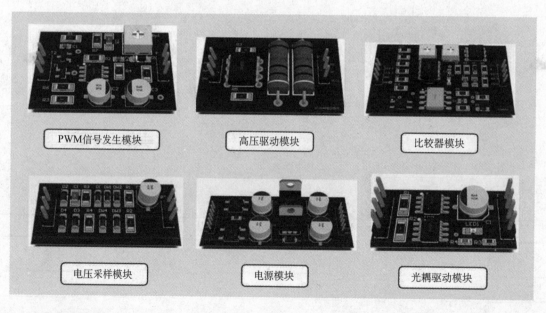

| PWM信号发生模块 | 高压驱动模块 | 比较器模块 |
| 电压采样模块 | 电源模块 | 光耦驱动模块 |

3. 实验流程

实验需求分析、实现方案论证、理论推导计算、电路设计与参数选择、电路测试方法、实验数据记录、数据处理分析、实验结果总结、确定电能质量控制方案。

4. 实验效果

学生可以掌握解决用户端多种电能质量问题的方法及改善用户侧电能质量的方法。通过进行单相无功补偿的实验,学习对三相不平衡负载的精准补偿,不会发生过补或者欠补的情况。了解无功倒送和投切振荡的实验模拟和相关数据及波形的采集分析,学习研究将功率因数提高到 0.95 以上的设计方案。

该项目获 2018 年全国电工电子基础课程实验教学案例设计竞赛(鼎阳杯)三等奖。

串口通信实验

武汉大学　电工电子实验教学中心　谢银波

1. 项目内容与任务

1.1　基本要求

将 PC 机与嵌入式系统的串口相连，设置 PC 端 RS232 串口参数，连接好仿真器，选用相应的集成开发环境编写和编译程序，并将程序下载到嵌入式系统中运行，实现以下功能：

（1）嵌入式系统上电后，周期循环将自己的专业、姓名及学号显示在 PC 端串口测试软件（如：串口调试助手）的接收端；

（2）通过串口测试软件发送端等时间间隔发送任意长度的字符，在其接收端显示；

（3）通过串口测试软件发送长度大于 5 字节的十六进制数据，嵌入式系统收到，去掉其中头两个字节和尾两个字节的数据，将剩下的数据回传给 PC 端并显示。

1.2　提高要求

（1）GPS 模块，提取星期、时间、经度和纬度值，并显示出来（提供参考文档，自学）；

（2）GPRS 模块，利用 AT 指令发送短信（提供参考文档，自学）；

（3）串口相机，获取图片（提供参考文档，自学）。

2. 项目主要技术问题的研究与解决

2.1　系统结构

通信原理详见图 1 系统结构图。

2.2　实现方案

系统结构简单，涵盖多个知识点的综合。简化实验目标描述，让学生快速理解并实现目标，基本要求内容隐含并融入了嵌入式系统串口设计中的难点和重点，包括：嵌入式系统 GPIO 口原理与配置方法、串口通信基本参数的设置、串口发送和接收的 3 种通信模式、异常向量表的使用、ARM 汇编和 C 语言混合编程方法以及串口数据的处理方法等。

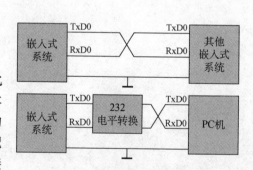

图 1　串口通信系统结构图

在指导手册和教材中提供出现这些问题的原因和解决办法，学生边实践边发现，边发现边学习，边学习边解决，引导学生较全面地掌握嵌入式系统中串口通信的应用，为后续操作系统实验奠定基础。

甚高频 VHF 航空接收机

武汉大学　电工电子实验教学中心　金伟正、杨光义

1. 项目内容与任务

1.1　基本要求

学习甚高频 VHF 接收机的原理及相关电路,包括直放接收机和超外差接收机的原理,设计一个能接收甚高频的接收机,频率范围为 118~136 MHz。

1.2　提高要求

(1) 扩展频率范围,可以接收调频广播节目(至少 3 个电台);

(2) 改进电路及天线,使接收距离增加,能接收到飞机与机场塔台的通信信号,实现航空接收机的功能。

2. 项目主要技术问题的研究与解决

2.1　系统结构

甚高频 VHF 航空接收机系统框图如图 1 所示。如果采用直放结构,则去掉系统结构中的混频电路和本地振荡电路。

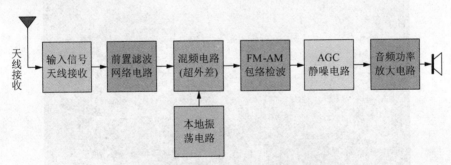

图 1　甚高频 VHF 航空接收机系统结构图

2.2　实现方案

天线接收到的信号首先进入一个带通滤波器,确保 118~136 MHz 的信号可以保留,其他信号被最大限度地衰减。经过滤波后的信号经放大后进入混频电路,最终可确保 118~136 MHz 范围内的信号全部覆盖。如果需要接收其他的频段,则可根据要求重新设计滤波器。系统中频设计为 10.7 MHz,经过混频后的 10.7 MHz 信号经过滤波、放大、选频后,变成调频调幅波,然后送入包络检波电路。检波出来的音频信号经过 AGC 静噪和功放后推动喇叭发声。

基于 ST 的无线传感网络实验系统

西安电子科技大学　电工电子实验中心　邓军

1. 系统简介

1.1　系统概述

本实验系统是由教师自主研制的面向电子信息类本科生的相关实验平台。该实验系统于 2018 年 12 月获"西安电子科技大学第六届新开发实验及新研制实验设备二等奖"。基于 ST 的无线传感网络实验系统是将嵌入式技术、传感器数据采集及处理技术、无线网络通信技术等融合在一起的综合实验平台。

1.2　系统结构

本系统可分为 3 部分:主控平台、外围传感器模块及无线通信模块。其中主控平台采用基于 Cortex-M3 内核的 STM32F103ZET6;外围传感器有 STLM75 温度传感器和 LPSO-OWP 气压计,传感器通过 ZigBee、BlueTooth 等无线方式传输至微控制器芯片进行数据的整合处理。可以通过 Wi-Fi 无线通信方式发送至 Android 终端。系统实物如图 1 所示。

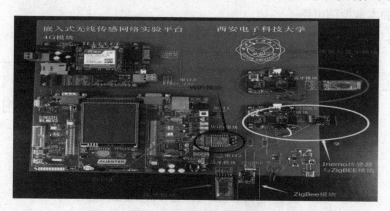

图 1　实验系统平台实物图

2. 教育意义

通过应用该系统进行实验,学生可以掌握用传感器采集环境信息数据并处理,丰富和拓宽有关应用 ZigBee、BlueTooth、2.4G Wi-Fi 无线通信方面的知识。在本系统的基础上可以拓展自主性设计实验,旨在培养学生的探索精神、科学思维、工程意识、创新意识。

蓝牙智能家居控制系统

西安电子科技大学　电工电子实验中心　许辉

1. 系统实验任务

实验要求所设计的蓝牙智能家居控制系统主要由单片机、蓝牙模块、显示模块、温度测量模块、电机及其驱动模块、继电器和灯泡、手机及 APP、光亮度检测模块等搭建而成。手机作为主设备，单片机控制系统作为从设备，既可以用手机蓝牙发送命令控制相关的家居设备工作，如点照明灯、开关窗帘、启动风扇并调速等，也可以发送命令将环境的信息由单片机控制系统发送回手机并显示，然后再根据环境情况控制相关的家居设备工作。

2. 系统原理

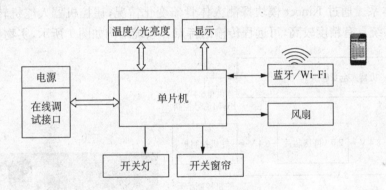

图 1　智能家居控制系统原理框图

根据实验要求设计的无线智能家居控制系统的框图如图 1 所示。手机作为主蓝牙设备，单片机系统作为从蓝牙设备，为了方便传输、识别和在 LCD 上显示，建议通信格式包括帧头、命令和数据 3 个部分，都采用 ASCII 码自行定义。命令和数据的定义可参考下表。

命令	命令的 ASCII 码	数据及含义	数据的 ASCII 码
T（温度）	0x54	R（读温度）	0x52
K（开灯）	0x4B	1/2/3（开第 1/2/3 灯）	0x31/0x32/0x33
G（关灯）	0x47	1/2/3（关第 1/2/3 灯）	0x31/0x32/0x33
C（窗帘）	0x43	O/C（开/关）	0x4F/0x43
F（风扇）	0x46	+/-（加速/减速，开关同上）	0x2B/0x2D

人体动作跟踪模仿机器人

西安电子科技大学 电工电子实验教学中心 邓军

1. 项目简介

本项目是由中心教师指导,学生自主研制的一种可遥控模仿的体感机器人。基于 Kinect、ZigBee 通信等技术,可以轻松地实现让机器人模仿人类的动作,并且做到快速响应。该项目于 2015 年荣获第二届全国科沃斯机器人创想秀技术流组一等奖。

2. 系统结构

人体动作跟踪模仿机器人系统以 ZigBee 无线通信、Kinect 体感、ARM11 嵌入式技术、Linux 下的 Qt 界面开发、I^2C 等多种通信协议、舵机控制等技术为基础,设计了机器人的整体软硬件体系。通过 Kinect 模块探测人体骨骼变化情况,遥控机器人舵机转角,模仿人体动作。该系统具有精度较高,可远程传输的特点。系统结构如图 1 所示,实物如图 2 所示。

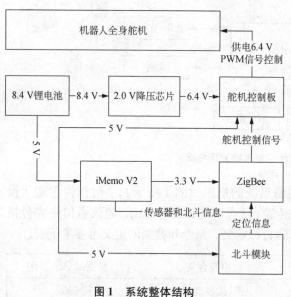

图 1　系统整体结构

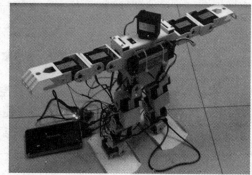

图 2　系统实物

3. 教育意义

通过对该系统的设计及分析,启发学生的创新性思维。通过该系统的软硬件调试,学生可以学习并掌握相关技术。通过参加竞赛,丰富和拓宽了学生的眼界。

模拟电子线路综合设计实验

——数显温度计设计实验

西安电子科技大学　电工电子实验教学中心　徐茵、王新怀、周佳社

数显温度计实验是我中心针对电子信息专业试点班学生"电路分析与模拟电子线路(二)"而开发的一种新内容、新模式、新方法、新形式的系列综合开发性设计实验之一。为了培养学生的模拟电子技术应用创新能力和工程实践能力,特别是对解决复杂工程问题能力的重点培养,本实验与理论课程相结合,面向实际中需要解决的工程问题,提出指标需求,由学生自行提出设计方案,并进行理论推导、参数选择、虚拟仿真,然后组队在万能板上布局、焊接、调试,实现设计的电路,避免了传统实验箱实验单一性及面包板容易损坏的缺点。实验过程中学生可灵活选择多种方案,采用先虚拟仿真后搭建实物的"虚实结合"实验模式,理论与实际相结合。实验过程时间开放、空间开放、仪器开放,仪器除实验室配置的标准仪器外,还引入 NI 便携口袋仪器 myDAQ,集成示波器、频谱仪、信号源、万用表、电源等设备,使学生课外时间在寝室、图书馆也可以进行实验。

实验内容和任务根据学生的能力分为基本部分和发挥部分两个层次:基本部分要求设计一个数显温度计,通过一定的数学运算将半导体温度传感器的输出转化为常见的摄氏温度,要求所有学生完成;发挥部分为通过开关切换摄氏和华氏温度,并提高测量精度,要求学有余力的学生完成。

本实验为开放实验,用两周时间完成,实验过程及要求如下:

(1) 下达实验任务,自学了解不同温度传感器的工作原理和关键参数,了解用不同方法实现温度测量的范围与测量精度的差异,及在传感器选择、测量方法等方面不同的处理方法。

(2) 单人设计电路,利用 Multisim 软件仿真验证,并通过 PPT 答辩,筛选出较优方案。注意:测量精度主要取决于温度传感器;温度是一个缓变信号,可先与基准参考电压信号进行相减,再放大调理等,最后通过数字表头显示于数码管上。

(3) 将 2～3 人分为一组进行实物制作,完成任务包括:①在万用板上搭建实际电路,焊接并调试,以标准温度计为参考整机标定;②构建简易测试环境,以标准温度计为参考测定误差并分析误差原因。

(4) 撰写设计总结报告,进行实物验收,组织学生以项目演讲、答辩的形式进行交流,了解不同解决方案及其特点,拓宽知识面。

本实验设计中,要注意学生设计的规范性,如系统结构与模块构成,模块间的接口方式与参数要求;在调试中,要注意工作电源、参考电源品质对系统指标的影响,及电路工作的稳定性与可靠性;在测试分析中,要分析系统的误差来源并加以验证。

本实验在试点班进行了多年教学实验,由于应用背景贴合学生日常生活,尤其受学生欢

迎。通过虚拟仿真、组队、实物焊接、验收答辩等环节，增加了教师与学生的交流互动，提高了学生学习的积极性。"虚实结合"及"开放式综合性设计"的实验模式使学生在实验过程中更注重动手能力，培养了学生的应用创新能力、工程实践能力和团队协作能力。受益于这种模式的培养，试点班学生在电子类竞赛、挑战杯和互联网＋等创新类竞赛中屡获佳绩，分别获得了全国大学生电子设计竞赛一、二等奖 6 项，Intel 杯嵌入式竞赛一等奖和二等奖各 1 项，全国挑战杯大学生课外学术竞赛二等奖 1 项。

该实验获 2014 年全国电工电子基础课程实验教学案例设计竞赛全国一等奖；获 2017 年校教育教学改革典型案例一等奖；入编西安电子科技大学教育教学典型案例论文集；2018 年获得西安电子科技大学第六届新开发实验及新研发实验设备成果奖一等奖；该系列实验作为一门网上课程"丝绸之路云课堂——综合性设计实验"，受到学生好评，以此作为支撑申报的 2017 年省级教学成果奖（丝绸之路云课堂——电子技术在线开放课程群建设及综合改革的探索与实践）获得省级教学成果奖二等奖。

图 1　学生作品

智能家庭服务机器人

西安电子科技大学　电工电子实验教学中心　孙江敏

项目功能简述

我们设计的家庭服务机器人将清扫、语音识别及控制、投影、实时地图绘建、机械臂、智能避障、老人药箱、联网获取信息、视频通话、人脸识别等一系列功能进行了有机的结合，尤其是投影的加入，这在以往研究项目中是绝无仅有的。这些功能的整合，可大大提升用户对该家庭服务机器人的使用体验。该机器人各个功能间并不是独立的，而是有着紧密的联系，功能间的相互协作，使机器人的整体功能更加强大。而且可实现通过语音对服务机器人进行直接控制，使服务机器人更加人性化。

新一代的服务机器人将搭载机械臂，并配备视觉伺服系统。其中的主要难题在于图像处理。新一代服务机器人将高度智能化，拥有自主导航避障、室内地图自主构建、语音识别、自动充电、老人药箱等一系列特色功能，而完善和开发这些功能将是个难题。我们团队将在现有的基础上进行技术整合并加入创新设计，让该机器人的功能更完善，更人性化。

图1　服务机器人模型

图2　原型机指点抓取测试

传感器信号调理综合创新实验

——模拟电子技术实验改革成果

中国矿业大学　电工电子教学实验中心　吴新忠

1. 背景情况介绍

本课程关于信号调理的基础性内容包括：运算放大器、二极管及其基本电路、双极结型三极管及放大电路基础、场效应管放大电路、模拟集成电路、反馈放大电路、功率放大电路、信号处理与信号产生电路、直流稳压电源等。学生通过前期的实验锻炼，已经具备了微弱信号调理的能力。为了使模拟电子技术更具有针对性、综合性和趣味性，启发学生独立思考，我们设计了传感器信号调理综合实验。

2. 开设传感器信号调理综合创新实验的目的

在数据采集系统中，来自传感器的模拟信号一般都是比较弱的低电平信号。为了充分利用 A/D 转换器的满量程分辨率，首先需要利用程控放大器将微弱的输入信号进行放大。例如，传感器的输出信号一般是毫伏数量级，而 A/D 转换器的输入电压多数是 2.5 V、5 V 或 10 V，且 A/D 转换器的分辨率是以满量程电压为依据确定的，为了能充分利用 A/D 转换器的分辨率，即转换器输出的数字位数，就要把模拟输入信号放大到与 A/D 转换器满量程电压相对应的电平值。

3. 传感器信号调理综合创新实验教学模式及考核方法

针对一种实际传感器的输出信号，要求学生根据信号处理规范，首先在 EWB 平台进行电路设计和仿真验证，然后利用实验箱上的元器件或者扩展自选的元器件，进行实际调试，达到预期要求。

4. 传感器信号调理综合创新实验体现出的作用

本实验是对模拟电子技术已经完成的验证性实验（如单级放大器、放大电路的设计与仿真、运算放大器的线性应用）的综合提高，通过实验可以使学生直接感受到模拟电子技术在传感器设计中的作用，既是对模拟电子技术的总结提高，同时又可以用实际问题激发学生进行科研实践探索的兴趣。

软硬结合的信号与线性系统实验

中国矿业大学　电工电子教学实验中心　李雷

1. 信号与线性系统课程建设概况

"信号与线性系统"课程是中国矿业大学信息与控制工程学院开设的平台课程,既面向本学院的电子信息、自动化两个本科专业,也面向外学院包括电气与动力工程学院的电气工程及其自动化专业、孙越崎学院及徐海学院的多个专业,每年授课学生人数达 34 个班约 1 000 人,作为这些专业必修的一门专业基础课,一直受到领导、教师、学生的高度重视,并作为中国矿业大学精品课程进行建设,以此课程的师资力量为核心组建了"信号基础课程群教学团队"——校级优秀教学团队。

2. 软硬结合的信号与线性系统实验

"信号与线性系统"课程理论性强、概念抽象,学生学习的难度大,为激发学生的学习兴趣,从 2000 级起,开发了多媒体教学课件,结合 Matlab 软件设计信号与线性系统实验,编写了《信号与线性系统实验讲义》,内容全面丰富,从基础的矩阵运算、简单程序的编写、函数的不同表示、信号的傅立叶变换、拉普拉斯变换,到综合的连续系统和离散系统的响应求解等,涵盖了理论课中的所有内容。

2015 年,在软件实验的基础上,依托中央高校改善基本办学条件专项设备购置项目"电工电子基础实验室建设项目",购置了 35 套"信号与系统开放实验平台"(TLS-S106 型),且列在了购置执行计划的第 1 项优先采购。此实验平台是我们与厂家共同开发改进的,采用平台加插拔式模块化的设计,具有开放性和综合性,并采用全新的 DSP＋MCU＋AD/DA＋分立实验模块架构,可进行信号与系统各模块电路设计的二次开发,可调参数采用无改锥调节或按键操作,内置可编程 DDS 高频信号源模块、LCD 显示模块、大容量 FPGA 可编程数字频率计模块等,可以激发学生的创新思维。对于学习"信号与线性系统"课程,以及后续的"通信原理""数字信号处理"等课程起到很好的帮助作用。

由此,信号与线性系统的软硬件实验可以同时开设,实验内容有 30％是基础型,40％是设计型,30％是综合型,内容紧密结合教学,覆盖了理论知识的各个方面。实验分为必做和选做内容,选做内容起点高并有一定的难度,鼓励优秀学生完成必做内容后选做部分选做题,这不仅让这部分优秀学生学习到更多的知识,还提高了学生的自信心。

电工电子实验教学建设成果集萃（2019）

基于 PLC 的传送带自动控制

重庆大学　电工电子基础实验教学中心　李利、肖馨

1. 项目内容与任务

1.1　基本要求

（1）采用 FX3U 系列三菱 PLC 对由三相异步电动机驱动的传送带装置进行自动控制，传送带上的移动物体能够通过传感器被计数并显示；

（2）可任意设置传送物体的件数，达到相应值时停止运行。按下启动按钮（或自动延时）后可重新运行并计数。

1.2　提高要求

使用不同种类的传感器，对不同类别的传送带上的物体进行检测，并分别计数显示，也可对某一特定物体进行声光报警。

1.3　拓展要求

对高速运动的传送带上的物体计数显示。

2. 项目主要技术问题的研究与解决

2.1　系统结构

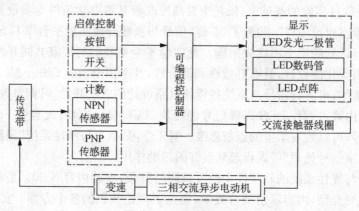

图 1　系统结构图

2.2　实现方案

电动机控制传送带启动的方式有 3 种：①使用开关或按钮；②使用触摸屏控制；③设计数字按键控制电路。

将光电传感器接 PLC 的输入端，传送带上移动的物体经过传感器时将接收到的信号输入到 PLC 的计数器进行计数，当达到设定值时，切断交流接触器线圈电源，电动机停止运行，同时定时器开始定时，定时时间到后，让计数器复位，电动机重新自动运行。

汽车速度的检测与显示

重庆大学　电工电子基础实验教学中心　李利、张立群、胡熙茜

1. 项目内容与任务

1.1 基本要求

（1）采用超声波或光电传感器及 FX3U 系列三菱 PLC 检测经过某一路段汽车的行驶速度；

（2）用两位数码管显示汽车速度（km/h），调试时距离、时间、速度等数据可按比例折算，以便于调试。

1.2 提高要求

（1）汽车速度高于某一限速值时显示红色数码，小于等于限速值时显示绿色数码；

（2）汽车速度高于某一限速值时显示，小于等于限速值时不显示。

1.3 拓展要求

将测得的汽车速度数据通过 MX component 和 MX sheet 上传至 Excel 表格中进行储存。

2. 项目主要技术问题的研究与解决

2.1 系统结构

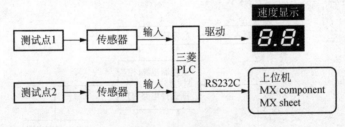

图 1　系统结构图

2.2 实现方案

汽车在道路上行驶，根据计算距离在测试点 1、2 处安装超声波传感器或光电传感器。被测试汽车先后通过这两个点，每个传感器在检测到车辆经过时会向 PLC 发出脉冲信号，通过 PLC 内部的高速定时器接收到两个信号的时间间隔及传感器间的距离计算出汽车的行驶速度。计算出的速度经 BCD 指令传送到 PLC 的输出点，经外部译码显示电路进行显示。另外还可采用双色数码管对高于或低于限速值的速度作不同颜色的显示。

示波器单人乒乓游戏机的设计

重庆大学　电工电子基础实验教学中心　彭文雄、肖馨

1. 项目内容与任务

1.1 基本要求

设计一种利用示波器显示的单人玩乒乓球游戏机。示波器屏幕的时基线为乒乓球台，乒乓球在示波器上以一个运动光点呈现，球拍以一条可移动的垂直短线呈现，位于屏幕右侧，其长度等于1/8右边界长度。当乒乓球在屏幕上以任意斜率的直线轨迹运动时，如球碰到上、下、左边缘，自动反弹，并随机改变运动速度；当球运动到右边缘时，球拍可以把球击回。

1.2 提高要求

(1) 改变乒乓球控制电路——如何消除乒乓球的"光晕"及球体积？

(2) 改变球拍位移控制电路——如何消除球拍"滚动"现象？

(3) 球拍单位移动距离要求为半个拍或更小，直到组成球拍的一个光点距离。

1.3 拓展要求

(1) 增加记分电路，即球拍每击中一次乒乓球计1分等；

(2) 增加游戏难度系数，提高乒乓球及球拍的运动速率，让游戏更具挑战性。

2. 项目主要问题的研究与解决

2.1 系统结构

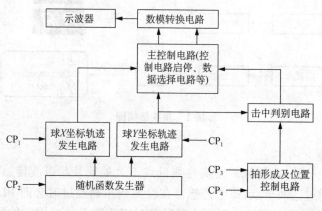

图1　系统结构图

2.2 实现方案

整个系统可由控制电路和显示部分组成，控制电路主要由4部分构成，即球运动轨迹发生器(包括球 X 坐标轨迹发生器和 Y 坐标轨迹发生器)、拍形成及位置控制电路、击中判别电路及主控制电路等；显示电路通过数模转换电路由示波器来实时显示。

校企协作实践育人

北京理工大学　电工电子教学实验中心　吴莹莹

1. 创新活动项目

1.1 活动主要内容

以 FPGA 在"互联网＋"、并行处理、图像处理、人工智能等方面的应用为背景进行工程技术训练,基于智能小车、四旋翼直升机、智能家居和双足机器人等项目开展创新活动。

1.2 活动实施目的

探索、完善以问题和课题为驱动的教学模式,倡导以学生为研究主体的教学改革,调动学生实践的积极性,激发学生的创新思维和创新意识,逐渐掌握思考和解决工程问题的方法、培养其从事科研与自主创业的基础能力。

1.3 活动组织方式

切实开展"校企合作"方式的实践育人工作,引入企业人力资源而不仅仅是物力资源,中心教师与企业工程师联合进行活动的项目组织与技术指导,以企业实际工程的视角向学生传授项目设计实现的工程方法,为学生构建课堂通向实际的桥梁,使学生在活动中体验团队协作的力量,学习项目管理的经验。项目结束时由企业工程师与中心教师一同进行项目评审。

1.4 活动进程安排

(1) 知识拓展:以兴趣讲座形式,介绍 FPGA 应用及行业发展。

(2) 基础训练:讲解数字系统架构和 Vivado 设计流程等内容,提供 EGO1 平台进行基本的 FPGA 开发训练与指导。

(3) 项目开发:分小组自主选题,组员分工完成系统设计与装调。

(4) 结题答辩:学生准备 PPT 汇报答辩并进行现场演示,评出优秀小组。

2. 创新活动的效果

(1) 中心与校企协作开展的实践活动,为学生提供了完备的自主发挥和工作的空间,使学生的工程素质得到了锻炼与提高。

(2) 以任务驱动学生的学习与实践,探索和解决工程问题的技能与方法。

(3) 通过丰富多彩的活动环节,调动学生学习实践的主动性;组队完成项目,使学生切身感受团结协作的人文力量。

水下机器人创新实践基地建设

大连理工大学　电工电子实验中心　陈景

1. 水下机器人创新实践基地简介

水下机器人创新实践基地是电信学部大学生创新实践基地的一个组成部分,成立于2018年初,目前具有指导教师3名,每年的招生规模在30人左右,包含全校各个相关专业的大一和大二的本科生。成立水下机器人创新实践基地的初衷是为了培养出更多更优秀、跨专业、具有综合能力和创新精神的学生,并且作为展示创新实践基地风貌的窗口。

2. 基地日常状况

运行: 基地的创新实践活动主要是围绕学生竞赛来开展的,针对不同比赛的性质和要求,设计不同功能类型的水下机器人。

指导: 教师的指导工作主要分为两个部分,一是为学生开设与水下机器人相关的创新实践课程,二是在每次设计水下机器人期间对学生进行全程指导。

管理: 将学生分为技术部和运营部,各设1~2名总负责人,技术部主要负责水下机器人的设计和调试,运营部主要负责基地人员、物品的管理。

经费: 基地硬件设施建设以及制作机器人所需经费向学校教务处申请,同时中心的日常建设经费也能支持一部分;参加竞赛所产生的费用则由学校创新创业学院统一调拨。

3. 基地参加竞赛介绍

在2018年,水下机器人创新实践基地共组队参加了三项国家级竞赛,成绩如下:

(1) 参加中国机器人大赛,获一等奖两项,二等奖一项(其中一项一等奖为全国亚军)。

(2) 参加水下目标抓取大赛,初赛获第二名,决赛获第十名。

(3) 参加国际水中机器人大赛,获一等奖一项,二等奖一项。

图1　参赛师生及获奖证书

电子俱乐部

湖南科技大学 电子与电气技术实验教学中心 李目

湖南科技大学电子俱乐部成立于 1983 年。自成立以来电子俱乐部充当了科技发明、科技创新的急先锋，以电子技术为基础，广泛开展有利于学生能力提高的科技活动，包括电子科技制作、知识讲座、义务维修等特色活动，举办电子电路创新大赛和科技创意大赛，旨在树立学生科技创新意识、提高学生科技创新能力与实践能力。

1. 社团活动

在校期间，除节假日和教学礼拜周，电子俱乐部每周都会举办不同的制作活动和知识讲座，从最简单的焊接知识到焊接实践、从 C 语言基本知识到自我编程，电子俱乐部始终秉持着活动由浅入深以及让会员在快乐中学习的理念，让会员在轻松愉悦的氛围中学有所得。

2. 组织机构

湖南科技大学电子俱乐部作为一个综合性科技社团，在培养会员学术科技方面知识与能力的同时，也注重社团组织机构建设，在社团的发展过程中不断发现问题并持续改进。积极探索先进的管理模式，不断改进社团队伍建设方式，制定并完善社团的章程。电子俱乐部现由部长（1 名）、团支书（1 名）、技术部长（1 名）、常务部长（1 名）以及外联部长（1 名）组成部门主要领导班子。

图 1 电子俱乐部获"百优十佳社团"截图

3. 成果展示

湖南科技大学电子俱乐部取得了许多优异成绩，先后获得校级"优秀社团""甲级社团""十佳社团"等荣誉称号达十余次；由电子俱乐部承办的电子电路创新大赛被评为校级大学生科技创新特色活动；2018 年电子俱乐部被评为湖南省"百优十佳社团"。

学生社团课外科技活动管理

兰州交通大学　电工电子实验中心　张华卫

兰州交通大学　信息与控制工程综合创新实验教学中心　周冬梅

1. 为学生社团提供科技活动空间

1.1　整合学生社团资源，加强其课外科技创新活动凝聚力

兰州交通大学电工电子和信息与控制工程两个实验教学示范中心隶属于电子与信息工程学院，学院团委管理电子设计制作、信息通信技术（ICT）等9个学生社团，2014年示范中心与学院团委协作，对学生社团进行整合，成立"电子信息技术大学生众创联盟"，依托示范中心实践创新平台，利用学生社团的影响力，加强对大学生课外科技活动的引导。

1.2　发挥示范中心开放运行特性，为学生社团提供活动空间

示范中心根据学生社团的专业属性为其提供课外科技活动空间，委派专业教师担任社团指导教师。例如，电子设计与制作协会由电工电子实验中心教师指导，在电工电子创新基地开展活动；ICT协会由通信工程实验室教师指导，在通信与信息系统创新基地活动；嵌入式设计协会由物联网工程实验室教师指导，在移动互联网创新基地活动等。由社团负责创新基地的日常管理，既缓解了教师实验室管理的工作，又使学生社团拥有了自己的活动空间，把实验室开放运行与社团活动紧密结合，保证了示范中心开放运行的效果。

2. 为学生社团构建创新能力培养体系

示范中心教学团队以开放实验、松香课堂、各级大学生创新创业项目等形式，指导学生课外创新活动，通过课程实验→开放实验→创新项目→学科竞赛构建了兼顾普适性与个性化培养的递进式创新能力培养体系，如图1所示。

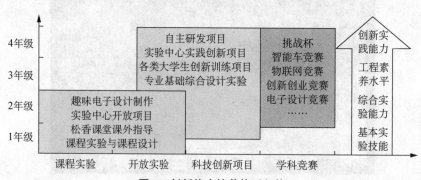

图1　创新能力培养体系架构

E 创空间建设和运营

南京大学　电子信息专业实验教学中心　庄建军

1. 建设意义

给有想法、有创意的大学生提供一个开放的环境，在此交流学习、组建团队，并动手实现自己的创意，做出产品原型。

2. 建设原则

2.1　建设定位准确

符合学校、专业和学科特色，面向物联网、互联网、人工智能、医疗电子等电子信息相关领域。

2.2　空间布局合理

设立办公区、讨论区、会议区、展示区、装配区、仓储区，功能清晰，麻雀虽小五脏俱全。

2.3　构成要素完整

办公设备、开发设备、门禁系统、经费支持、导师队伍、管理人员、管理制度齐全。

3. 运营要求

3.1　创客空间管理有规范

安全制度、登记制度、值日制度、设备使用制度、经费使用制度，规范管理，便于追责。

3.2　创客团队入驻有门槛

国家级大创项目团队、校级双创比赛获奖团队。

3.3　创客导师评聘有标准

有热情、有能力、有时间、肯投入，校内外导师结合，目前聘有10位校外导师。

3.4　创客项目推进有措施

定期汇报，及时跟踪，动态调整经费额度，进展顺利的项目优先推荐高级别比赛。

3.5　创客团队退出有机制

为提高公共资源利用率，达到一定成熟度的项目或者进展缓慢的项目都要及时退出。

4. 建设效果

每年申报创新训练计划项目20余项，创业项目5项以上，其中国家级10余项。多个项目获全国大创年会和江苏省大创年会最佳创意奖，其中一个创业团队获融资400余万元。

大学生创新训练计划项目管理模式

南京大学　电子信息专业实验教学中心　张志俭

1. 目的与思路

"大学生创新创业训练计划"是教育部推动的人才培养质量工程的重要组成部分,超过21万个国家级项目获得资助,投入财政资金超过40亿元,参与的学生近86万人次,对培养大学生的创新精神和实践能力起到了重要作用。在实际执行过程中,项目来源、宣传引导、申报指导、资源配套、过程管理、资料汇编等方面存在一定不足,影响了人才培养效果。

电子实验教学中心提供科创场地和仪器设备,安排专人进行管理,利用大创计划项目丰富的实践教学内容,开展实验教学改革,提升实验中心发展内涵,参与大创计划管理,一举多得。

2. 内容与特色

2.1　基本内容

如图1所示,讲座全年开展,以项目生命周期进行题目征集、立项指导、过程管理和资料整理,在大创计划基础上鼓励学生发表论文、申请专利和参加学科竞赛。

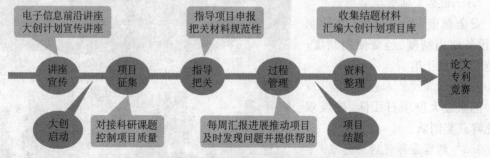

图1　"大学生创新创业训练计划"的架构及内容

2.2　主要特色

(1) 教学科研融合,提升人才培养质量;

(2) 全生命周期管理,规范人才培养过程。

3. 实施成效

经过3年实施,我校电子信息类大创计划执行成果斐然,立项数量和参与学生逐年上升,连续两年代表南京大学入选全国大学生创新创业年会,2017年第十届全国大学生创新创业年会荣获"最佳创意项目"称号。2018年基于大创计划项目发表核心期刊以上论文7篇,申请专利8项,获得国家级以上奖项3项。

精心选题　激发兴趣

南京邮电大学　电工电子实验教学中心　朱震华

"电子电路课程设计"是集中性实践环节课程，要求通过综合性、系统性的课题，使学生在电子电路综合设计、装配、调测、故障处理和文档整理等方面的能力进一步提高，同时使学生掌握电子电路工程技术特点，提高学生的科技素质和创新思维能力。

为了更好地达到教学目的，需要精心选题，激发学生的学习兴趣。"知之者不如好之者，好之者不如乐之者"，教学应从培养学生的兴趣开始，只有坚持把选题建立在学生兴趣爱好之上，才能充分调动学生的积极性、求知欲和探索精神。

1. 选题的新颖性

课题要新，要结合时代的特点和技术的发展。"智能家居控制设计"显而易见要比"CRT字符显示"吸引学生，陈旧过时的课题会使学生产生抵触情绪，教学效果会大打折扣。

2. 选题的趣味性

选题过程中，摒弃一些枯燥的课题，增加跟学生年龄相符，学生觉得"好玩"，能够吸引学生去研究、探索的课题，如经典的游戏"俄罗斯方块""贪吃蛇""坦克大战"和"音乐播放器"等。

3. 选题的多样性

每位学生的兴趣爱好不一样，课题要避免千篇一律。学生可以根据自身的爱好自由选题。以上学期一个22人的班级为例，完成了"基于FPGA的声呐扫描系统设计""高精度电子秤设计"等18个课题，效果非常好。图1是一位学生完成的基于FPGA的声呐扫描系统设计。

精心选题，事半功倍！

图1　基于FPGA的声呐扫描系统设计实物图

SmartRobot 机器人团队管理与建设

山东科技大学　电工电子实验教学中心　高正中

1. SmartRobot 机器人团队成绩

SmartRobot 机器人团队自 2015 年参赛以来，连续 4 年进入全国总决赛，荣获全国一等奖 3 次。2015 年战胜多所高校进入全国前 32 强，2016 年团结拼搏杀入全国 8 强，2017 年 SmartRobot 机器人团队不畏强手获得全国亚军，2018 年团队成员以敢打敢赢的气势摘得北部分区赛冠军。

2. SmartRobot 机器人团队构成

2.1　构成基础

SmartRobot 机器人团队由全校多个专业中对机器人感兴趣的大学生组成，大部分为本科生，还有少数研究生参与，由本中心指导教师指导，团队人才结构层次分明。

2.2　具体结构

SmartRobot 机器人团队的人员由指导教师、队长、项管、宣传经理、参赛顾问和各设计队员构成。主力队员有 30～35 名同学，分为 4 组，每组各 1 名组长（一般以往届优秀比赛队员当职，贯彻薪火相传的精神），分别为电控组、机械组、视觉组、宣传组，每位队员各司其职，相互沟通，为取得好成绩发挥最大的力量。

3. SmartRobot 机器人团队组建方法

3.1　纳新动员

SmartRobot 机器人团队在每年大赛启动之前由宣传组人员制作纳新海报、单页宣传材料，由团队微信公众号、QQ、微博等自媒体发布纳新通知，吸引来自自动化、计算机、机电等学院的优秀学生前来报名。

3.2　纳新面试

在 9 月份开学之际，团队安排所有报名学生参加面试，在指导教师指导下，由往届参赛队员做面试官，根据团队需要，留下最符合要求的同学进行组队。SmartRobot 留下的队员首先要有吃苦耐劳的精神，遵守制度的品格，还要有一定的理论基础知识，方便团队的管理建设。

4. SmartRobot 机器人团队培养方式

4.1　前期培训

纳新结束后，团队立即投入到对队员的培训中，首先要求队员们熟知实验室安全守则和行为规范，再进行实际操作培训。以指导教师为主，各组组长协调时间，以实验室为教室对各组队员进行培训，每周对每位队员进行理论考核，计入考核成绩。培训时间一个月，进入初期设计阶段。

4.2　日常设计管理

在初期设计阶段，各组之间相互协调，相互沟通，以便拿出最合适的方案。

每周六早上 8:00 召开队员全体例会,各组组长汇报进度,指导教师做出总结,项管对队员考核。

每周六晚上 7:00 进行方案讨论,各组队员利用投影仪或者实物对方案讲解说明,提出问题、分析和解决问题,提出修改方案、建议和时间进度要求。

4.3　主要设计流程

5. 总结

SmartRobot 机器人团队将以层次分明的团队结构,优厚的人才基础,新颖的纳新方式,进行科学管理。

打造各具特色的学生社团　促进创新实践

重庆大学　电工电子基础实验教学中心　侯世英、孙韬、周静

1. 建设思路

根据"自主、开放、个性化"的思路，利用创新团队建设平台，组建各具特色的学生社团，为本科生和研究生创新实践提供开放环境，训练学生的动手实践与科技创新能力，并为学生参加创新实践和竞赛提供场地、物质和技术支持。

2. 主要措施

（1）坚持"学生为主体，张扬个性"，促进学生的个性化发展；

（2）以竞赛为主题，以社团的方式高效地组织学生开展创新实践；

（3）配置专门的指导教师，坚持引导与强化实践。

3. 建设成效

（1）"嘉年滑"社团

组建 3 年来，学生与社团共同成长，初步形成了具有凝聚力的学生社团，社团内成员先后荣获 2018iCAN 国际创新创业大赛国际二等奖、2018iCAN 原创中国精英赛挑战赛特等奖、"创新有未来"高校人工智能创新大奖赛全国二等奖、第一届"京津冀—粤港澳"（国际）青年创新创业大赛南方赛区决赛最具潜力奖等奖项。

（2）"拓拓乐"机器人社团

组建 2 年来，展现出极大的活力，为展现学生的创新意识和创新能力提供了灵活的空间，社团内成员先后荣获第一届全国大学生人工智能创新大赛金奖、第九届"北斗杯"全国青少年科技创新大赛全国三等奖、2018 年高校人工智能创新大奖赛全国三等奖等奖项。

电子设计竞赛组织与实施

电子科技大学　电子实验中心　李朝海

1. 竞赛训练课程化

为了扩大学生的受益面,在全校范围内营造电子设计竞赛的良好氛围,我们建设了电子设计竞赛系列课程与教材,并纳入学校核心通识课程体系建设,学生修完课程后可获得相应的学分。课程开设情况如下表所示。

表 1　电子设计竞赛系列课程学时数及学分情况表

课程名称	学时数	学分	开课学期
电子电路设计技术基础	32	2	大一下
高频电路设计与制作	32	2	大二上
最小系统设计与应用	32	2	大二下
电子系统专题设计与制作	32	2	大三上

图 1　电子设计竞赛系列教材

2. 校队的选拔与训练

通常在竞赛年的春季学期开学第 1 周完成校队的组建,人员主要从修完前 3 门课程,并获得优异成绩的学生中选拔(学生自愿报名),大约 40 个队,其间有退出与增补机制。校队集中训练大约 5 个月时间,通常到 6 月下旬根据学生意愿以及前期训练情况分成 4 个大组:通信组、控制组、仪器仪表组、电源组,然后每个组进行 1 个月针对性的训练。

电子设计竞赛的组织管理与培训指导

东南大学　电工电子实验中心　堵国樑

1. 组织管理

东南大学每年组织校级电子设计竞赛,到 2018 年已经举办了 20 届,通过全校性及电类院系举办的各种竞赛宣讲会,普及推广竞赛活动,调动学生参赛积极性,每届有 600 多人参加竞赛,覆盖全校电类各个学科和部分其他专业。由不同学科专业的老师构成校级指导教师团队,承担全校电子设计竞赛的组织管理、培训指导等相关工作,参赛学生可以得到不同学科、不同知识背景教师的指导,提高综合能力。

2. 培训指导

开设系列专题研讨课:邀请具有丰富实践经验和教学水平的校内外教师和国际知名企业的工程师,开设系列专题研讨课,课后布置单元练习,培养学生的实践动手能力。

校级竞赛选拔培养:通过校级竞赛初赛、复赛等环节最终获奖的同学,可以申请参加暑期集中培训,选拔基础好、兴趣浓、肯投入、有潜力的学生组队参加集中培训,也使有限的资源得到充分利用。

模拟竞赛培训指导:竞赛指导团队制定暑期培训计划,包括主题集中培训、实战训练、项目验收评比、教师点评等多个环节,经指导团队教师现场指导、讨论交流、评审打分,淘汰掉一些不太适合参加竞赛或进步不太明显的队伍,使参加竞赛学生更加具有竞争力。

3. 特色成效

(1) 开设系列专题研讨课,拓宽学生的知识面,共享优质教育资源;

(2) 组建跨学科跨专业的指导教师团队,使参赛学生得到全面的培养和指导;

(3) 以赛促教,以赛促学,将竞赛题目提炼成课程实验内容,使更多的学生得到训练,提高实验教学质量,学生竞赛成绩不断提升。在 2015 年、2017 年连续两届的全国大学生电子设计竞赛中获得全国一等奖的团队数并列第一,连续两次获得全国唯一的最佳应用奖。

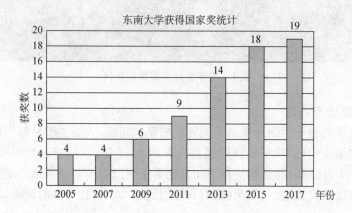

东南大学获得国家奖统计

电子竞赛工作章程

国防科技大学　电子科学与技术实验中心　库锡树

1. 总则

本章程的电子竞赛主要指学院组织的本科生和研究生竞赛,以及学院牵头组织参加的省级、华中区、全国和国际竞赛,包括本科生电子设计竞赛、研究生电子设计竞赛、研究生创"芯"大赛、学院电子信息体验赛、学院电子信息启航赛、学院电子信息创新创业助推赛、教育部和教指委组织的相关竞赛等。为提高对学员参加电子竞赛的组织力度,我们成立了电子竞赛工作委员会和电子竞赛指导专家组。

2. 组织机构及职责

2.1 电子竞赛工作委员会

由院领导、教科处领导、系分管教学领导、学员大队领导、本科专业实验室负责人及部分专家组成。各竞赛负责单位可以根据竞赛组织分工情况,设立各项赛事的组委会。

2.2 电子竞赛指导专家组

由学院长期从事实践能力培养工作、科研实践能力丰富的教师组成。

3. 竞赛组织流程

(1) 宣传发动:由负责单位向学员和教员发布竞赛通知,学员队领导配合做好相关宣传工作。

(2) 组织报名:由负责单位组织报名,参赛学员自愿组队,3～4 人为 1 组,每组配指导教员(一般不超过 2 名)。

(3) 条件准备:由实验室负责提供,包括实验元器件、组件、软件、仪器设备及工具等。

(4) 指导培训:根据竞赛要求制定培训计划,并组织培训,邀请相关专家以集中授课或单独指导等方式进行培训。

(5) 组织比赛:由负责单位组织参赛师生到竞赛指定地点进行比赛,并负责后勤保障事宜。

(6) 表彰奖励和总结:根据竞赛成绩,对获奖学生和指导教师进行表彰奖励。竞赛经验交流总结一般安排在赛事结束后一个月内进行。

"科技树"竞赛知识点训练法

华中科技大学 电工电子科技创新中心 王贞炎

"科技树"训练法是为解决电工电子科技创新中心低年级学生人数众多、训练管理烦琐的问题而提出的训练管理方法,具有学生自主、计划灵活的特点,并与积分管理制度结合。"科技树"的名称源于电子游戏中对角色或文明的科技发展分支和方向的描述,使年轻人颇有亲切感。

图 1　训练方向

1. 内容组织

"科技树"训练法集中约 40 道由简至繁、涉及的知识点逐步递进的训练题目,根据知识点依赖关系按照树状图组织起来,并有意地引导学生根据自己的兴趣发展至"测量""通信""控制"和"电力电子"四个方向之一,如图 1、图 2 所示。

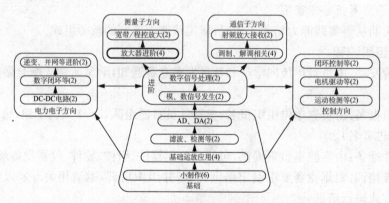

图 2　科技树题目分布

2. 自主训练

学生加入电工电子科技创新中心时就将题目公布给他们,由学生自由安排时间,根据自身能力和题目依赖关系逐个完成,完成后提出验收申请。学生从大一下学期起的三个学期适用此项训练,大三时转至电子设计竞赛针对性训练。

3. 灵活验收

由高年级助教在每周末统计当前申请待验收的作品数量,达到预定数量,则安排时间并组织高年级学生对他们进行验收,同时累计积分。

4. 积分管理

"科技树"积分在网络共享文档上维护,学生可随时查看,"科技树"积分纳入电工电子科技创新中心统一积分管理,为后续常驻座位申请和参训、参赛资格提供依据。

电子设计竞赛基地学生管理模式的实践

南昌大学　电工电子实验中心　王艳庆、汪庆年、何俊

　　南昌大学电工电子实验教学中心电赛基地是 2014 年获批南昌大学电工电子创新创业、竞赛基地的简称，面积约 400 m^2。电赛基地承担面向全国大学生电子设计竞赛、江西省电子类专业竞赛、"互联网＋"大学生创新创业大赛、大学生智能互联创新大赛、iCAN 创新创业大赛、Intel 嵌入式系统专题竞赛等比赛的训练任务。鼓励学生积极申报大学生创新创业训练计划项目和科研训练项目，并针对竞赛开设相关创新学分课程。基地学生涵盖了电子信息工程系、自动化系、计算机系等多个专业，每年在基地学习训练的学生数约为 150～200 人。

　　基地每年选拔骨干成员组成学生管理团队，对基地的日常纪律、训练进行管理。这样指导老师就能花更多精力集中于专业问题的讨论与指导。几年来，取得了很好的效果。而同学们也不负所望，努力营造以"创意、实践、分享、协作、包容、传承"为核心的基地文化，以专业学科竞赛为导向，有序开展训练、竞赛和双创活动。

　　如今，诸如新成员的招募、夏季学期训练学习的组织、面向省赛和国赛的基础训练安排与运行、创新创业训练项目的平时管理，以及竞赛时的组织协调、元件材料采购等工作，管理团队都能够非常好地完成。基本上形成了成熟的学生管理模式。对于平时训练，同学们每学期自主组织 10～15 次基础训练以及相应的考核与答疑。针对双创项目，每学期进行不少于两次的项目相互汇报。积极组织同学参加各类竞赛，寻找更多的学习机会。还有一些其他的扩展活动，如组织参加专业讲座与参观、与其他学校同学进行交流等，都少不了管理团队同学的努力。参加竞赛时的组织纪律表现，也获得兄弟院校的好评。

　　近年来，基地学生在多项国赛中获奖，尤其是连续两届在全国大学生电子设计大赛中获得全国一等奖，这种学生管理模式的实践在多项大赛中得到了肯定。

电子设计竞赛组织训练体系

南京大学　电子信息专业实验教学中心　庄建军

1. 目的与思路

学科竞赛是提升学生动手实践能力的重要途径，也是检验工科学生学以致用的试金石。长期以来，综合性大学对电子设计竞赛存在着学校重视程度不够、教师指导能力不足、学生投入热情欠缺的现状。针对上述问题，经多年尝试与摸索，形成了南大特色的"分阶段、进阶式、全周期"的竞赛组织训练体系，逐步扩大受益学生覆盖面，夯实综合性大学电子信息类新工科人才的工程实践能力。

2. 内容与特色

2.1　基本流程

如下图所示，一个比赛周期，五个训练阶段，每个阶段目标明确，主要针对零基础的大二学生。

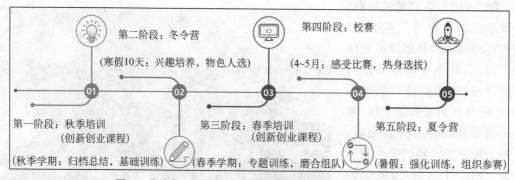

图1　分阶段、进阶式、全周期的竞赛组织训练体系结构图

2.2　主要特色

（1）循序渐进，善始善终；

（2）课内课外结合，一二课堂融通。

目前开设"电子系统创新设计与工程应用"（上、下）、"电源创新设计与工程应用"（上、下）2门课程，安排在春秋两个学期，供拟参加电赛学生选修。

3. 所获成效

通过实践，学生的电子系统综合设计能力和工程实践能力显著提升，比赛能力也随之迈上新台阶，2015年全国电赛成绩实现历史性突破，获5个一等奖，跃居全国并列第七位。

微波电路设计竞赛

西安电子科技大学　电工电子实验中心　张媛媛

实验中心与 NI AWR 公司合作,以 AWR 软件系统为教学平台,结合设计实例,进行了多年的微波电路仿真实验课程教学。课程面向全校学生,强调虚拟仿真与工程应用相结合。为了培养学生的创新创业能力,切实提高学生进行射频/微波电路设计的研发能力,以及硬件电路制作、测试的能力,实验中心与 NI AWR 公司联合举办了多次射频/微波电路设计竞赛活动。

竞赛主题:理论与工程结合,仿真与测试结合。

竞赛内容:滤波器、功分器、低噪声放大器、功率放大器、平面天线,以及其他与射频/微波相关的无源、有源电路,或电磁结构分析等。

竞赛评比:电路综合性能(30%),设计流程熟悉及应用度(30%),设计报告规范性和完整性(30%),实物及测量结果(10%)。

参赛要求:全校本、硕、博学生,每小组不超过 3 人,也可个人参赛。

竞赛奖项:设立一、二、三等奖及纪念奖若干,颁发奖金及竞赛获奖证书。竞赛结果纳入学校的奖学金评比计分。

软件培训:为了有效提升学生(不限是否参赛)的软件应用和研发能力,NI AWR 公司在竞赛期间提供免费的软件高阶培训。

竞赛交流:成立竞赛官方 QQ 群,方便竞赛人员线上、线下的互动交流及学习。

微波电路设计竞赛活动自 2013 年起,已经成功举办了三届。学生参赛报名踊跃,竞赛完成作品数量多、质量高,有效地提高了学生的设计能力和动手能力,激发了学生自主学习的意愿,锻炼了学生自主创新的能力,同时也推进了专业软件在微波电路设计中的应用。

图 1　AWR 软件培训竞赛颁奖

依托电子设计与创新大学生实践创新基地积极开展大学生电子设计竞赛

中国矿业大学　电工电子实验教学中心　袁小平

自 2008 年以来,依托电工电子国家级实验教学示范中心,建立了以"导师指导、培训研讨、创新实践、过程管理"四大平台为依托的"电子设计与创新大学生实践创新基地",积极组织学生开展各级大学生电子设计竞赛,取得了丰硕成果。

（1）导师指导平台:基地建设了一支业务精湛的指导教师团队。由理论课教师、实践教学人员以及研究生助教等组成创新实践教学指导团队,年龄、学历和职称结构合理,以专职为主、专兼职相结合。

（2）培训研讨平台:依托基地开设"电子技术综合设计""电子设计与创新实践"等开放性创新实验和课程。通过该类课程培养学生的实践技能,激发学生参加各级电子设计竞赛的欲望;同时系统培养学生进一步参加省级、国家级电子竞赛所需的知识与技能。在此平台上,学生将创新思路和方法与专家、老师和同学进行互动交流与研讨。

（3）创新实践平台:基地统一管理"电子创新设计实验室""电子工艺实验室""PCB 制作实验室"等创新实验室;组织举办各类竞赛培训,组织学生参加挑战杯、电子设计、智能车等科技竞赛;组织学生申报各级大学生创新项目、专利等。在此平台上,学生将创新想法通过实践变成现实。

（4）过程管理平台:基地先后制定大学生创新基地章程、创新实验室开放管理规定、安全卫生制度等。建立由指导教师和研究生、本科生助教组成的课外科技创新活动管理与执行队伍,对课外创新活动实现全程监控、学生自我管理。学生通过这个平台进行学科竞赛、作品展示、答辩交流、自我管理等环节展示自我风采。

图1　"电子设计与创新大学生实践创新基地"牌匾

图2　电子设计竞赛现场

对低年级学生的电子设计竞赛培训

重庆大学　电工电子基础实验教学中心　颜芳、宋焱翼

大学生电子设计竞赛是电子信息类学生能够参加的具有很大影响力的学科竞赛,对学生工程素质和实践创新能力的培养起着重要作用。近年来,重庆大学电工电子教学示范中心坚持从本科低年级学生开始开展专项电子竞赛培训,为学生提供基础电子系统设计和实践的机会,激发学生的参赛兴趣。

示范中心依托的微电子与通信工程学院和电气工程学院的本科一二年级和三四年级学生均在不同校区,导致低年级学生在实验环境、教师指导和实践氛围等方面与高年级学生隔断,对学生自身参与电子系统设计与实践的兴趣和培训效果产生较大影响。为了解决这一问题,从学院层面进行培训组织管理,增大投入,坚持有效开展对低年级学生的电子竞赛培训,具体措施有:

(1) 学院设置专人专岗负责学科竞赛的组织和培训工作。

(2) 为低年级学生建设专门的开放实验室作为培训场地,配置基本电子测量设备、仪器,充分利用场地资源,将实验室按功能划分区域,同时可承担智能车、飞行器等项目的培训和调试。

(3) 开放实验室运行采取教师负责＋学生助管形式。在实验室中建立电子元器件及材料库,由教师指导学生助管管理和维护。

(4) 中心组建电子竞赛基础培训教师团队,有 4～5 位指导教师主要对低年级学生进行单片机、模拟电路设计和制作方面的基础培训。

(5) 规范培训流程,尤其是建立严格的淘汰机制,根据培训效果进行参赛名额的分配。

159

图1　电子设计竞赛培训现场合影及实践场地

针对本科低年级的竞赛培育选拔机制

重庆大学　电工电子基础实验教学中心　周静、王唯、孙韬

梯队式培养，分层式训练与选拔：示范中心将梯队式大学生课外实验实践培训及竞赛体系逐步搭建起来，开展的活动包括"树声前锋杯"电工电子技能竞赛（秋季）、"翼创"创客冬令营、"树声前锋杯"电工电子技能竞赛（春季）、"翼创"创客夏令营、创新创业团队训练等，主要针对全校大一、大二本科生开展培训，目的是为大三阶段的大学生电子设计竞赛及其他重要竞赛做赛前培育和选拔。

图 1　竞赛培训现场合影

提供多方向训练，以兴趣驱动学习：按照大一、大二相关专业基础课程的开展进度，逐步在竞赛培训中加入基础电子电路设计（硬件设计与实物焊接）、51 单片机控制电路设计、ARM 的开发与应用、DSP 的开发与应用、FPGA 的开发与应用（编程设计与硬件接口）等，还包括先进工业制造仿真工具开发（专业仿真软件的应用）等实践课程。有效吸引了对电子设计有兴趣的同学，大幅度提高了学生的兴趣程度，从优中

图 2　竞赛作品视频演示

选优，为高年级阶段的大学生电子设计竞赛等储备了大量的后备人才。

三、资源与环境

电子信息类模块化实验套件

北京航空航天大学　空天电子信息实验教学中心　王俊

为提升同学们学习电子信息类课程的兴趣,增强理论课程与工程实际的联系,培养电子信息类专业的同学解决实际工程问题的能力,按照"理论分析、EDA仿真、面包板搭建、口袋仪器测试"的模式,构建了电子信息类系列实验。实验平台由"基本实验平台"和"FPGA实验模块"构成,可培养学生基本的实验技能,能够完成模拟电路实验、数字电路实验、模拟通信综合实验、数字通信综合实验。

基本实验套件:基于面包板、口袋仪器、EDA仿真工具、多媒体课件,讲解面包板、口袋仪器、Proteus软件的使用,培养学生实验搭建、仪器和EDA软件使用等基本实验技能。利用该实验套件可完成:放大器、滤波器等模拟电路实验,门电路功能等数字电路实验。

FPGA实验套件:基于FPGA模块的数字电路EDA设计实验套件,利用该实验套件可完成:数码管控制、键盘输入、D触发器、计数器等组合逻辑、时序逻辑基本实验和综合设计实验。

模拟通信实验套件:在"模拟电路实验"基础上,实现模拟通信综合实验。利用该实验套件可完成:AM无线音频收发实验、半双工调频对讲机实验、红外通信实验、LED可见光通信实验等。

数字通信实验套件:在"数字电路FPGA实验"基础上,实现数字通信综合实验,培养学生综合运用相关知识解决实际问题的创新能力。利用该实验套件可完成:FSK/ASK/PSK无线收发实验、OFDM无线收发实验等。

该"电子信息类模块化实验套件"可支撑"模拟电路""数字电路""通信电路"课程,服务"信号系统""数字信号处理""通信原理""DSP原理与应用""软件无线电"等课程,培养电子信息类本科生的工程实践能力。

图1　电子信息类模块化实验套件

订制桌面型虚拟仪器扩展实验空间

北京交通大学　电工电子实验教学中心　马庆龙

系统集成实验室是电工电子实验教学中心四大实验平台之一，主要用于开展以嵌入式系统课程设计、EDA 课程设计、DSP 系统课程设计等硬件编程类课程为主的实验教学环节。实验室的主要实验设备为台式计算机和相关实验箱及开发板，受实验桌尺寸及建设成本等因素限制，实验室长期以来没有配备信号发生器、示波器等实验仪器。由于没有配备相关实验仪器，学生在实验时无法观察实验箱或开发板通过编程产生的信号波形，无法将产生信号输入实验箱或开发板进行测试。做电路类实验的学生在实验室仅能进行电路软件仿真，无法使用仪器测试实际电路，实验室空间无法得到充分利用。

随着虚拟仪器技术的不断发展，国内相关实验设备厂家的技术研发水平日臻成熟，所研发的虚拟仪器产品的性能在一定程度上已经可以与普通低端桌面型实验仪器相比拟，主要用在口袋实验平台等产品中。实验中心在充分调研的基础上，联系上海友擎科技有限公司订制了一款桌面型虚拟仪器，该装置尺寸小巧，价格经济，可直接放置在实验室的电脑桌上。装置通过 USB 电缆与计算机连接，通过安装软件可实现直流电源、函数信号发生器、数字示波器、逻辑分析仪、总线分析仪、频谱分析仪、扫频仪、数字万用表、逻辑电平指示等多种功能，系统模拟输入带宽可达 50 MHz，双通道采样率达 200 ms/s，输出信号频率可达 20 MHz，基本可以满足一般实验要求。

在该装置的支持下，学生在开展硬件编程实验时，不仅可以在计算机上对程序进行调试，还可以直观地观察系统输出的模拟信号和总线时序，可以使用信号发生器产生激励信号输入至实验箱或开发板中用于测试，大大提高了实验的质量，扩展了实验内容的范围。同时，在电子电路实验室空间紧张时，学生也可在其他场所使用虚拟仪器进行电路的设计与调试，有效扩展了实验空间。

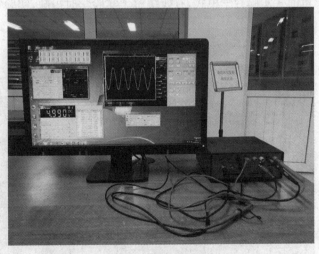

图 1　桌面型虚拟仪器

基于口袋仪器贯通式电子电路实验改革

北京交通大学　电工电子实验教学中心　马庆龙

　　口袋仪器是近年来在电子技术领域迅速发展起来的一种新型实验装置,该装置集直流电源、函数信号发生器、数字示波器、逻辑分析仪、频谱分析仪、扫频仪、总线分析仪等多种常用电子实验仪器功能于一体,通过 USB 接口与个人计算机连接配套使用。在该装置的基础上配上面包板、连接线和常用的电子元器件,即可成为一个功能完整又便于携带的口袋式电子电路技术实验平台。虽然技术指标较实验室中的传统专用仪器有一定差距,但足以满足电路、模拟与数字电子技术等专业基础课程的大部分实验内容要求。

　　凭借口袋仪器的价格优势,实验中心为电信学院每一名大二年级学生配备一套,从此学生不仅可以在实验室做实验,也可以在理论课堂、自习教室、宿舍、图书馆、家里等任何地点、任何时间做实验,不再受空间和时间的限制。

　　实验中心在对包括电路(含电路实验)、模拟电子技术(含实验)、数字电子技术(含实验)、电子系统课程设计等电子电路类课程现有教学目标与实验教学内容统一进行梳理的基础上,利用口袋仪器实验平台,打通理论与实验教学,创新教学方法与手段,设计了包括理论课堂演示实验、翻转课堂实验、理论课研究性教学与课后作业实验、综合设计性实验在内的实验教学案例,实现电子电路理论与实验教学贯通、课上与课下教学贯通、课程之间贯通的贯通式实验教学模式,有效缓解了实验学时短缺,实验室资源紧张等问题,提高了教学质量。

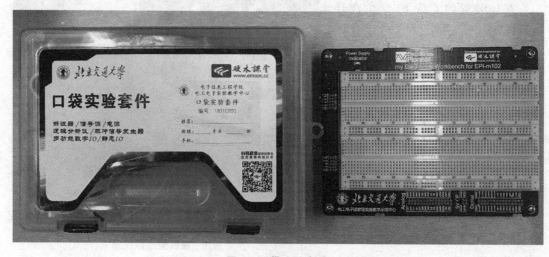

图 1　口袋实验套件

开放共享式的硬件外设单元模块库

北京交通大学　电工电子实验教学中心　赵翔、马庆龙

一个完整的可编程电子系统一般由嵌入式处理器或 FPGA 芯片以及与其相连的硬件外设单元共同构成。嵌入式系统课程设计和 EDA 课程设计是实验中心面向电子信息类专业本科生开设的两门实验课程,嵌入式系统和 FPGA 系统在工作原理上有很大差异,但实际应用中硬件外设单元却非常相似。两门课程分别选用仅含有基本按键和显示等组件的核心板进行基础教学,再通过转接板配套硬件外设单元模块进行综合设计,即把核心板与外设单元分离。

图 1　嵌入式系统核心板及外设单元模块库

考虑到核心板与模块之间接口的通用性,便于与其他核心板相连以及继续扩充模块,目前市场上与 Arduino UNO 单片机配套的外设单元模块非常丰富,因此利用转接板将核心板自带的扩展接口转换为 Arduino UNO 接口。我们在实验室建立一套品种丰富的外设单元模块库,模块库根据外设模块的复杂程度分为扩展板和传感器模块板两部分。复杂的外设模块设计在扩展板上,通过统一的接口同实验平台直接连接或堆叠连接;简单的外设模块连接到传感器扩展板,通过传感器扩展板同开发平台连接。模块库配有专用收纳柜,所有外设模块分类收纳整理,学生在学习期间可以像在图书馆借书一样自由申请借用各种外设单元模块。

模块库中的扩展板包括 Wi-Fi 扩展板、以太网扩展板、按键及摇杆扩展板、电机驱动扩展板及传感器扩展板。其中传感器扩展板用于连接简单外设模块,扩展板上包括多个 2 芯数字接口、3 芯数字/模拟接口、4 芯 I^2C 接口、5 芯 SPI 接口等标准传感器扩展接口,采用防反接插头,防止反接损坏,可以通过电缆连接 40 余种传感器及外设模块。

利用模块库,可有效降低单个开发板的成本,使得在上课学生人数多时仍能为所有选课学生每人配备一套可带走的开发板,便于学生开展实验;使学生可以有更多的选择外设单元的空间,充分发挥想象和创新能力,出色地完成设计作品;使外设单元模块可以开放共享,提高设备的利用率。

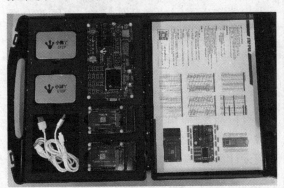

图 2　用 FPGA 核心板及转接板进行 EDA 课程设计

自制电路分析实验箱

北京交通大学　电工电子实验教学中心　养雪琴

电路分析实验箱是实验中心于 2014 年为了满足不断更新的电路分析实验需求而专门设计的一款实验箱。实验箱由基础电路实验室教师自主设计，委托厂家生产加工而成。

实验箱中主要装有电阻、电容、电感、电位器、开关、变压器、继电器等各种常用无源器件，以及少量二极管、三极管、蜂鸣器等常用有源器件，同时设计有小型面包板和集成电路插座，方便加入其他元器件搭接电路。实验箱面板正面与传统电路实验箱基本相同，可通过跳线将元器件连接成实验电路。

图 1　电路分析实验箱正面

学生在使用传统电路实验箱时，只能通过实验箱面板正面印制的丝印符号了解所使用的元器件的类型，但无法建立实际元器件的直观认识，学习效果不够理想。本实验箱采用开放式结构设计，实验箱面板为活动式安装，可以使用把手方便地将面板从箱中取出，面板背面加装有用于保护的有机玻璃，透过有机玻璃学生可以非常直观地观察到从实验箱面板正面看不到的各种电子元器件的实物外观，同时还设计有部分常用的表贴电子元器件封装，帮助学生认识表贴元器件及其在印刷电路板上的安装方法。

此外，实验箱上还设有可以插装电路"黑箱实验"中用到的"黑箱"的插座。"黑箱"是一种使用塑料外壳将一个简单 RC 无源电路封装起来的小型实验电路装置，学生使用信号发生器产生不同的激励信号输入"黑箱"，通过示波器观察黑箱的输出，确定"黑盒"中电路的具体形式和元件参数。所有"黑箱"外观完全相同，每个"黑箱"外均贴有一个二维码，使用实验室自行配套开发的专用软件扫码后即可得知该"黑箱"内电路的实际参数。该实验项目曾获得全国高校电工电子基础实验案例设计竞赛一等奖。

经过多年使用，本实验箱很好地实现了预期设计目标，受到广大师生的好评。

图 2　电路分析实验箱背面

STM32/51单片机实验教学系统研制

大连海事大学 电工电子实验教学中心 金国华

1. 实验教学系统特点

针对微机原理、单片机课程教学改革,实验中心自主研发设计了一款兼容 STM32 和 51 单片机的实验教学系统。该实验教学系统采用模块化、结构化、开放式的创新设计理念,兼容两种 MCU,采用插拔式 MCU 核心板的设计,方便后期维护;STM32 核心板板载 JLink 下载器;51 核心板可以软启动下载程序并进行在线硬件仿真,且能够兼容 89C51 至 12C5A 中所有型号单片机;I/O 扩展板将 STM32 核心板和 51 核心板的 I/O 口全部引出;底板做了可靠的电源保护,并且有电压、电流监测;底板外设资源丰富,集成了 20 个模块和两个模块扩展槽,具有良好的可扩展性和稳定性。该实验系统不仅能满足电子、电气、信息类专业微机、单片机、嵌入式系统等课程的实验教学需要,还能为电子设计大赛、大学生创新创业训练等提供一个方便灵活的实验平台。

2. 实验教学系统的结构和资源

实验教学系统主要由 STM32/51 单片机核心板、I/O 扩展板和外设集成底板等三部分构成,结构如图 1 所示。系统资源主要包含 5 个部分。

(1) 核心板:STM32 核心板、51 核心板。

(2) I/O 扩展板。

(3) 显示模块:LED 模块、RGB LED 模块、数码管显示模块、0.96 英寸 OLED 模块、3.2 英寸 TFT 触摸屏模块、LCD1602 模块。

(4) 通信模块:串口模块、HC-06 蓝牙透传模块、NRF24L01 2.4G 无线传输模块、CAN 总线模块、RS485 模块、以太网模块、VS1838B 红外遥控模块。

(5) 输入模块:TM1638 键盘模块+独立按键、ADC 应用模块、电容触摸按键模块、OV7670 摄像头模块(带 FIFO)、DS18B20 测温模块。

除此之外还有时钟源、逻辑笔、蜂鸣器、继电器、模块扩展槽等资源。

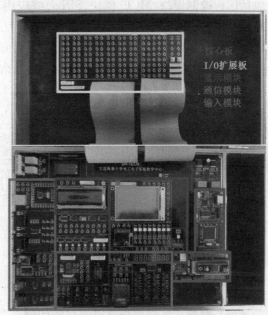

图 1 STM32/51 单片机实验教学系统结构图

远程实体操控单片机实验平台

大连理工大学　电工电子实验中心　秦晓梅

1. 自创装备简介

远程实体操控单片机实验平台是大连理工大学电工电子国家级实验教学示范中心自主开发研制的一款模块化多 MCU 的远程实体操控虚实结合实验设备，是"互联网＋教育"的产物。基于互联网技术，远程虚实结合的设计理念使学生自主选择在现场做单片机实体实验与在远程端完成单片机的虚实结合实验成为可能。该自制设备拥有多项专利及软件著作权，并获得第五届全国高等学校教师自制实验教学仪器设备创新大赛三等奖。

2. 自创装备特点及实验资源

（1）基于云技术、大数据、智慧教育思想的设计，使得平台兼有传统的本地实体实验及先进的远程连线真实操控实体实验的功能；

（2）多 MCU 设计使得一机多用，适用于 51、PIC、STM32 等多门单片机课程的实验教学；

（3）模块化的设计使得单片机实验教学与新技术紧密结合，提高了学生的核心竞争力。包括远程控制模块、MCU 模块、SPI 总线应用与温控模块、电机控制模块、无线传输模块、液晶显示模块、IIC 总线应用模块、逻辑信号产生与显示模块、矩阵键盘模块、DDS 信号源模块、超声波及红外通信模块等，可以完成基于单片机的各种控制及通信实验。

3. 实验教学流程

学生(预习)	·通过实验室安全教育视频、AR/VR实验教学资源、实验教学视频、实验教材等资源进行预习； ·远程访问服务器，申请在线实验时间及实验设备资源。
学生(实验)	·通过虚拟实验界面连线，远程控制实验台真实连线；设计应用程序将hex文件远程下载至单片机； ·支行程序获取实验设备真实数据，观察实验现象；整理实验报告并通过管理信息平台进行提交。
教师(评估)	·根据系统记录的实验结果及学生提交的实验报告进行系统评估； ·将评分及评价结果提交至管理信息平台，供学生参考反馈。

4. 实验平台建设解决的教学问题

（1）解决了层次化实验教学的需求；

（2）解决了慕课实验课程建设的需求；

（3）解决了实验课程学时不足的问题；

（4）解决了实验室开放时间不足的问题；

（5）解决了实验教学与新技术脱节的问题。

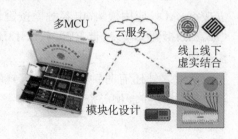

基于建构主义学习理论的
模块化电子技术实验装置

哈尔滨工业大学　电工电子实验教学中心　廉玉欣

1. 功能简介

基于建构主义学习理论的模块化电子技术实验装置由基础平台和32种子模块组成,既可以整体组成一套完整的模拟、数字电子技术实验平台,也可以根据学生自身需求,分离成个性化的实验项目平台。不仅解决了传统实验箱经常出现接触不良、接插件损坏等问题,而且更加有利于全开放、自主学习式实验教学模式的开展,保证了电工电子实验系列课程的教学质量,提高了我校学生电工电子实验技能水平。

图1　模块化的电子技术实验平台

2. 应用效果

基于建构主义学习理论的模块化电子技术实验装置是国家级电工电子实验教学中心电子学实验室的重要硬件平台,承担国家级精品课程、国家级精品资源共享课——电工电子实验系列课程中的"模拟电子技术实验""数字电子技术实验"等8门实验课程的硬件实验,每年约有近3 000名学生来该实验室进行实验,年均约8万人时。

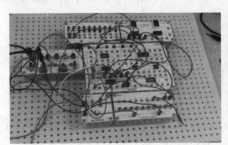
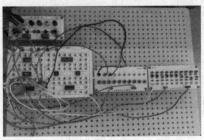

图2　学生个性化的实验平台

扩频通信设计型实验箱

华南理工大学　电气信息及控制实验教学中心　梁仕文

1. 研制目的

研发能开设基础性、设计性及综合性通信实验项目，完整实践扩频通信系统的构建流程和设计方法的硬件载体，切实提高学生的工程实践能力和创新设计能力。

2. 结构

扩频通信设计型实验箱以 FPGA 技术为核心，采用双层模块化设计，由电源模块、发送子系统、接收子系统、BPSK 解调模块和电子电路设计模块 5 大部分组成。发送子系统和接收子

图 1　实验箱实物图

系统分别集成在两块 FPGA 核心最小系统子板上，其余模块设置在实验箱母板上。如图 2 所示，实验箱和计算机、示波器及其他外部扩展设备组成了完整的实验系统，基于该实验系统可开设多种设计型通信系统实验项目。其中扩频通信收发系统是基于该实验箱最典型的实验项目，该项目把软件编程、硬件电路设计及系统联通等实验手段巧妙地结合起来，实验者在完成实验的过程中可直观地体验到一个完整的扩频通信系统的构建流程和方法。

3. 功能特点

教学实践证明扩频通信设计型实验箱具有以下特点：(1)可提供完整的通信实验流程及多种不同的实验手段，满足对学生创新设计能力及综合实验能力的培养需求；(2)使用实验箱开设的软硬件相结合的通信实验项目能激发学生的实验兴趣，提高其工程实践能力；(3)安全可靠、性能稳定、故障率低、通用性强、易于升级、价格低廉。

4. 应用成效

该实验箱在本校"移动通信"实验教学中应用了 4 年，支撑了 28 个班共 1 155 名学生实施实验，取得了良好的教学效果；同时该实验箱在"第四届高等学校自制实验教学仪器设备评选"活动中获得全国三等奖。

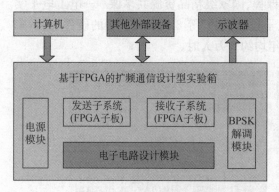

图 2　实验箱系统结构图

电工电子实验便携实验装置

华南理工大学 电气信息及控制实验教学中心 张林丽

1. 目标

针对学生开展课外研学设备条件较差的现状,探索"口袋实验室"建设模式。通过便携设备,提供与传统实验室功能相接近的实验条件,满足学生实验中元器件供给、获取常用工具、搭接电路和完成交/直流调试的需求,切实提高课外实验的效率与质量。

2. 设计思路

实验装置外形尺寸小,便于放入书包;考虑成本与实用性,采用两款箱互补设计。第一款"电工电子移动实验室",内含元件盒、面包板、直流电源、万用表等,价格低廉,对相关专业可每个学生配备一个;第二款"便携式电子测试平台",内含信号发生器和示波器,能完成交流调测,价格较贵,可按需每个学生宿舍配备一台。两装置内部结构如图1和图2所示。

图1 电工电子移动实验室

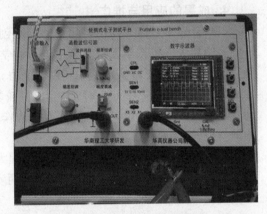

图2 便携式电子测试平台

3. 主要性能指标

便携式电子测试平台外形尺寸为 250 mm×160 mm×50 mm;示波器最高实时取样率为 1 ms/s,精度为 12 Bit,取样缓冲器深度为 1 024 字节,模拟频带宽度为 0~200 kHz;垂直灵敏度:10 mV/Div~5 V/Div;水平时基范围:10 μs/Div~50 s/Div;函数发生器输出波形有方波、三角波、正弦波;方波Vp-p在 0.1~1 V 连续可调、三角波Vp-p在 0.1~1 V 连续可调、正弦波Vp-p在 0.1~1 V 连续可调,幅度衰减:0 dB/20 dB;频率范围:1 Hz~10 kHz 连续可调。

4. 应用效果

该实验装置解决了信号获取及波形观测的问题,用于"模拟电子技术""电路"和"电子线路"课程的课内、课外实验和相关课程设计等教学环节;也常用于学科竞赛的培训。

自研多旋翼无人机实验教学设备

南昌大学　电工电子实验中心　洪向共、汪庆年、何俊

1. 自研实验教学设备名称

多旋翼无人机实验教学设备。

2. 功能和用途

基于该仪器可以开展的实验项目包括多旋翼无人机飞控软件开发、多旋翼无人机飞控调试实验、微型多旋翼无人机动力调试实验、多旋翼无人机遥控调试实验、小型无人机组装调试实验、无人机应用实验。

3. 研究成果

微型无人机实验设备、小型无人机实验设备、无人机飞控实验开发板、应用无人机实验设备。

4. 成果的应用与推广

（1）开设了适应于新工科建设的创新创业课程"多旋翼无人机技术与应用"，并利用自研的多旋翼无人机教学设备对学生进行教学，使学生获得多旋翼无人机理论知识和实践技能，培养了学生的工程实践应用和创新能力。

（2）2018年10月19—21日，全国高校教师教学创新大赛——第五届全国高等学校教师自制实验教学仪器设备创新大赛及优秀作品展示活动于成都隆重举行，"多旋翼无人机实验教学设备"荣获二等奖。

（3）目前，该研究成果已经在海军工程大学、深圳信息职业技术学院投入应用，此外，中国地质大学、内蒙古大学、成都理工大学、西安航空职业技术学院等院校就引进该设备进行了交流。

高频电路综合实验平台的设计

南京大学　电子信息专业实验教学中心　姜乃卓

1. 项目内容与任务

1.1　基本功能

（1）综合平台包含信号源系统、射频前端系统、中频和基带信号处理系统三大部分。

（2）信号源系统包含一个基于锁相环路的本振信号源和一个 DDS 信号源，前者输出波形为正弦波，频率在 50～300 MHz 可调，最小频率步进值为 100 kHz。后者可输出两路相位 90°正交的正弦波，频率在 1 Hz～100 MHz 可调，最小频率步进值为 1 kHz。两路信号源输出均无明显的杂散信号，谐波失真小于 1%。

（3）射频前端系统包含低噪声宽带放大器、无源 LC 滤波器、可控衰减器、混频器、中频滤波器等电路模块，系统具有 AGC 功能，总增益在 0～40 dB 范围内连续可调。

（4）中频、基带信号处理系统包含中频放大器、可控衰减器、包络检波器、鉴频器、有效值检波器等电路模块，最大增益为 80 dB，有 40 dB 的 AGC 控制范围，可解调 FM 波和 AM 波。

1.2　拓展功能

（1）可灵活搭建多个电路功能模块构成简易频谱分析仪，频率测量范围为 50 MHz～300 MHz，频率分辨率为 100 kHz，被测信号的频谱可直接在液晶显示屏上显示，也可通过 RS232 接口将测量的频谱数据传输给计算机，通过 Origin、Matlab 等多种软件绘制信号的频谱图。

（2）可构成宽带高频接收机，解调 FM 波和 AM 波，最小输入载波有效值为 1 μV，输入已调信号的动态范围达到 60 dB，可测量调频信号的带宽，调幅信号的调幅指数等参数。

（3）可构成一个基于零中频正交变换原理的简易矢量网络分析仪，测量无源 RC 或 LC 网络的频率特性，显示幅频和相频特性曲线，也可测量显示某一单频点的幅度和相位值。

2. 项目主要技术问题的研究与解决

2.1　系统结构

高频电路综合实验平台的系统结构和模块框图如图 1、图 2 所示。

每个系统都有各自的电源模块，可输出多路正负 5 V 和正负 12 V，彼此电气隔离的电源电压，可实现数字电源和模拟电源、小信号电路电源和大信号电路电源之间的隔离。各模块之间通过 SMA 插座和同轴线相连，射频前端每个模块的输入和输出阻抗都是 50 Ω，实现阻抗匹配，每个模块的输出都留有多个测试点，可以方便用示波器和频谱仪观测波形和频谱。单片机可实现键盘输入、本振信号源的控制、液晶显示和计算机之间的 RS232 通信等功能，FPGA 模块可实现对高速 A/D 采样模块的控制，FPGA 模块和单片机之间通过 SPI 协议实现数据通信，可以将采样数据和测量的信号参数传输给单片机，并在液晶屏上进行显示，还可画出频谱曲线或频率特性曲线。

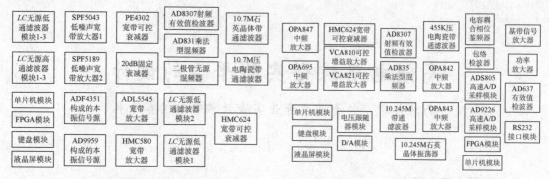

图1 综合实验平台的射频前端系统

图2 综合实验平台的中频、基带信号处理系统

2.2 实现方案

利用高频电路综合实验平台包含的各个电路模块的自由组合即可实现各种电路功能和系统,例如可将中频、基带信号处理系统中的各个功能模块和单片机模块构成闭环的 AGC 系统,如图 3 所示,可实现 40 dB 以上的 AGC 控制范围。同样的射频前端系统也可以构成闭环的 AGC 系统,两系统级联后最大可实现 80 dB 以上的 AGC 控制范围。

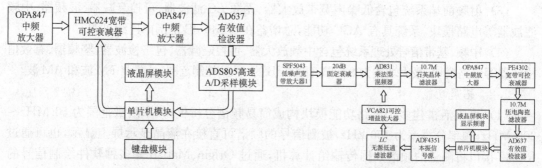

图3 带 AGC 功能的中频放大器系统

图4 简易频谱分析仪系统

将射频前端系统和中频、基带信号处理系统中的若干功能电路模块连接,即可构成基于超外差结构的简易频谱分析仪系统,如图 4 所示。对频谱分析仪系统略加修改,在中频放大器的输出端使用晶体振荡器模块和 AD835 混频器模块进行 2 次混频后,使用包络检波器和电容耦合相位鉴频器即可实现对 AM、FM 等模拟已调信号的接收功能。

本实验平台大大提高了目前高频电路实验课程中电路的工作频率,载波频率均提高到100 MHz 以上,使学生在实验中能够观察到高频电路中的典型波形。经过高频电路综合实验平台的训练,学生能够接触和掌握一些目前工业界常用的高频器件和芯片,初步掌握300 MHz 频率范围内的常见高频电路设计方法。可提高学生的高频电路设计制作技术水平、培养学生解决具体工程应用问题的能力和创新能力,使学生具备一个合格的电子工程师的基本素养。

学生还可以基于现有的高频电路综合实验平台进行二次开发,增加各种电路模块,丰富平台原有的功能,提升其性能指标。该平台还可作为"大创"项目的训练内容,完成对学生创新能力的培养。

电子技术综合实验箱的开发

天津大学　电气电子实验教学中心　李香萍

1. 项目简介

为满足电子技术实验课程教学的需要，及实践教育部"新工科"建设的倡议，我们开发了一款通用性好、功能齐全、性能可靠的电子技术综合实验箱。

1.1 研究目标

（1）在同一实验箱上完成模拟电路实验、数字电路实验和电子技术课程设计。

（2）具备电源反接保护电路和电源自恢复电路。

1.2 基本功能

新开发的电子技术综合实验箱面板图及主要功能如图1所示。

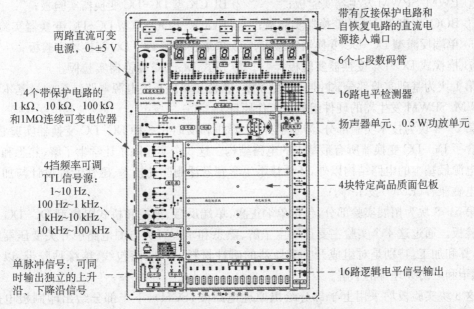

两路直流可变电源，0~±5 V

4个带保护电路的1 kΩ、10 kΩ、100 kΩ和1MΩ连续可变电位器

4挡频率可调TTL信号源：1~10 Hz、100 Hz~1 kHz、1 kHz~10 kHz、10 kHz~100 kHz

单脉冲信号：可同时输出独立的上升沿、下降沿信号

带有反接保护电路和自恢复电路的直流电源接入端口

6个七段数码管

16路电平检测器

扬声器单元、0.5 W功放单元

4块特定高品质面包板

16路逻辑电平信号输出

图1　电子技术实验箱面板布局图

2. 教学效果

新开发的电子技术实验箱，以服务电子技术实验课程和各类课程设计为目标，具有通用性强、可靠性高的特点，学生所有的实验内容，均采用分立元器件，通过单股导线，在面包板上搭建完成，极大地培养了学生的设计能力、创新能力和工程实践能力。利用该实验箱，每年完成实验教学工作量达7万人时。

电源实验教学平台

西安电子科技大学　电工电子实验中心　周佳社、王水平、白小平

随着用电系统对电能质量、节能减排和环境保护的要求越来越高，电源技术和优化管理等方面的研究和应用也成为关键问题。为了适应这一发展对人才的需求，开设了理论与实践相结合的"开关电源原理与应用设计"课程，并在教材编写方面有三项立项：《开关电源原理与应用设计》（电子工业出版社 2015 年出版）、《电子元器件应用基础》（电子工业出版社 2016 年出版）、《开关电源原理与应用设计实验教程》（西安电子科技大学出版社预计 2019 年 8 月出版），在新实验开发与新实验设备研制方面获得两项立项：2014 年"电源实验教学平台建设（一）"、2015 年"电源实验教学平台建设（二）"。自行开发的"电源实验教学平台"共包括 8 套电源实验板：

① PWM/SPWM 发生器实验板；　　② BUCK 型 DC-DC 变换器实验板；

③ BOOST 型 DC-DC 变换器实验板；④ BUCK-BOOST 型 DC-DC 变换器实验板；

⑤ 单端反激型 DC-DC 变换器实验板；⑥ 单端正激型 DC-DC 变换器实验板；

⑦ 推挽式 DC-DC 变换器实验板；　　⑧ 桥式 DC-DC 变换器实验板。

第 1 块为基础实验部分，主要让学生了解、熟悉和掌握开关电源电路结构中最基本的电路 PWM/SPWM 发生器的硬件组成及工作原理。

第 2～4 块为技术实验部分，涉及了升压、降压和反向式 3 种 DC-DC 变换器实验板，基本包含了 DC-DC 变换器所有最基本的电路结构。这 3 个实验除了让学生了解、熟悉和掌握开关电源最基本的电路结构以外，还要让学生学到悬浮栅驱动技术、磁性元件设计与加工技术和电磁兼容（EMC）技术等。

第 5～8 块为拓展实验部分，包括单端正激、单端反激、推挽和桥式隔离型 DC-DC 变换器实验板。通过这 4 个实验主要让学生了解、熟悉和掌握开关电源电路中开关变压器的设计、计算和加工，特别是对组成开关变压器的磁性材料、骨架、漆包线、绝缘粘胶带，以及浸漆、烘干和三防处理等的了解。

这 8 块实验板均采用上半部分绘出原理电路图（SCH），下半部分绘出印制板电路图（PCB），并且整块实验板固定在透明的有机玻璃外壳内，再把调节旋钮和各个测试点用引出端子引出，使学生对 SCH 与 PCB 电路和元器件有一个充分、直观的认识。

通过在实验平台上实验使学生掌握把电源的 SCH 设计成电源的 PCB 的方法和技巧，以及电源应用电路的调试方法，并使学生体验一下电源从 SCH 的设计到 PCB 的设计，从元器件的选择采购、测试老化、焊接调试到技术工艺文件的整理的全过程。此实验平台具有良好的教学性、科学性、创新性、启发性和应用性。

以创新项目为动力的高频实验项目建设

西安电子科技大学　电工电子实验中心　李要伟

1. 硬件平台建设项目

硬件平台建设基于现代电路的发展和创新,将经典电路和现代测试技术有效结合,可培养学生实践创新能力和开发设计能力,对亮点实验室的建设有很好的促进作用。

主要完成的项目有:信号产生综合设计项目,模拟乘法器应用拓展开发设计项目,高频信号产生及频率合成实验项目,高频宽带功放模块化实验项目,双平衡混频器应用实验设计项目,无线射频数据通信项目,实验室无线辅助教学设备的研制项目等。如图 1 所示为无线发射与接收实践平台项目调试板。

图 1　无线发射与接收实践平台

2. 虚拟平台建设项目

基于硬件电路高频虚拟实验平台采用 MVP 结构,用 Matlab 软件进行设计,完全基于高频电路原理和现有实验板电路,功能有电路和原理演示两部分,每部分又包含常用的高频经典电路若干。实现了"理论可视化"的特性,运算参数及结果符合高频理论要求,且平台具有良好的扩展性。

3. 创新项目成果

配合新实验创新项目,发表了系列教学论文,具有一定的辐射意义。论文有:《无线射频基础创新实验中数传电路设计》《基于硬件电路的虚拟高频实验平台设计》《高频电路新技术实验教学设计》《基于 EDA 工具的选频振荡器设计与仿真谈教学质量的提升》等。

无线通信系统综合实验平台

西安电子科技大学　通信与信息工程实验教学中心　刘乃安

无线通信系统综合实验平台是为适应当前通信系统教学及实验教学的发展趋势，精心研发的新一代无线通信系统综合实验平台。平台采用虚实一体设计思想，学生既能在现场进行实验，也能通过网络远程开展实验，具有实验教学工程化、实验设备网络化、实验模式智能化、实验功能综合化的特点。平台还具备方便的软硬件升级功能及二次开发功能，支持实验内容的扩展及升级。

图1　无线通信系统综合实验平台

图2　获奖证书

➤ 非常有效地解决了实验场地与学生实验时间冲突的问题，实验平台在管理软件和虚拟实体操作软件的支持下，使学生能在远端随时、随地、随兴地完成课程实验，进行设计创新开发。

➤ 克服了实验模式单一、实验内容固定的问题，学生能根据自己的学习进度安排实验时间，选择扩展实验内容，从而激发学生实验的积极性，满足学生个性化的教学要求。

➤ 减轻老师维护与管理的工作量，实验室真正做到全开放。学生能在远端通过计算机浏览器操控实验平台。

➤ 提升教学效果，理论课教师能用投影实时演示真实通信系统中的各种技术特性，如各种编解码的性能、带宽速率匹配、不同调制方式的优劣、同步作用等。

➤ 多课程融合，引导学生理解所学系列课程的内容和课程之间的关系。系统支持通信原理、数字通信、无线通信系统、通信系统测量、射频通信电路、软件无线电、射频通信虚拟仪器技术等课程实验。

过程控制与自动化仪表实验室改造升级

西安理工大学　信息与控制工程实验教学中心　李琦

西安理工大学过程控制与自动化仪表实验室最早建成于 2004 年,拥有 6 套自主设计的多容水位实验装置。为了使实验内容紧跟技术发展和课程内容改革,实验室于 2014 年进行了改造升级,引进了一套功能完备的艾默生小规模 DCS,并将原有仪器仪表更新为数字化仪表接入 DCS 系统,取代原有单回路 PID 调节仪,使实验教学课程更加契合教学大纲。

过程控制与自动化仪表实验课程安排采用递进式教学模式:

基础性课程实验→综合性课程设计→研究性创新设计竞赛

引入 DCS 系统后,扩充了原有单一实验内容,使实验教学更接近实际系统工程应用。递进式教学模式由浅入深,加深了学生对过程控制系统的认识,用 Matlab 搭建半虚拟过程控制实验平台,大大简化了复杂实验系统的设计与实现。通过课程设计、控制系统竞赛等递进的实践模式,提高了学生的学习主动性和积极性。

实验内容涉及计算机控制、传感器、现场总线及计算机网络等内容,学生在完成实验内容的同时也是对之前所学的专业基础课的综合应用及总结。半虚拟过程控制实验平台的建立,使学生能够在计算机上自由搭建被控对象的数学模型、修改系统参数,并用真实的控制器去控制并观察控制效果,学生可以根据自己对课程的掌握情况自由选择。

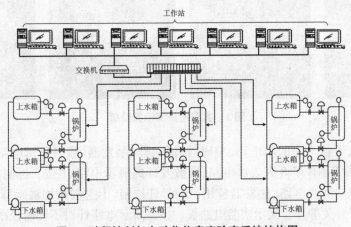

图 1　过程控制与自动化仪表实验室系统结构图

由于该实验室是西安理工大学与美国艾默生过程控制公司联合创建的,因此艾默生公司每年会举办"艾默生过程控制系统设计竞赛",要求学生在 DCS 上完成一套包含控制、监测和数据存储等一系列功能的过程控制系统,比赛期间实验室会邀请艾默生公司的工程师全程参与和指导工作。

基于电工学慕课建设的
数字电路演示实验板的设计

重庆大学 电工电子基础实验教学中心 李利、张立群、肖馨

在电工学课程的慕课建设中,针对每一部分都制作了相应的实验演示视频,便于同学们理解相关知识点,提高学习效果。图 1 是有关数字电路部分的演示实验板。

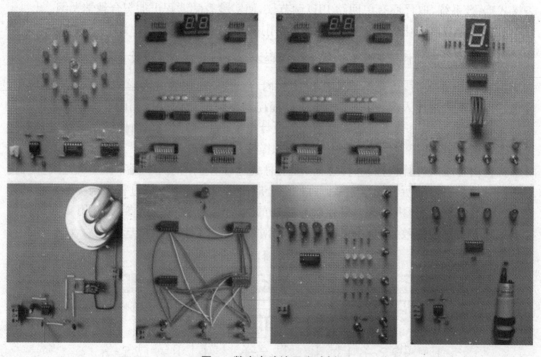

图 1 数字电路演示实验板

针对数字电子技术中的门电路、编码器、译码器、触发器、数码显示电路、加法器、寄存器、555 时基电路等制作了 3 人表决电路、计数及译码显示电路、1 位二进制加法电路、全加器实现 4 位二进制加法电路、触发器应用——彩灯控制、十进制数加法运算、555 单稳态应用——触摸延时开关等配套演示实验电路板。整套演示电路针对不同阶段的学习内容做相应的效果演示,在在线课程中就相关原理、芯片使用、实现功能等进行探讨。整套演示实验板涵盖的知识点全面,从简单到复杂,与理论教学同步,让学生易于理解,逐渐将所学理论课程融会贯通。

电气控制实验平台的开发与应用

重庆大学　电工电子基础实验教学中心　李利、张立群、胡熙茜

　　电工电子国家级实验教学示范中心自主研发了电气控制实验平台。该实验平台主要包括如图 1 所示的电气控制实验台，如图 2 所示的直线运动控制装置等设备。电气控制实验台安装有接线端子排、自动空气断路器、熔断器、交流接触器、热继电器、时间继电器、按钮、三菱 FX3U—32MPLC，提供 380 V、220 V 交流电源及 220 V、5 V 直流电源。

图 1　电气控制实验台

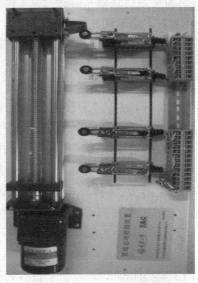

图 2　直线运动控制装置

　　实验平台开课对象:适用于能源、核工程、机械自动化、土木工程、建筑环境、车辆工程、工业工程、工程力学、物流工程、给排水、材料成型及控制、电气工程等十多个专业的电工学系列实验和工厂电气控制等课程。

　　实验平台特点:实验平台具有安全保护措施,实验接线方式采用与工程实际接轨的按编号、接线端子排接线方式,实验电路接线检查简便快捷。

　　可开设的基础实验项目:电动机启停控制、往返控制、能耗制动、PLC 编程练习与使用、基于 PLC 的往返控制实验、彩灯控制、顺序控制、交通灯控制等。

　　可开设的综合实验项目:行程控制、传送带控制、停车库控制、汽车车速检测显示、密码锁控制、电动机测速等。

基于 TMS320F28335 型 DSP 的教学平台建设

重庆大学　电工电子基础实验教学中心　徐奇伟

基于口袋实验板的设计思路，我中心自主研发了创新教学实验套件。该创新教学实验套件包括一块 TMS320F28335 型 DSP 最小系统板（具有板载仿真器）、一块 4×4 单元母板和若干块不同功能子板。功能子板分别是流水灯模块、液晶显示屏模块、BUCK 降压模块、电机驱动模块、音频模块、示波器 & 信号发生器模块和通信模块，可以通过更换不同的功能模块来完成不同的实验内容。该创新实验套件的功能模块涵盖的知识点从简单到复杂，从单一到综合，可与教材教学完全同步。同时，该创新实验套件

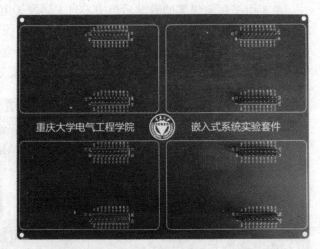

图1　实验套件母板

大小适中、方便携带，且该创新实验套件基于口袋实验板设计，可以扩展不同功能模块，供不同专业的学生使用，实验套件如图1和图2所示。

根据开发的实验套件，电工电子实验教学示范中心积极建设"基于 Matlab/Simulink 代码生成功能的 DSP 教学平台"，为学生提供完善的控制算法快速原型开发平台，实现从算法设计到设计定型的工程化解决方案——D2P（From Development to Production）。通过引入更加贴近工程实践的实验内容，使学生更加深入地理解 DSP 的工作原理及其工程应用；可进行串联多门本科教学主干课程的综合性实验，将学生所学理论知识融会贯通；引入更为贴近工程实践的实验内容训练，锻炼学生的动手能力，提高学生的工程素养和工程经验，并启发学生创造性地进行更具理论深度的实验研究。

图2　实验套件功能模块组合示意图

移动通信实验系统与项目建设

重庆邮电大学　通信技术与网络实验中心　明艳

1. 系统简介

移动通信实验是本中心最重要的专业实验之一,平台建设和教学内容始终保持与行业发展同步,实验设备包括中兴通讯的 TD-SCDMA 设备、华为的 4G-LTE 设备、4G 虚拟仿真教学软件和无线网优平台,主要完成基于 3G、4G 的移动通信技术实验实训,支持 4G 虚实结合实验,同时还可支撑毕业实习、行业培训等教学工作。

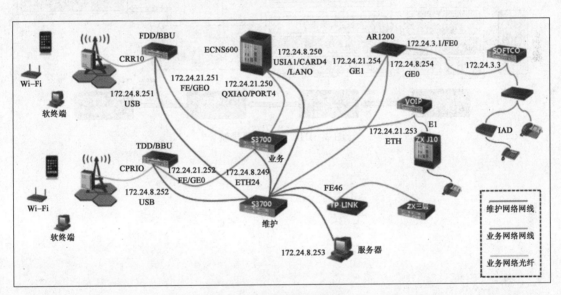

图 1　LTE 实验系统组成

2. 教学内容组织

按照基础性实验模块—综合性实验模块—设计探索性实验模块—创新性实验模块组织教学内容,强化学生的工程实践能力训练。虚实结合的 4G 平台可以让学生先在虚拟仿真实验平台上进行模拟仿真实验,然后到实验室实际设备或平台上加以验证和测试。4G 全网仿真实验平台让学生利用网络就可以远程登录实验室完成实验,不受时间地点限制,将实验室开放扩展到实验室以外任何有网络的地方,弥补了基于 4G 真实平台并发较少导致教学难以开展的不足,也从更广义的角度开放了专业实验室。

3. 培养成效

学生在移动通信技术方面的大赛中屡获佳绩,仅 2018 年,学生就获得了"第五届大唐杯全国大学生移动通信技术大赛"总决赛一等奖项 1 项,二等奖 3 项,三等奖 1 项;在第二届

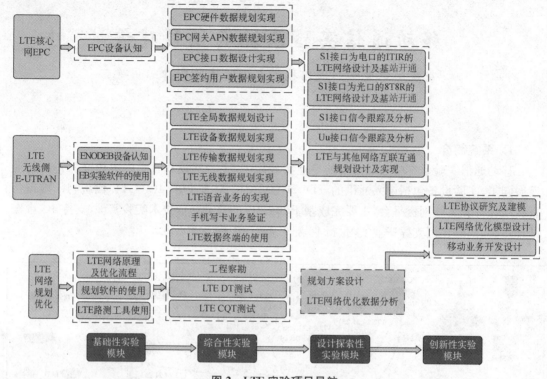

图2 LTE实验项目导航

虚实结合的射频电路和微波天线实验教学

大连海事大学 电工电子实验教学中心 李婵娟

根据目前人才市场对射频微波工程师的需求，以及国内高校的实验教学现状，建立了注重工程人才培养，虚实结合的、适用电磁场与电磁波类课程的创新性实验教学模式。

1. 开发了虚拟仿真实验教学系统

该系统针对微波技术、电波与天线以及射频电路设计课程开发了相应的虚拟微波技术实验、虚拟电波天线实验以及微波阻抗圆图等教学软件，如图1所示。该类软件附带帮助文档以及自动评分功能，学生可利用软件独立完成相应课程的实验，不受测量环境等条件的限制，极大地调动了学生的学习积极性。

2. 搭建了射频工程实训平台

搭建了与企业产品开发流程一致的工程实训平台。研发了可供学生动手制作的微波无源网络实验箱，如图2所示。该实验箱可用于制作微带天线、功分器、放大器等射频器件。实验时，学生可首先利用仿真系统的软件工具进行射频器件的设计及计算，再通过仿真、加工（用实验箱）、测试以及最终的工程验证，帮助学生熟悉整个射频产品的开发过程，有助于培养学生解决复杂工程问题的能力和创新能力，为成为射频微波工程技术类人才奠定坚实的基础。

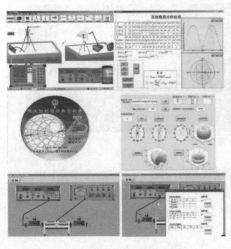

图1 虚拟仿真实验系统

图2 微波无源网络实验箱

基于虚拟和增强现实技术的电路实验改革

大连理工大学　电工电子实验教学中心　姜艳红

1. 虚拟现实和增强现实技术在电路实验教学中的应用

1.1 基于 AR 技术的实验教学应用

学生在课前预习、课中校验、课后复习等各个环节都可以使用手机随时随地学习。下图为移相网络实验过程中学生使用手机 APP 扫描电路图的示例，点击播放按钮可以看到正确的实验结果，进行对比校验。

1.2 基于 VR 技术的实验教学应用

学生使用 VR 全景视频进行预习和复习，相当于身处实际实验室中，不仅能够听到教师的讲解，看到实验内容及注意事项的投影、板书，还可以直观感受到全部操作细节，不明白的地方能够从不同角度放大，反复进行观摩学习。

图 1　学生使用手机 APP 扫描电路图

图 2　VR 全景实验室

2. 虚拟现实和增强现实技术在实验教学中能够解决的问题

结合 AR、VR 技术的实验教学辅助资源能够让学生随时随地进行实验课程学习，没有掌握的内容还可以反复学习，大大提升了学习质量和学习效率，能够解决如下问题：

（1）多人同时在线学习，解决了实验室的空间限制；

（2）课前通过虚拟实景全方位学习并熟悉实验操作，提高了课中实验室现场的使用效率；

（3）课前预习可以反复学习、课中操作可以实时对比，降低了发生错误的概率，减少了实验材料损耗，在高压、大电流、高安全隐患的实验中极大地避免了安全事故的发生。

AR、VR 技术在实验教学中的应用新颖有趣，符合当代大学生的学习习惯，提高了学生学习的主动性，取得了良好的教学效果，获得了同行专家及学生的一致好评。

在线实境实验

东南大学 电工电子实验中心 胡仁杰

1. 实验平台

学习者可选择实验模板、设计电路结构、搭建实验电路、配置元件参数；可操作真实仪器，选择激励接入点、信号观测点；可控制现场声、光、温度、距离等环境条件；可通过音视频设备观察现场实况，让远程学习者身临其境。配备万用表、示波器、逻辑分析仪、信号源、稳压电源等常用设备。

2. 适用课程

采用标准机箱式结构，动态分配硬件资源，可同时并发处理 20 个实验请求。支持电路分析、模拟电子线路、数字逻辑电路、数字系统设计、电子系统设计等课程实验与课程设计。能在客户端浏

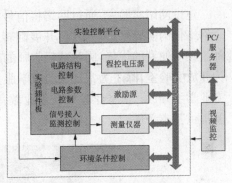

图 1 实验平台结构图

览器上实时搭建和控制硬件电路，配置实验电路激励、选择测试点，实时测量实验数据、撰写实验报告。可替代现场实物实验，开展设计性、综合性、探究性实验。

3. 优势特点

（1）24 h 全天候开放，开辟了时间与空间完全开放的实验新渠道；

（2）学生可在宿舍、教室、图书馆等任何场地进行实验，为外出交流、竞赛、事病假的学生提供实验渠道；

（3）为实验资源匮乏地区的学校提供完全开放的优质软硬件实验资源；

（4）实验现场可随时保存、快速恢复，方便实现实验时间碎片化；

（5）可支持多人合作实验、一人实验多人观摩等实验新模式；

（6）可将典型实验过程记录保存、再现恢复，作为教学范例；学生自创实验可记录成为教学资源；

（7）为实验过程考核评价及信息化管理提供方便条件。

图 2 实验平台实物图

网络实验室

桂林电子科技大学　电子电路实验教学中心　李燕龙

1. 网络实验室

建设网络实验室，通过网络将信号源、示波器、万用表、直流稳压源连接在一起，构建一个网络化的实验平台，同时可开展翻转式小班教学。该平台及相应的教学模式能充分发挥师生互动便利的优势，同时减轻教师的教学管理工作量，能切实提高实验教学质量。也可作为开放实验室，除了为常规实验教学服务，还可以在没有教学任务的时间面向全校各学院各专业学生开放。服务学校创新创业教育，为学生完成设计性、综合性、创新性以及自主性实验提供基本条件。

2. 实验效果

（1）部分专业的三大电路（电路分析、模拟电路、数字电路）实验教学采用该平台授课模式，尝试由参加改革的教师全程负责特定学生的三大电路课程实验教学，贯穿学生整个基础实验学习过程，实现学生培养质量全程跟踪，落实教学责任到人。

（2）依据电子类工程认证的需求和特点，利用该平台完成具有专业性的综合性和设计性实验内容，与专业衔接，整合专业知识，服务专业实验内容，提升学生的知识迁移能力。

（3）服务学生与成果。项目建成后，年服务学生数达 2 500 人，包括三大电路实验教学的学生、选修开源硬件课程的学生、大三参加电子实训的学生，以及部分参加大学生创新创业计划的学生。其中部分学生参加各类学科竞赛，3 年内获奖 20 余项。

电子线路虚实结合实训平台

河北工业大学　电子与通信工程实验教学中心　郭志涛

1. 简述

电子线路虚实结合实训平台以实际音响为工程实例,学生通过音调控制、音频功放的调试和性能指标测试及故障检测,达到掌握反馈电路、功率放大电路工作原理和音响性能指标的调整方法;平台可以通过手机、网页等工具人为设置不同故障点,训练学生通过测试分析查明故障原因并进行排除。可锻炼学生理论指导实践的能力。

为使实训平台构成一套完整的工程实训系统,平台配套了 DDS 音频信号源、射频信号源、调频发射、调频接收、调频变频与鉴频等功能单元,学生一方面能将调频收发作为音频信源,进行无线对讲,增强实训兴趣;另一方面学生能扩展高频和射频方面的实训,完成小信号接收、放大、变频等电路的调试实训,提高了平台的性价比。

2. 实训平台图片

图 1　电子线路虚实结合实训平台

通信电子仪器虚拟仿真教学平台建设

南京邮电大学 信息与通信工程实验教学中心 戴海鸿

电子信息类专业的特点决定了创新实践教学活动离不开电路设计、软件编程、实训操作等环节，其中各类通信电子仪器仪表在电路设计、安装、调试等过程中发挥着极其重要的作用。由于中高档仪器仪表价格较高，在数量上难以满足全体学生的创新实践活动需求，在一定程度上限制了学生接触使用仪表的机会和时间，不利于提高学生动手能力及实践创新活动的开展。本项目依托国家级实验教学中心建设，与专业软件开发公司紧密合作，自主开发构建了通信电子仪器虚拟仿真教学平台，以实训课的形式为所有学生特别是刚入学的大一新生提供了可随时随地进行仪器仪表使用的模拟训练机会，并通过训练从一开始就养成规范操作的良好习惯，提高工程素养。

该通信电子仪器虚拟仿真教学平台以计算机三维可视化技术、虚拟仿真技术，以及互联网技术为基础，提供基于数据驱动的通信电子仪器三维仿真软件，支持 B/S 架构，采用模块化设计，需具备较强的独立性及可扩展性。图 1 为该平台的系统架构。

目前，该平台已包含对数字存储示波器、函数/任意波形发生器、可编程线性直流电源、数字万用表等仪表的虚拟化三维仿真，以及建立在数据驱动仿真基础上的电路测试虚拟教学实验库。教学过程从引导式教学→自助式学习→模拟实操训练→实操考核，使

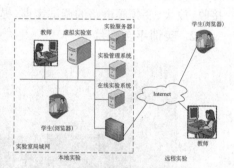

图 1 通信电子仪器虚拟仿真教学平台系统构成

学生全面了解并掌握仪器仪表的使用规范和操作流程，为真实环境下的仪表应用打好基础。

参照国家级虚拟仿真实验教学项目评审指标等技术要求，该系统还提供了集教务管理、课程管理，以及共享开放等功能的平台化解决方案。充分打造开放、先进、真实、规范，且可多维度满足"认知与创新"不同等级教学需求的虚拟实验教学空间。其虚拟教学实验内容可支持并纳入任意符合"省级平台技术要求"的教学资源共享管理平台。

图 2 展示了该平台的部分教学界面。

图 2 通信电子仪器虚拟仿真教学平台部分界面展示

基于云平台的远程仿真实验

上海交通大学　电工电子实验教学中心　张士文

1. 远程仿真实验平台介绍

在具有硬件虚拟化能力的服务器上安装沃帆虚拟化节点软件,组成多个数据中心和集群,通过一个云平台管理引擎统一管理。云平台通过统一管理引擎,具有高可用性,自动迁移等功能。通过网络交换机,服务器连接到分布式存储设备。

在管理引擎的模板上建立虚拟实验机样本,通过分发功能实现虚拟机的按需动态生成。

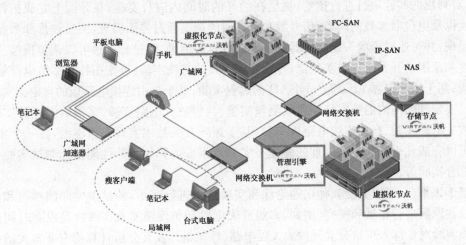

图1　远程仿真实验平台结构

2. 虚拟实验组织方案

学生以主流软件访问实验室网址,登录后可以查看实验内容,不用安装任何软件,在浏览器界面上利用系统提供的 Protues 软件完成 I/O 接口实验、8255 芯片接口实验和 8253 可编程定时器/计数器芯片实验等。

学生也可以利用远程实验平台设计自己的仿真电路并加以验证。

在线实验平台建设

浙江大学　电工电子实验教学中心　姚缨英

基于互联网传输、仪器控制、信号采集与虚拟仪器等技术建设的在线实验平台，弥补了实验课时有限，实验课进度受限于理论课的缺陷。学生能随时随地随意在客户端进行有对应硬件电路的实验操作，培养学生自主学习能力。也可作为实验课前预习、课堂补充、课后拓展探究以及探索学习的依托。对于实验课程的在线化和 MOOC 均可起到重要的支撑作用。搭建了 10 个台套的远程实验仪器平台，并实现了服务器端和客户端的管理，通过网页登录，对列出的实验项目进行预约，然后在约好的时间内进行实验，在界面上完成拓扑结构的切换以及电位器参数的调整，信号源和示波器的调整通过界面实现，测量波形和数据在界面上呈现，并可通过摄像头返回仪器面板上读取真实结果，通过云平台可以调整摄像头的观测角度和范围。开发了 4 类实验：与传统装置一致的在线实验；可变拓扑与参数电路板的综合实验；基于虚拟仪器 Elvis 或 myDAQ 的远程实验；基于自由连接电路板的自定义实验。

已实现校园网内的频率特性曲线测量实验、共射放大电路实验、多级放大电路实验、负反馈放大电路实验、自由连线电路板实验（基于矩阵开关技术实现自由连线，在一个实验台位上可以完成几乎所有电路原理的验证类实验）、集成运算放大器性能指标测试实验、运算电路综合实验等。

基于该平台，可以方便教师在理论课和实验课上进行演示，满足学生课前预习和体验，也可以在课后进行拓展和探究，例如，多级放大电路和负反馈实验在课内是没有时间做的，但是该实验对于深入理解分立元件放大器电路、性能指标及其分析计算均有非常大的帮助。运放指标的测试实验也弥补了课内短缺的部分指标测量以及不同芯片指标比对的内容。部分实验用于电路与模拟电子技术实验课程的演示与试用。

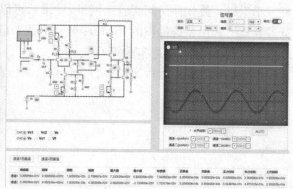

虚拟仿真实验教学管理平台

重庆邮电大学　通信技术与网络实验中心　张毅

1. 平台概要

虚拟仿真实验教学管理平台是虚拟仿真实验室建设及教学信息化建设必不可少的一部分,为实验教学提供了一套完整的虚拟仿真实验中心管理系统,该套系统应该包含 5 个子系统、1 个中心门户网站及两套支撑虚拟仿真运行的配套硬件设备。其中 5 个子系统为虚拟实验仪器子系统、教学资源管理子系统、实验项目管理子系统、实验数据分析子系统、实验考核子系统;两套硬件设备为虚拟仿真运营监控设备和远程实验服务设备。

该平台以实验教学为中心,整合各类仿真实验资源,通过统一门户入口完成学练考评全过程。共包含 10 多门课程的虚拟仿真实验资源和 200 多项实验项目,服务于全校的虚拟仿真实验教学任务。

2. 系统架构

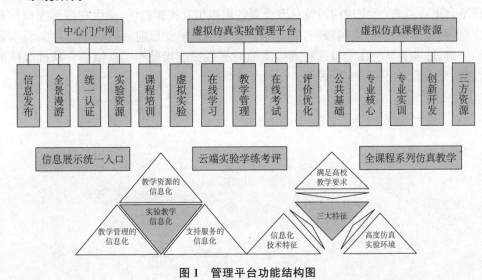

图 1　管理平台功能结构图

3. 平台教学流程

虚拟仿真实验教学管理平台将课前预习、课堂交互、课后练习、效果评估、问题追踪、数据统计引入到虚拟实验教学中,通过对老师的教学指导和学生的自主学习进行精细化管理,有效地提高教学效率。具体教学流程为:

(1) 定制课程体系:使用平台的课程体系工作流引擎进行教学计划编制、章节目录编制、课程视频制作、课件文档编写、课件制作等环节。

(2) 定制实验资源:使用仿真软件和管理平台协同进行实验案例、实验项目的规划,步骤流程的规划、指导手册、指导视频等实验配套资源的在线编辑维护,并与实验项目相关联。

（3）预习实验知识:通过平台的实验教学任务流程,发布文档、视频、互动课件、互动视频等多种形式的多媒体预习任务,实现学生的自主学习、习题练习、互动预习和操作练习。

（4）发布执行实验:通过平台的开放实验和教学任务实验流程,发布开放性实验、随堂实验、课后实验、竞赛实验等多种形式的虚拟仿真实验任务,由学生通过任意客户端的 Web 网页进行在线虚拟仿真实验。

（5）实验过程管理:平台自动采集学生实验过程中的实验操作数据,经过网络回传到平台自动分析,实时展示学生的实验进度和实验状态,并能自动检测实验中遇到的障碍进行智能指导,自动对实验结果进行评分,实验报告全程在线编辑和批阅。

（6）课程考核评估:通过在线作业、在线考试对教学效果进行进一步的检测,提供在线题库和灵活的组卷方式,并对课程中知识的重难点进行自动分析,进行考点分析、错题解析、错题重做等。

4. 产生的教学效果

通过本平台的运行数据来看,统一管理各类实验教学软件,实现了虚拟仿真教学的标准化、流程化、规范化。

该平台可解决原来各个虚拟仿真实验软件信息孤岛的问题,实现各类实验数据的信息化。管理平台可灵活编辑评分规则,自动分析学生操作,对实验进行自动化评分、电子实验报告批阅,为实验教学信息化改革提供了有力的支撑,减轻了教师的工作量。

该平台上线以来,已完成两门特色专业课的虚拟仿真实验教学,学生在进行虚拟仿真实验操作时,再也不受时间、空间限制,完全是开放共享式的。目前利用该平台对实验步骤颗粒化的分解,能够为学生在进行远程虚拟实验时提供智能指导和实验结果自动批改标准接口,实现做完实验即可得到实验成绩。

"无人值守"预约实验室建设

长春理工大学　电工电子实验教学中心　唐雁峰

　　我中心建设了一间有 40 个工位的无人值守预约实验室,实行智能管理。每个实验台配置电脑、示波器、信号源、直流电源和台式万用表,设备可实现网络访问和设置。学生自行预约后,在线下完成实验预习,独自到实验室选择实验台进行实验,实验数据网络保存、提交,教师负责线上实验答疑和数据批改。该平台目前处于试用阶段。

　　项目预约:学生登录中心实验管理系统,完成在线项目预习内容后,根据自己的时间选择合适的时间段进行实验预约。进入实验室前,必须在线完成本次实验设备的操作视频学习。

　　项目操作:学生进入实验室前到实验室门前派位终端机进行实验台派位及打开实验室门禁系统,派位后对应实验台供电启动,所有设备开启;学生实验过程中,可随时通过中心实验管理平台在线与值班指导教师进行交流答疑;教师可远程查看学生所用设备的参数设置信息,也可进行远程设置;学生完成实验后刷卡离开实验室,实验台显示为空闲状态。

　　项目验收:实验设备的实验测试数据、波形可通过网络直接提取,并生成实验报告保存到中心服务器。中心教师可通过网络随时对实验报告数据进行审阅,并对实验过程进行点评。

　　"无人值守"预约实验室充分利用网络信息化,实现"互联网+实验教学和管理",可以充分提高实验室和实验设备的利用率,并减轻教师的指导工作量。

图 1　"无人值守"实验室

图 2　派位终端界面

"模拟电子线路实验"信息化教学改革

大连理工大学　电工电子实验中心　程春雨

1. 教学改革的内容

◇ 设计完成了远程实验预习系统,该系统的实验原理是通过动画的形式进行分析;实验仪器的使用是通过虚拟仿真实验软件进行操作;实验过程是通过录像回放的形式进行学习;知识与技能的掌握程度是通过测试来进行自我评估。

◇ 将"模拟电子线路实验"内容划分为 6 个单元模块,对应设计了 6 个模拟电子线路硬件实验平台,该实验平台实现了对实验数据进行自动采集和评判。

◇ 设计完成了自主实验评价系统,该系统实现了对学生提交的实验数据、波形、总结和讨论等进行自动整理并生成"电子实验报告",同时完成对客观题目的评分。

这种集"教、学、练、考"等功能于一体的信息化实验教学系统必将替代传统的实验教学模式,使实验教学过程变得"可亲、可动",使实践教学变成智慧课堂。

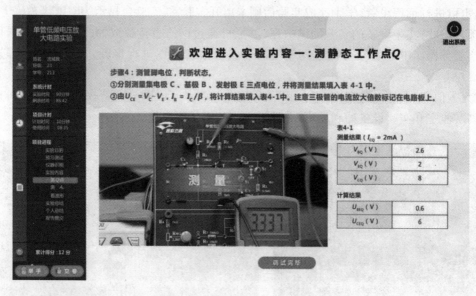

2. 主要解决的问题

"模拟电子线路实验"信息化实践教学改革主要解决了以下几个问题。

◇ 实现了同一时间点可以同时跟踪、检查并评判不同学生同一实验步骤和数据。

◇ 将实验指导教师从烦琐的实验过程检查和实验结果评判中解放出来。

◇ 实验指导教师可以将节省下来的时间用于教学过程细化管理,对学生进行过程化考核和个性化指导等,以进一步提高实验教学效果。

◇ 将信息技术"嵌入"到实验课中,实现了学生在教师智能指导下自主完成实验。

实验中心安全管理标准化和信息化建设

大连理工大学　电工电子实验中心　赵权科

1. 电工电子实验中心安全管理的标准化建设

（1）实验室、办公室和工作研究室三分开，实现了实验室空间上的科学规范的管理。建立单独的仪表室和元器件库，加强设备的周转和利用。

（2）强电和弱电实验室分开设置，水、电、网络、消防、监控等各个系统按照标准化管理要求设置。各个实验室安全责任人明确，有铭牌标出。

（3）插座、开关、安全指示灯、灭火器等位置安全警示指示明确。

（4）制订紧急预案，配有紧急疏散示意图，公示各维修单位和人员联系方式。

（5）安全检查制度化、常态化，各种安全检查和维护、维修记录齐全。

（6）人员管理系统设置不同权限，分类管理，权责分清。

2. 电工电子实验中心安全管理的信息化建设

（1）建设智能门禁系统和安全监控系统，加强人员考勤和实验信息化管理。

（2）增加硬件设备移动终端管理系统，通过扫描二维码进行设备的建档、借出和归还等日常管理，增加设备管理的便捷性。

（3）建立实验室安全教育视频库，培养学生安全意识，提高学生实践能力。

（4）每门课程增加实验室安全视频考核系统，通过的学生才能选课。

（5）增加高危险性实验项目的虚拟实验，强化安全操作规范训练。

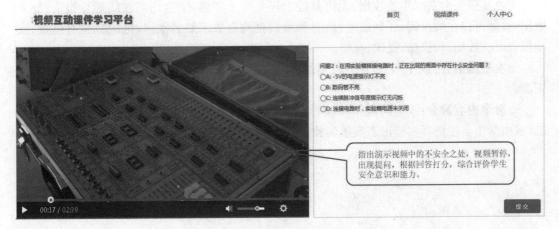

图1　视频互动课件学习平台

线上线下融合的实验教学信息化建设

东南大学　电工电子实验中心　胡仁杰

MOOC、虚仿实验、在线实验在"互联网＋教育"实验教学中发挥重要作用，为了将在线资源深度融入实验教学，我们将信息化平台进行了线上线下融合重构，实现了线上线下实验室、教学内容、实验过程等方面的融合，为探索新的教学形态创造了软硬件基础。

信息化平台包括"实验教学综合管理系统""预约派位与电源管理系统""电子实验报告系统"等系列软件模块集群，形成了覆盖教学内容、教学计划、实验室开放、实验过程等的闭环管理，真正提供了时空资源、有效保障了开放秩序、大幅提升了管理效率；"在线实境实验平台"可为校内外用户提供虚实结合的在线实验服务。

★**实验教学综合管理系统**支持不同类型的实验项目组成课程，大部分项目学生可选"虚拟仿真实验""线下现场实验""个人实验室"或"在线实境实验"4种不同形态来完成实验；教师可在系统中编辑实验项目、发布教学资源。

★**预约派位系统**将线下综合实验室与线上虚拟仿真实验室统一管理，学生在一个系统内可同时预约现场实验与在线实验；线下综合实验室通过门禁监控、电源控制器完成派位管理。

★**在线实境实验平台** 24 h全天候运行，用户可远程操作仪器设备、改变电路结构、调整元件参数、获取实验结果、观察实验现场状况；实验现场可随时保存、快速恢复。

★**电子实验报告系统**可通过实验仪器设备采集或学生手机拍摄实验数据，也可直接从在线实境实验平台获取实验数据；无论是线上还是线下实验，学生均可在线撰写报告、导入数据，教师可以在线批阅、评判成绩；所有测量数据均有数字签名水印，批改都留有痕迹；实验报告可在线编辑、提交、批改、存档。

☆**实验室融合：**线上与线下实验室纳入统一预约派位系统管理，成为统一开放实验资源。

☆**教学内容融合：**线上与线下实验项目统一要求，指导教师可指定各个项目的实验形态，或由学生自主选择实验形态实施实验。

示范中心信息化建设

河北工业大学 电子与通信工程实验教学中心 徐晓辉

电子与通信工程实验教学中心主要承担电子科学与技术、电子工程和通信工程3个专业本科生的专业基础和专业课的实验课、课程设计、实习、毕业设计和部分校选课的实践教学任务，以及各项大学生课外科技活动、学科竞赛和创新创业活动等。

根据中心承担的主要工作特点，在信息化建设上有针对性地建设了中心门户网站、开放式实验室管理平台、实验室门禁（电子签到）系统、实验室电源管理系统、实验室设备管理系统、信息发布屏、视频监控系统、虚拟仿真实验平台。几个有特色的子系统如下：

实验室门禁（电子签到）系统：有两种应用，①实验室安全管理（按设定权限刷卡进入中心各房间）；②签到（刷校园卡，可实现学生、教师实验课的签到、签离考勤记录）。

实验室电源管理系统：有4种模式，①随课表自动供电（按课表规定的实验室、班级，按工位升序排列自动供电）；②刷卡供电（学生刷卡可对分配给自己的工位进行供电，方便开放实验和学生课外活动管理）；③手机控制供电（各实验室实验员可通过手机APP现场控制各工位供电）；④手动控制供电（特殊情况下现场手动强制各工位全部供电或断电）。

实验室设备管理系统：中心楼道、实验室和仪器设备库房门内、外安装两组RFID读卡天线，在需要管理的设备上安装电子标签，系统可感知设备出、入实验室，自动记录时间，结合门禁系统，可判定携带设备人员，需要时可实时触发报警。

信息发布屏：有3种工作状态，①显示当天实验课信息（课程名称、上课班级、任课教师、时间、实验室名称）；②各实验室均无实验课时，播放预设的宣传资料（实验课简介、仪器设备介绍、学校风光、中心概况等）；③临时信息发布（图、文）。

虚拟仿真实验平台：在中心网站上有虚拟仿真实验平台入口，平台可运行常用工具软件（Protel、Proteus、Matlab、Tanner等）和虚拟仿真课程、工具（已有信号与系统、通信原理、计算机网络、集成电路设计与制造技术、电磁场与电磁波技术、光纤通信、移动通信等）。

实验室运行大数据综合管控平台

南京航空航天大学　电工电子实验教学中心　卓然

1. 建设背景

近年来，以互联网技术为支撑的智慧共享式实验室已经成为全国重点高校实验教学工作新的驱动力，把信息化技术融入教育教学的全过程，打造智慧型互动实验教学新生态；建设虚拟化学习平台、网络化教学平台和网络化考试平台等本科教学公共平台。

2. 主要功能

基于各类实验室管理业务系统所采集的数据，能够对实验室的基础运行数据以可视化方式进行精准展现，一目了然。

可实现针对大数据的价值数据挖掘，除提供传统的基础数据报表外，还可提供精准的趋势预测，为实验室的精细化管理提供有价值的参考依据。

实现教育教学数据抽取与应用、实现教学过程与信息化间的融合，提高工作效率、管理效率、决策效率、信息利用率、核心竞争力，提高对师生服务的水平，甚至开发出对社会的服务能力。

上述数据包括：实验室年均人时数统计、实时人流量统计、实验室使用频次统计、课程开设情况统计、大型实验仪器设备使用情况统计、低值易耗品统计等。

数据通过大屏的方式进行展现，既实用又美观，如图1和图2所示。

 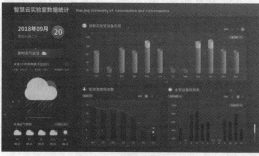

图 1　综合管控屏 1　　　　　　　　　　　　　图 2　综合管控屏 2

针对低值易耗器材的管理系统

南京航空航天大学 电工电子实验教学中心 王龙军

随着互联网及电子技术的发展,学生的实验场所从实验室逐步扩展到课外,器件设备借入借出越来越频繁。这些器件设备普遍的特点是体积小、单件价值低,从价值上无法入学校的固定资产编录,但是数量相当庞大,流通性高,传统的台账管理模式已经无法适应。

为了解决此问题,从权限审核管理、借入借出流程及设备维护等3个方面考虑,设计了基于公众号和小程序的信息化小资产管理系统。极大降低了管理人力成本,提高了资产使用效率。

设备标记:传统的资产管理的纸质标签无法实现电子信息化,射频标签通过射频扫描的方式登记,效率高,但是成本较贵,且小型模块上不便于附着。智能手机的普及使得用二维码或条形码的扫描方式成为最廉价的标签手段。根据不同体积的器件设备设计不同的表面张贴或者扣环的标签。

借出流程:学生根据手机查询需要借出器件的状态,找到相应的器件,查看设备完好性,扫描二维码,申请借出,有权限的老师确认申请人和设备后,扫描审核通过申请。

归还流程:学生根据归还摆放图示,整理摆放好器件的相关组件,扫描请求归还。软件会根据器件种类给出存放位置。

过程管理:器件在流通及使用中会造成部件丢失、损坏及故障等问题。这些都是通过使用过程中的监控及时发现的问题。学生每次归还均按照要求摆放器件并拍照,使用中若发现丢失或故障,可通过软件上报。维护人员可根据软件上报故障及定位进行即时的维修维护。同时可通过大数据发掘学生实践项目分布、实践偏好、设备损耗等。通过分析及时进行课程项目和实验器件的调整。

图1 智慧云实验室管理系统界面

智慧云实验室综合管理平台

南京航空航天大学　电工电子实验教学中心　卓然

1. 建设背景

近年来,以互联网技术为支撑的智慧共享式实验室已经成为全国重点高校实验教学工作新的驱动力,把信息化技术融入教育教学的全过程,打造智慧型互动实验教学新生态;建设虚拟化学习平台、网络化教学平台和网络化考试平台等本科教学公共平台。

2. 主要功能

系统立足于实现开放共享的教学模式,将教学场地的时间、空间,以及教学资源等,做全方位的开放管理,教师及机构可以对外发布开放的教育教学资源,学生可以对开放的资源进行预约,实现了完全意义上的开放共享的教育教学新模式。

适配 PC 及移动端,结合物联网智能硬件,实现对实验室和相关设备的智能管控。系统充分体现开放共享、远程管控、互动门户等概念,有手机端 APP,并接入微信公众平台,将微信小程序作为移动端入口,方便快捷。

系统主要涉及如下几个方面:

1. 智慧开放实验教学管控

实验室开放预约、审核,并动态对接门禁系统,实现门禁的动态授权。

2. 智慧环境管控

实验室环境、教学设备的综合管控、情景定义,实现与实验室多种课程模式的无缝对接。

3. 资产及教学资源管理

实现精细化的教室及实验室的设备及资产管理,构建线上教学资源平台,促进优质教学资源共建共享。

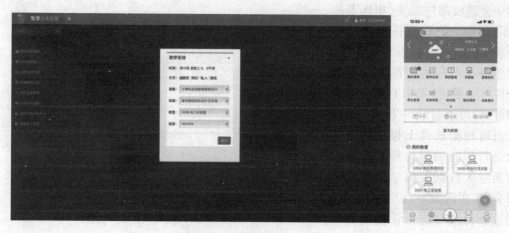

图 1　PC 端教学安排界面　　　　　　　　　　图 2　手机 APP 首页

电工电子在线实验管理系统建设

青岛大学 电工电子实验教学中心 陈大庆

按照国家级实验教学示范中心信息化建设要求,我们于 2004 年开发研制了"电工电子在线实验管理系统",并在不断总结教学、管理经验的基础上对其进行持续改进。现在该系统除了可以实现常规的实验室及仪器管理、信息发布、实验预约、学习资源共享、成绩管理功能外,还可以对每个学生的实验情况进行跟踪记录和管理,如预习情况检查、仪器使用及实验数据正确性检查、实验整体进度、每个实验完成快慢等,为学生实验成绩评定提供较为客观的依据。既使教师可以及时了解学生学习情况、实验室设备状态,又在一定程度上缓解了教师实验课上的压力(如实验数据的真实性、正确性检查,报告批改等),使教师可以腾出精力帮助学生解决实验中的关键问题。

实验数据的真实性检查:通过实验箱、数字示波器、数字万用表等仪器的通信接口(如USB、RS-232、GPIB 等),将学生获得的实验数据传输到实验系统,并结合实验台身份认证来避免数据抄袭。

实验数据的正确性检查:将学生获取的实验数据与标准数据通过误差分析或相关性分析或两者结合来判断其正确性。如"组合逻辑电路"实验,可将学生实验获取的真值表与理论上的真值表对比来判断结果对错。

实验预习检查:通过系统中在线答题成绩和在虚拟仿真实验系统中的仿真实验成绩来检查学生预习情况。

实验成绩评定:根据学生实验完成数量、完成快慢、预习情况、实验报告质量进行综合评定。

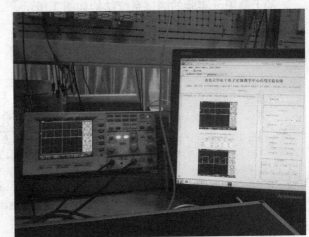

图 1 在线实验管理系统及实验仪器

学生意见反馈:学生在提交实验数据前系统都会要求学生先填写对本次实验课的评价表,实验结束后系统会将统计结果以饼图的形式反馈给老师。

基于鼎阳云实验的系统测试实验

天津大学 电气电子实验教学中心 王乐英

1. 实验内容与任务

以示波器主板、蓝牙音箱、单片机最小系统等为被测对象，搭建测试系统，设计测试方案，通过对波形的观测进行故障判别并提交分析报告，通过鼎阳云实验进行过程监测及报告提交。

（1）基本要求：根据所提供的测试方案进行故障判别，给出分析报告。

（2）提高要求：自行设计测试方案并进行故障判别，给出详细的方案设计说明及故障分析报告。

（3）拓展要求：对至少两种故障进行测试方案设计及故障判别或对同一种故障至少给出两种不同的测试方案并进行故障判定，还应对其进行对比研究。

2. 项目系统结构及实现方案

2.1 系统结构

基于鼎阳云实验的测试系统结构如图1所示。

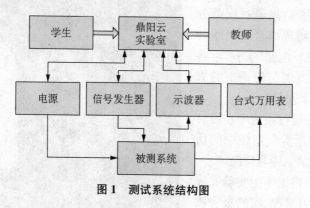

图1 测试系统结构图

2.2 实现方案

学生首先了解被测系统的基本原理，在了解基本原理的基础上向被测系统施加选定的电压和信号，学生选定的测试方案不同，则选定电压和信号的幅值、频率等信息可能不同，不同的信号会产生不同的测试结果。进而，通过示波器、台式万用表等测量仪器观察对应波形，通过对波形的分析判断被测系统是否存在故障、存在何种故障以及如何解决。通过设置不同故障增加测试难度，但需注意一般情况下一块被测系统只设置单一故障。

基于云平台的"电工电子技术"
课程教学信息化改革与实践

西安交通大学　电工电子实验教学中心　刘晔、张浩、李瑞程、孙晓华

　　"电工电子技术"课程存在着课堂学习模式缺乏灵活性、学生学习缺乏自主性、课程测评方式单一等问题。本教改项目针对这些问题,结合信息化教学的优点,以"学习—答疑—测评—互动"四位一体为目标,围绕知识点贯彻以学生为中心,建立了具有移动学习特性的课程教学云平台。新的教学平台具备实用性、易用性、稳定性和推广性的特点,通过微信企业公众号搭建移动教学服务器,实现云端资源的共享与互动。

图1　课程教学云平台界面

　　该教学平台从课前备课、课堂教学、课堂学习和课后巩固四个方面系统规划,有效整合教学全过程。各个模块的应用功能齐全,共包括"课堂作业、活动报名、你问我答"等11项主要内容,最大化地保障了教学活动所开展的各个环节,为学生"计划制定—知识学习—自主钻研—交流互动—作业练习—资源调取"开辟了完整的路径。尤其是在教学资源的储备中,课程组集中了微课、课件、试题、实验和科创等多项资源促进学生自主学习,实现了师生充分互动、学习资源随时共享、教学实施在线管理等优势。自2016年9月开通以来,从对学生的在线问卷调查中可看出,学生们的学习方式呈现出多样化,学习效率得以提高,教学效果较为显著。另外,课程组还根据平台的应用实效形成教学改革案例,荣获西安交通大学教学改革优秀案例二等奖,在其他高校会议上基于本成果所做的报告也被广泛认可。

集成化实验教学管理系统与闭环控制

浙江大学　电工电子实验教学中心　姚缨英

　　集成化实验教学管理系统将电子技术实验室的相关测量仪器通过网络技术及软件系统构成一个可相互协调工作的智能化仪器组,通过网络交换机、云端服务器、电源管理及视频监控系统等构成可多重交互的实验平台,为学生进行探究性实验、开放性实验,以及将系统与实验前的仿真或理论分析结果进行关联提供保障,并能进一步科学、高效地管理实验过程以及提高实验教学质量。2017年浙大电工电子实验教学中心购置了220台套电子测量仪器,并组成网络智能实验系统,分别构成6个电子技术实验室,配合门禁、监控、实验台电源管理等硬件装置,在原有传统实验教学手段的基础上增添了互联网、程控、混合式教学、可闭环导学导教等现代元素。新设备及其信息化管理系统与智慧教学工具的配合使用,促进了实验教学的线上线下混合式教学和闭环教学管理:

　　线上——预习:通过雨课堂布置课前预习,看视频和课件,进行理论基础测试。教师查询预习情况。

　　线下——实验室入门测试与课堂讨论。借助实验交互系统进行实验技能方面的入门测试;就实验任务加以分析,强调注意事项;展开必要的主题讨论。入门测试可反复进行,做不对无法进行操作实验。课堂讨论可采用雨课堂来组织,有限时答题、弹幕、投稿等多项功能,可评判讨论参与度。

　　线下——学生进行实验操作,在线采集实验数据,在线完成实验报告初稿,网络暂存实验报告。课后下载报告初稿,加入仿真、分析、数据处理、拓展等方面的内容,递交报告。教师通过交互系统可查看学生的实验操作情况,可在线批改报告。

　　线上——看课后实验思考与探究要求。进行深入的研究,做相关设计,或在与雨课堂兼容的便携式装置上做探究性实验。通过雨课堂查询思考与拓展任务的完成情况和实验效果。

　　借助实验交互系统可进行实验教学的闭环控制,如图1所示。

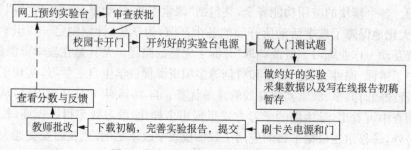

图1　集成化实验教学闭环控制结构图

简易视频录播平台建设

浙江大学　电工电子实验教学中心　姚缨英

　　在线开放课程因为其生动、便捷、可随时随地重复学习的特点得到学习者的广泛关注，但是若依托专业技术人员进行授课视频的录制，虽然视频的制作质量能够有保障，但也带来周期长、更新不便、后期剪辑效果不一样等问题。特别是实验演示类视频需要拍摄者与操作者有充分的沟通才能达到良好的效果。因此，我们自己搭建了一个低成本的视频录制平台，可以很好地模拟实际上课场景。两块触控大屏，若相互独立设置，可以同时播放 PPT、作为白板推导演算、调用仿真软件现场演示、播放视频等，若进行大屏互联可以获得更为复杂的功能。高清录播系统既可录制也可直播，是一套具备广电一体机功能的软件系统，可替代硬件完成切换台、字幕机、调音台、硬盘播出系统、虚拟演播厅、录像机、线性编辑系统、信息电视制作系统等的工作，适用于活动实况、网络直播、视频会议等的现场采编录播和后期视频制作、录制，可生成 MP4、WMV、FLV、AVI 等格式文件。多路录制实时切换，智能调音台支持 8 个音轨调音、1 个主输出调音。录播设备主要由导播服务器＋导播台、三维键盘、3 台高清云台摄像机组成。设备通过便携机箱非常易于移动，可在实验室录制演示视频或在教学现场录播。我们已经利用该平台录制了多门课的理论和实验视频。

图 1　简易视频录播平台场景及设备图

基础实验教学实验室的
开放式分时复用管理系统

重庆大学　电工电子基础实验教学中心　王唯

传统的排课式实验课程教学模式，由于受到教师课程安排计划、学生课程安排计划、实验室大小、实验室仪器设备等诸多因素的影响，导致大量的基础实验教学实验室运行效率低、空闲时间长、利用率低。

开放式分时复用管理系统，让实验室高效运转：根据基础实验教学课程及实验室的开课特点，设计并建设了开放式分时复用管理系统。该系统包括可预约式门禁系统、可预约式桌面电源管理系统、可预约式设备仪器借出系统与库房管理系统、远程视频音频监控系统、远程答疑系统及实验室网络教学平台。图1为管理系统平台功能树图，图2为管理系统门禁管理和监控管理界面。

解放老师，方便学生：学生可通过管理系统查看空闲实验室并预约对应的空闲实验操作台，并自行进入实验室进行实验实践相关活动，并可以在答疑机上与指导教师实现在线答疑。该管理系统的上线，大大提高了基础实验教学实验室的利用率，同时大大提高了开放实验室的管理效率，使更多的课外实验实践活动能够有序有效地开展，学生的动手实践能力的提高得到了有力的保障。

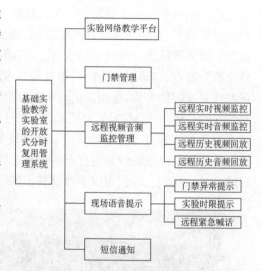

图1　管理系统平台功能树图

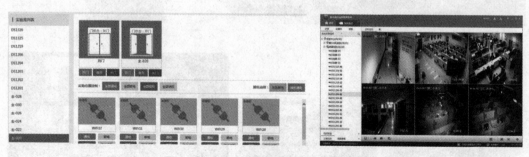

图2　管理系统门禁管理和监控管理界面

微信公众号实验教学辅助系统的建设

东北大学　电子实验教学中心　梁岩、杨楠、司维

东北大学国家级电子实验教学示范中心运用移动网络资源平台辅助实验教学,创办了两个各具特色的微信公众号,面向基础实验的 NEU 电工电子实验和面向专业实验的工控学苑。微信公众号使实验教学不再限于文本传输,而是以图片、文字、声音、视频等多种多媒体形式传播,便于学生更好地了解相关实验内容。同时将教学信息延伸至手机端,方便广大师生及社会学习者随时随地、反复观看,在掌上进行实验课程的预习、测评及复习。

1. NEU 电工电子实验

以电工、电子技术实验为主。其内容为相关实验室、教师信息及实验室安全制度等的介绍;电工电子实验课程的视频教程、步骤指导等辅助教学资源;教学大纲、课程进度安排、竞赛培训计划等信息发布。

2. 工控学苑

以自动化、电气专业技术为主。其内容为本教学示范中心教师发布的原创技术文章与视频教程;部分自动化、电气专业实验课的视频、预习测评、步骤指导等辅助教学资源。

自创办一年多以来,取得的初步成果有:(1)目前已发布视频课程 70 余节,实验预习及指导 50 余篇,技术文章 100 余篇(其中原创 72 篇)。(2)日平均阅读量为 1 200 人次,累计进行互动答疑近 13 000 余人次。(3)微信公众号已经针对本校大部分工科专业开放使用,使用对象包括:自动化、机械等电类及非电类工科 20 多个专业,每学期通过微信公众号进行实验学习的学生超过 2 000 人。

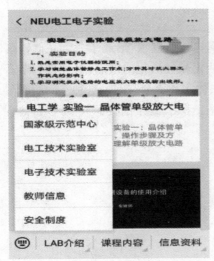

图 1　公众号 NEU 电工电子实验和公众号工控学苑

教学实验室公共服务空间建设初探

华中科技大学　电工电子实验教学中心　曾喻江

1. 教学实验室空间设计反思

早在 20 世纪中期欧美等国就已经开始了对教学环境、教育建筑设计的探索，随着研究的不断深入，人们意识到建造的建筑不仅仅是教室，在其中进行新的教育计划，也可以是一种知识的形式，可以在学生学习过程中起到引导作用。反思国内传统教学实验室的布局，大多强调功能分区，各功能区相对独立，以相似的板式教学楼并联形成严整有序的教学空间，空间结构相对单一、整齐，而较少考虑研讨、图书、娱乐、餐饮、洗手间等公共服务空间。

2. 公共服务空间初探

在建设示范实验室的过程中，结合建筑物的实际特点，为教学实验室特别强化了茶水间、洗手间、开放露台等公共服务空间设计，极大提升了教学实验室用户体验的满意度。

2.1　茶水间

打开原有的一楼一间实验室和二楼设备间，形成一个开放茶水间和一个玻璃隔断茶水间。茶水间在教学区内分散布置，方便区域内的学生就近使用，提高了公共服务的可达性和使用率。餐饮和家具等设施使得茶水间成为利用率很高的非正式交流空间。

2.2　洗手间

虽然国内教学实验室建设，尤其是仪器设备水准正快速提升，但是人性化的公共设施还比较匮乏，洗手间就是一个重要表现。拿出一间实验室的面积，按照东湖绿道洗手间标准进行含套间的洗手间改造。相信一流的洗手间可以对学生的心理和行为有着重要的影响，可以成为一流实验室不可缺少的一部分。

2.3　开放露台

利用一楼门厅雨台，打开二楼走廊，加上钢构玻璃屋顶，形成了一个高低错落的开放露台。这个公共服务空间可以是塑造实验室个性化和灵活化的重点，通过具有丰富空间形式的开放露台，形成具有层次感和趣味性的展览、休憩和集会空间。这种空间组织形式的意义在于增强师生之间的交流互动，为师生提供交往、学习、娱乐的资源共享区域，体现了开放式的教育理念。

实验实践教学空间的核心要素

华中科技大学　电工电子实验教学中心　曾喻江

1. 教学空间设施设计和质量对实验实践教学的影响

大量的研究表明了教学空间设施质量和设计对学生成绩和学生学习的参与程度有直接影响。设施设计不足、质量不高会对学生的成绩和参与产生不利影响。而包括照明、供暖、通风、声学在内的教学空间设施的核心要素往往在实验室建设中被忽略。

2. 核心要素设计

武汉四季分明，照明、供暖、通风和空气质量、声学环境这几大要素是构建一个良好学习环境（尤其是实验实践教学）的重要基础，对于学生的学习效果甚至是健康成长，以及教师的授课效果和身体健康也都有影响。

2.1 照明

人工照明不仅亮度高于国家标准，而且采用环保灯源，避免产生影响实验实践教学的闪烁。同时架设桥架、安装可以调节的镭射灯。

自然采光方面，不仅设计了大量较低位置的大窗户，还在较高层高位置尽可能留出了采光窗。这不仅遵循了 Heschong Mahone 团队"在自然日照光源较多的环境中学习的学生能取得更好的成绩，而且他们在学习上的进步也比其他学生要快得多"的研究结论，也便于学生能够较容易地看到外面的视野，并使窗户具有"邀请户外活动进入室内"的效果。

2.2 供暖

整栋大楼实行相对封闭的设计（含窗户）以提升保温效果，配备足量的吸顶式空调，保证了楼栋内部的供暖。相关研究和使用反馈都表明，学生强调了"不太热和不太冷"的学习空间的重要性，而教师则强调对供暖的控制要以总体舒适和保证学生学习效果为核心。

2.3 通风

通风和供暖大部分区域相互关联，洗手间采用了独立的两套供暖和通风设备。在相对封闭的窗户上开设通风设计，也能充分利用南北通透的楼栋优势，有效改善楼内空气质量。

2.4 声学

除了教学多媒体设备，实验室内安装了软木墙，不仅可以用来张贴与演示，更能够有效提高教师声音的信噪比、降低声音混响、抑制环境噪音。

实验教学示范中心整体文化建设

南京大学　电子信息专业实验教学中心　庄建军

1. 建设意义

充分发挥文化建设在育人方面的引领作用,营造无处不在的工程实践氛围,激发学生的动手欲望,培养学生的实践兴趣,打造立体化展示手段。

2. 立体展示

(1) 网站:建设一个集资讯发布、远程管理、交互学习、虚拟仿真于一体的综合化网站。

(2) 公众号:第一时间发布课程、讲座、比赛、会议等资讯,及时宣传报道各类重要活动。

(3) 电子屏:滚动播放视频(中心介绍、学生作品、赛事活动),吸引学生驻足了解。

(4) 橱窗:展示学生实物作品和各类教学成果(奖状、奖杯、教材)。

(5) 海报:宣传学科竞赛和创新创业活动及作品展示。

(6) 论文集:统一汇编出版竞赛作品集和大创项目论文集。

(7) 荣誉墙:展示优秀学生事迹,发挥榜样的力量。

3. 建设内容

(1) 活动宣传:围绕重要比赛和双创活动,做好宣传动员工作。

(2) 项目(课程)介绍:介绍中心开设的特色实验项目和实验课程。

(3) 制度建设:不断完善实验室各类规章制度,必要时上墙张贴。

(4) 成果展示:及时展示师生的教学成果,包括获奖实物作品、教材、证书、奖杯等。

图 1　荣誉墙照片

实验室移动共享信息展示系统

中国矿业大学　电工电子教学实验中心　李雷

1. 建设目的

传统实验教学中,教学资源是孤立的,实验讲授是单向的,一个实验室的仪器设备、软件资料只能局限在一个房间里,教师在讲解实验时,只能站在房间最前面的教师电脑和幕布前,仅仅少数同学离得近可听清看清,且师生之间交互不便。针对以上问题,我们搭建了"实验室移动共享信息展示系统",很好地实现了信息资源的共享和师生交流的互动。

2. 系统功能

该系统由多媒体触控一体机、专用移动支架和若干移动终端组成,多媒体触控一体机的主机和所有移动终端均安装 Windows 操作系统并联网。

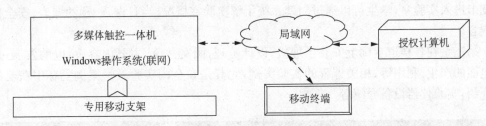

图1　实验室移动共享信息展示系统

首先,该系统支持教学资源共享,主机中安装了中心所有课程的教学资料和软件资源,通过局域网(校园网和互联网),可供中心任何一个实验室的授权计算机进行资源访问,同时,利用专用移动支架,根据需要应对突发的演示设备故障,该系统可移动并放置在中心任何一个实验室内,替换故障设备,进行现场演示。

其次,该系统支持师生互动交流,一体机具有多媒体触控屏,无论教师还是学生,均可以在屏幕前自由操作,运行 Multisim、Matlab、Proteus 等程序,演示修改 PPT,展示图片视频,且有专用移动支架可将该系统移至实验室的任何位置,方便所有学生参与交流。

最后,该系统支持远程传屏互控,通过软件和硬件设置,一体机的主机可以和系统自带的移动终端进行互动,也可以和互联网上的任何终端进行互动,自带移动终端和任何互联网终端都可将本机的演示内容投送到多媒体触控一体机上,并可以由其他人在多媒体触控屏上反控操作,这样即便教师、学生不在实验室现场,也可参与演示、交流。

示范中心文化建设

中国矿业大学　电工电子教学实验中心　张晓春

文化建设是校园文化建设和整体育人环境不可或缺的重要组成部分。为了提升校内宣传展示力度,更好地向全校师生和校外来访人员进行实验教学成果展示和文化宣传,电工电子国家级实验教学示范中心主要进行了以下几个方面的文化建设工作。

第一是在示范中心所在楼宇内部建设成果展示区域,向来访的校外专家、参观的兄弟院校师生、前来学习的校内学生,更好地展示示范中心的工作。内容包括示范中心的介绍,中心的发展历程;所有实验室名称、数量;示范中心人员师资情况;示范中心承担的主要教学任务,实验教学及科研成果;学生所取得的成绩及奖励等。

第二是在教务部门的支持下,给每个实验室都安装了门禁系统。教师可以通过门禁系统刷卡进入实验室,学生可以通过门禁系统了解实验室概况、当日课表、预约课表、安全信息等内容。

第三是在各楼道走廊上安装了展板,设计美观,图文并茂,主要内容有:电的发展过程,如电能的产生、利用等;相关课程的实验案例,尤其是在全国实验教学案例竞赛中获奖的案例介绍;实验仪器设备介绍等。

图1　门禁系统　　　　　　　　　　　　图2　楼道展板

电子技术开放实验平台及教学资源建设

重庆大学　电工电子基础实验教学中心　谢礼莹

1. 平台建设

重庆大学电工电子基础实验教学中心建设了实验中心智能信息化管理平台,同时进行了电子技术开放实验的教学模式改革。

该智能信息化教学管理平台包括:中心门户网站＋门禁监控＋学生工位电源网络＋学生预约选课选工位系统＋配套仪器设备,为教学改革中的开放实验教学运行提供了物质基础和保障。目前,国家级精品课程"电子技术基础实验"及其课程设计,已经能够进行正常的开放性实验教学。

2. 实验教学资源

开放课程	学时	实验项目	教学资源内容	运行状态
模拟电子技术(开放)实验	32	6硬件＋2仿真	讲课PPT、讲课视频、实验指导视频、仿真软件资源、预习报告等	开放教学运行,效果良好
数字电子技术(开放)实验	32	4硬件＋2仿真		
模拟电子技术课程设计	16	1个	课程设计大纲、参考资料、仿真软件资源	开放教学运行,效果良好
数字电子技术课程设计	16	4个		

3. 教学运行

(1) 任课教师定期进行课程发布、教学资源和实验设备维护。

(2) 学生课外登录中心网站进行在线预习和选课,然后在预定时间进入实验室进行实验。

(3) 学生在实验室利用平台教学资源进行操作、写报告。教师从旁协助指导学生的试验。

(4) 教师课前检查学生预习报告、课中记录学生实验情况、课后收取和批改实验报告。

4. 教学效果

经过实际教学运行,教学效果显示:这种模式延伸和扩展了实验教学的时间和空间,使任课教师在计划学时内不再花大量时间讲解实验原理,而是简洁地强调实验注意事项,同时给予学生大量时间让其独立动手操作,然后专注于对学生的一对一指导和交流、检查实验数据、实时评定成绩,简化了传统的实验教学过程,为学生的自主学习提供了极大的方便,同时大大提高了实验教学质量和效率。

四、运行与管理

基础实验教学中心团队建设

北京理工大学　电工电子教学实验中心　韩力

1. 团队结构与工作

实验中心由 20 名教学系列、13 名实验技术系列专职教师组成目前的实体化运行中心团队，面向全校本科生开课，年均承担理论与实验教学将近 40 万人时。独立承担"电路与系统"学科方向建设工作，年均指导在读硕士和博士生 80 余名。

2. 团队建设问题与思路

2.1　团队建设问题

基础实验教学中心的根本建设是中心团队建设。教师陆续退休使团队教师规模逐渐萎缩，当下基础实验中心建设面临着"进人难"的窘境，其原因之一是高学历青年教师择岗必然考虑到个人业绩与职称晋升等现实问题。

2.2　团队建设思路

针对本中心团队结构与工作上的特殊性，坚持将学科方向设在中心，以学科建设稳定中心团队规模、提升人才培养质量，努力把中心建设成为教师个体发展、教学质量提升和中心建设发展之间良性互动的工作载体。

3. 团队建设基本举措

3.1　学科设置引新人

在完成教学工作的基础上，创造条件支持中心在岗教师开展学术与科研工作。2018 年度中心教师累计到校科研经费 456 万元、发表 SCI 论文 10 篇。学科设置吸引高学历青年教师加入团队，近五年有 8 名中心教师陆续退休，同时有 11 名教师陆续补充中心团队（入职 5 名、其他学科调入 5 名、外聘 1 名），另有 6 名其他学科教师常年在中心兼职授课。

3.2　融合发展促转型

建设"基专融合、专兼交叉、校业协同"的中心团队。吸引其他学科教师兼职参与中心教学与实验项目工程化改造，鼓励科研成果转化为实验教学资源，实现基础实验与工程实验内容的对接，请企业介入实践育人，进而在教学内容与团队组成上实现从"基础实验中心"向"基础对接专业实验中心"的转型，更利于培养学生解决复杂工程问题的能力。

电工电子实验中心师资发展

大连理工大学　电工电子实验中心　金明录、王开宇

1. 师德师风建设

师德师风建设一直是中心师资发展的重要部分,中心所有评优采取师德师风一票否决制。中心建立了实验课的学生无记名评测系统,设定了各实验室各门实验课程成绩评分标准桌牌,让各门实验课的评分做到透明公开,同时建立了中心主任、教务处、学部三位一体的学生投诉体系和仲裁机制。倡导尊老爱幼团结互助精神:包括积极承担产假教师补课、长期协助伤病教师、积极参与学校各类活动等,树立优秀教师标兵,成立教学成果展览室,加强榜样学习的力量。

2. 师资健康发展

2.1　自身提高及交流反馈

选派教师参加国内外交流培训学习,年均20余人次,回校传达学习体会;定期召开优秀教改立项、优秀教学案例、优秀教学论文、优秀教学课件和优秀学生比赛项目示范展示活动、建立优秀资源共享库,加强优秀师资辐射效果,增强中心整体师资发展水平。

实行实验室主任责任制,奖励以老带新,锻炼一人多岗的能力,实现教师业务能力的综合提高。定期开展教学沙龙、教学工作坊研讨,并建立无记名调查系统,对于评分较高的教师及其涉及的相关项目优先支持建设,调动了大家创新实践和交流历练的积极性。

2.2　专家指导及效果调查

定期进行实践教学工作坊活动,聘请省级以上教学名师、学部各教学院长、校教务处和教师发展中心参加活动,对各实验室主任制定的教学改革、师资发展研讨规划实行专家无记名投票评分,评分高的教学规划给予优先实施的权利,坚持教学发展工作做到民主、公正和公开。每年定期召开中心教指委会议,对中心师资发展方向、规划内容和上一年度的工作总结加以汇报,记录好教指委对中心的指导建议和规划,做好规划举措具体落实的交流,使得专家们从全国和全校的角度根据他们自身经验给予的指导能够起到具体、实效的作用。

2.3　评优考核及效果总结

经过引导性培训、资源共享和充分交流后,中心的师资建设效果显著,创新实践积极性明显提高,近四年先后获得全国实验案例竞赛特等奖等24项、全国讲课竞赛省级以上获奖10项、中心教师获全国宝钢优秀教师奖1人,并连续四年晋级高级职称5人。

实验教学队伍建设

电子科技大学　电子实验中心　习友宝

1. 实验教学队伍的主要问题

大多数中心都采用"专兼职结合""内培外引"的模式构建实验教学队伍,但是,"专职""内培"仍是主要途径。因此,保持专职实验教学队伍的稳定与教师能力的提高就成为实验教学队伍建设的关键问题,并影响到中心的可持续长远发展。

随着新技术的不断发展,以及当前教育教学改革的需要,如新工科建设、实验"金课"建设、挑战性、跨专业/跨学科实验建设,以及"一流本科"建设等,实验教师不能只停留在"上实验课"层面,而需要不断进行新课程、新内容的建设,因而实验教师能力的内培提高就成为队伍建设的主要问题。

2. 实验教师能力内培提高的具体举措

明确实验教师以实验教学为主的工作定位,并围绕实验教学开展相关工作,同时,鼓励实验教师参与科研、承担理论课教学,通过相关管理条例使其落到实处。

2.1 年终考核条例和奖励条例

对于校院两级管理(学校经费投入,学院人事管理)的单位,中心教师的考核在学院年终考核中,根据教学需要进行单列,采取绩效考核。根据职称确定不同的基本教学工作量;同时,确定不同的"非课堂教学工作量",包括承担实验室建设项目、承担教改项目、发表教研论文、出版教材、自制实验装置、新实验开发、课程建设(包括 MOOC)、指导学生竞赛及创新/创业项目等,将这些工作进行具体量化,确定分值。通过这些工作,教师得到了培养和锻炼,也促进了中心的发展与建设。同时,还制定了配套的奖励条例。

2.2 设置教学关键岗位

在学校支持下,设置实验教学首席教师、实验教学骨干教师作为实验教学关键岗位,并通过首席教授和骨干教师带动中心教师。具体可参见我校相关文件。

2.3 高级职称条例

中心教师在职称晋升上不设限,教师可以根据自身情况,申报教学型教师系列、工程系列、实验系列,并均可达到正高级职称。特别是,正高级的实验系列为实验教师提供了职称晋升的空间。具体可参见我校高级职称条例。

做好制度导向和目标激励，建设高素质实验队伍

东北大学　电子实验教学中心　李鸿儒、张羽、吴传平

我校电子实验教学中心在教师队伍建设思路上，提出"专项制度约束"＋"激励机制引导"的实验队伍发展策略：通过制定相关制度和有效的激励政策，营造适合实验教师发展的积极环境，实验队伍总体素质得到有效提升，为培养一流人才提供保障。

1. 制定灵活多样的专项制度，拓宽实验教师队伍的培养渠道

新人培养制度——为新入职教师配备实验导师，开展目标导向教育。

校内进修制度——为理论教师和实验教师搭建交流平台，既要求理论教师走进实验室参与实验指导，又要求实验教师走进课堂为理论教师担任助教。

对外交流制度——为实验教学改革建设储备能量，选派实验教师参加校外交流培训。

2. 建立科学有效的激励机制，激活实验教师队伍的活力

定向激励——开展两年一次的实验教学改革研究/实验教材建设立项，2012 年至今已经有 49 个项目获得学院支持。

科学激励——建立量化考核和定性评价相结合的考核评价体系，强调实验教学的核心地位，兼顾鼓励实验教师在教学改革、综合素质等方面均衡发展。

目标激励——制定开放实验"孵化器"计划，提升实验教师指导学生创新实践的能力。

特色激励——发挥校企合作的优势，深化产教融合。示范中心在校企双方需求互补的基础上，通过校企深度融合的方式推进产教融合，全面推行校企协同育人。

经过近几年的制度导向和政策激励，东北大学信息学院实验队伍建设获批辽宁省教学成果二等奖和东北大学教学成果一等奖。

图 1　中心建设成果

电子信息类专业大学生创新创业教育指导团队建设

兰州交通大学　电工电子实验中心　蒋占军

兰州交通大学　信息与控制工程综合创新实验教学中心　韩虎

1. 专兼结合，组建教学团队

1.1　团队建设目标

依托示范中心，打造全方位的 ICT 双创教育支撑平台，将专业技术教育和创新创业教育深度融合（专创融合），构建电子信息类专业大学生从学科基础（依托电工电子实验中心）到专业技术（依托信息控制实验中心）完整的创新创业教育体系，建立双创教育中师生协同发展的良好机制，探索并实践全程化双创教育模式。

1.2　团队建设方式

除实验中心专职教师外，面向全校邀请不同学科的专业教师加入团队，课余时间兼职指导学生双创教育，各学院按学校相关规定为指导教师计算教学工作量和考核分值。这些兼职教师承担了大量大学生课外实践项目的指导工作，既缓解了实验中心专职教师有限带来的工作压力，又极大地加强了本实验教学团队的力量，丰富了实践项目的内容，为大学生的实践创新能力培养提供了师资保障。2017 年该团队被评为甘肃省双创教育教学团队。

2. 专创融合，构建课程体系

教学团队构建的课程体系如表 1 所示，其中企业认证目前主要以 HCNA 和 HCNP 为主。

表 1　教学团队构建的课程体系

课程层次	课程类型	知识模块	培养方式	培养目标
Ⅰ 基础类	ICT 创新创业基础	ICT 行业发展、创新创业认识、基本技能技术训练等	开放实验	双创启蒙拓宽视野
Ⅱ 应用类	电子系统综合设计	电源设计、电路系统设计、电子技术实践、PCB 制作等	创新项目竞赛培训	能力培养实践训练
		单片机、FPGA、ARM、DSP 等技术的学习与应用等		
Ⅲ 专业类	物联技术创新教育	物联网技术应用创新实训等	创新项目竞赛培训企业认证	对接市场创业体验
	信息安全创新教育	信息网络安全技术实训等		
	ICT 技术创新教育	大数据、云计算、人工智能数据通信、移动通信等		

勤工助学岗位管理制度

南京大学　电子信息专业实验教学中心　葛中芹

1. 勤工助学岗位设立

南京大学勤工助学由学工处学生资助管理中心总负责,各用人单位根据需要在"学生信息管理系统"中申请。岗位信息公开,扶困优先,学生在学有余力的情况下自愿申请、竞争上岗。一旦录用,即签订《南京大学学生校内勤工助学三方协议书》。学生每周工作时间不超过 8 h,每月不超过 40 h。

2. 勤工助学岗位管理

依据勤工助学岗位设置的必要性,电子信息专业实验中心每年设置 15 个岗位,根据自愿报名、面试、扶困优先的原则择优录取。电子实验中心从以下方面对勤工助学学生进行管理,在用人的同时育人。

2.1　立德树人、以人为本

立德树人的含义:立德,就是坚持德育为先,通过正面教育来引导人、感化人、激励人;树人,就是坚持以人为本,通过合适的教育来塑造人、改变人、发展人。电子实验中心协助学校做好学生的思政和德育工作,让大学生学会劳动、学会勤俭、学会感恩、学会助人、学会宽容、学会自省、学会自律。

2.2　专人负责、管理考核

采取公平公正的原则,设专人负责宣传、面试、录用、管理、监督、考核。每月一次汇总工作量,并在工作群内通报,互相监督,再根据工作量计算当月工资,采取公平公正、透明化的管理机制,教会学生诚实守信、富有责任心、不投机取巧、不要小聪明。

2.3　因才设岗、分工明确

通过面试和学生自荐,根据学生特长分配不同的工作岗位,人尽其才。参加过电赛的学生协助竞赛培训、元件管理、资料收集等工作;责任心强的同学负责值班;另外还有实验室日常卫生打扫、器材盘点、财务报销等,总的原则是充分调动同学们的积极性、能动性,发挥其特长,保证同学们在工作有效开展的同时又得到锻炼。

3. 勤工助学设岗效果

勤工助学解决了贫困生的困难,培养了学生的工作能力,弥补了实验中心的人员短缺,有助于实验中心的全天候开放。

在教学比赛中提升教学水平

青岛大学　电工电子实验教学中心　吴新燕

自 2002 年本科毕业后走上讲台，我先后参加过 4 次教学比赛：2003 年荣获湖北工程学院第一届青年教师教学大奖赛一等奖；2014 年荣获青岛大学第三届实验教师教学大奖赛一等奖，同年荣获第一届全国电工电子基础课程实验案例设计竞赛二等奖；2018 年荣获青岛大学第八届青年教师教学大奖赛一等奖。每次教学比赛都让我发生一场蜕变，使我的教学水平有了质的飞跃。

1. 坚定以教育教学为毕生事业的信念

有位小记者问我："您准备这次比赛花了多长时间？"我笑着说："我一直在准备，明确点说，从大学时期就开始在准备。我用心做教学不是为了参加比赛。但比赛让我更明确教学工作是我最适合也是很擅长的工作。不受名利诱惑、不怕艰难阻挡，成为一位优秀的教育工作者或者教育家是我心之所向。"

2. 不断学习吸取养料

在平时的教学中，通过听课、研讨，向老教师学习好的经验、教学风格，向年轻老师学习新技术、新思想，向理论课老师学习系统、严谨的知识，向实验课老师学习勤于动手、实事求是的精神。在每次比赛的准备过程中，需要参阅大量的书籍，虚心听取每位老师提出来的建议，不断修正不足，提炼精华和亮点。

3. 更新内容提炼思想

教学比赛不同于平时的教学要求，要想讲清楚知识点，人人亦云难免乏味，落于俗套。因此在展现教学基本功的同时还要推陈出新，提升层次。这就要求我们走出课本，走入生活，并且大量浏览国内外的优秀教材，提炼自己的教学思路和方法，将教学内容丰富、充盈起来。

4. 将教学中的每个细节落到实处

在教学设计中，应包含各个教学环节和多样化的教学形式，切忌唱独角戏和自恋，要将重难点贯穿于每个细节。进行整体和细节设计的功底仍然是平时的积淀，在日常教学中，需将备课、批改作业、课堂互动、学生反馈等细节落到实处。

教学比赛实际上是对一个阶段教学工作的总结和提升，也是教学从量变到质变的升华。

把实验教师队伍建设作为重要事情抓好

武汉大学　电工电子实验教学中心　陈小桥

实验教学是高等教育中的重要环节,直接关系到教学质量、人才培养等,而实验教师则是承担实验教学的主体力量,建设一支师德高尚、教学与学术研究水平高、有奉献精神的实验教师队伍具有重大现实意义。

1. 以制度形式要求教师积极投入实验教学工作

以本科教学为根,人才培养为本,以制度形式要求教师积极投入实验教学工作。目前,实验教师队伍建设采取专职和兼职两种形式并行建设,并规定我院凡担任理论课的教师,都必须进入实验课程小组承担实验教学工作,以确保实验教学质量。同时,不定期组织教师和实验技术人员到其他院校(含港、澳地区的院校)学习交流,参加教育部、教指委及其他院校组织的各种教学研讨活动等。

2. 将实验教师队伍建设重点转移到培养年轻教师方面来

加强自身发展,将实验教师队伍建设重点转移到培养年轻教师上来。我们的基本策略是"制度保障、科学定位、大胆突破、健康发展",在高标准要求年轻教师搞好本职工作的同时,必须调动一切有利条件关注他们的自身发展。在青年实验教师读博、承担核心理论课程、主持各类级别教学研究项目、主持国家青年科技基金项目、参与国家重大科研、出国进修学习等方面积极争取学校支持,都取得了突破性进展。这种模式已经作为范例在全校逐步推广。

3. 明确岗位职责制,充分发挥实验室核心技术岗的重要作用

在学院范围内不分系列公开招聘各实验室核心技术岗,采取以核心技术岗为主体管理实验室的模式,其他实验技术人员根据其特长和年度任务实行动态管理。另外还探讨了"研究生助教""本科生助管"的实验室开放管理模式,该模式经过多年的实践,效果良好。

图1　每年选派青年实验教师出国进修

图2　设立核心岗位竞聘制度

实验教师讲课及实验技能竞赛

西安电子科技大学　电工电子实验中心　周佳社

为了加强青年教师实验实践队伍建设，自 2014 年以来，每逢偶数年，由电工电子实验中心协助教务处举办青年教师实验技能及讲课竞赛。竞赛重点突出青年教师的实验技能和实际动手能力，打破理论教学和实验教学之间的"壁垒"，引导理论课教师参与到指导相关实验环节中去，切实落实创新人才培养目标。通过以赛促学、以赛促练的方式，推动青年教师工程实践能力的提升。

1. 竞赛形式及竞赛内容

竞赛采取单人单赛模式。竞赛分两部分进行，即"基本技能部分"和"开放创新部分"。

基本技能部分为在上报的 3 个实验项目中由专家评审组随机抽取 1 个题目，进行讲课竞赛，时间不超过 25 min。此环节主要考查教师的实验课程准备情况及表述是否清晰准确等。

开放创新部分包括"实验方案设计"和"实验制作与调试"等环节。主要考查教师理论设计和实验实践综合技能（制作、调试）等。

2. 竞赛评审办法

基本技能部分共计 30 分，由专家评审组、学生代表组现场共同打分；开放创新部分共计 70 分，由专家评审组按题目指标要求测试、验收、评分。参赛教师最终得分为基本技能和开放创新两部分分数总和。

3. 奖励办法

竞赛设一等奖、二等奖、三等奖。学校将为获奖教师颁发证书、奖金或奖品，并将成绩记入个人业务档案，作为晋级和评定职务资格的参考依据。一等奖获得者若为讲师可直接晋升副教授职称，一、二等奖获得者若为助教可直接晋升讲师职称。

4. 成效

实验教师讲课及实验技能竞赛已开展了 3 届，电工电子实验中心有 4 位青年博士获一等奖并直接晋升为副教授，稳定了实验教师队伍，促进了教师能力的提升及实验教学持续开展。

此经验已推广到全省，自 2015 年开始，每逢奇数年，由陕西省教育厅主办，西电协办，面向全省电子信息类青年教师举办电子设计竞赛。

以专业基础课程群为纽带
加强教学科研一体化团队建设

中国矿业大学　电工电子教学实验中心　刘海

　　中国矿业大学电工电子教学实验中心一直以"科教融合"为主线,贯穿电工电子类人才培养全过程,探索了校企协同培养模式,改善了"教学与科研深度融合"的实践环境,构架了"理论与实践无缝融合"的专业能力培养体系,持续提升了高水平创新型人才的培养质量。我们提出"以科学实践精神为思想基础,以坚实专业知识为知识基础,以创新综合能力为专业基础"的建设理念,确立了"实践条件建设是保障,学生全方位培养是核心,内涵发展突出专业是特色"的教学科研一体化团队建设方向。总体来看,中心所建立的教学科研团队既从学科建设、课程建设、课程内容和实践设计等由高到低、由大到小、由宏观到微观多层次着眼,力图从更广范围集思广益、发散思索,探讨电工电子大类方向课程体系教学改革方向、思路、指导原则,又特别注意踏实做好相关专业基础课程群的内涵建设,避免了学科发展与本科专业建设协同发展过程中容易出现的脱节问题。

　　通过教学科研团队的一体化建设,培养学生科学精神,提升学生创新能力,在各类国家级和省级学科竞赛中获得了很好的成绩,效果显著。采用核心课程、专业选修/限选课程、其他相关课程的多层次三位一体的课程体系,形成了科学研究和教书育人的双赢局面。比如,中心所属的"信号-电磁场"教学团队同时参与"电磁场与微波技术"和"信号与信息处理"学科建设;"检测与传感技术"教学团队直接与"安全检测与智能控制研究所"一体化建设;"电工电子技术"教学团队和江苏省煤矿电气与自动化工程实验室协同建设。"电路理论"和"电子技术基础"教学团队,共同支撑了"电路与系统"学科方向并取得较好的科教融合新成果。此外,机器人、电子设计大赛等实践创新类教学骨干,均已纳入相应科研团队培养。因此,能将科学研究中的新理论、新技术和新应用及时引入实践课程教学,既能提升实践教学的先进性、综合性和创新性,又能为学生提供优质的实践创新平台。

　　电工电子教学实验中心通过构建"教学与科研相结合,科研促进教学"的教学模式,将教学科研团队的一体化建设纳入人才培养全过程,实现了3个关键结合:知识传授、能力培养和素质教育相结合,教学与科研相结合,理论与实践相结合,从而有效提升了社会声誉,扩大了社会影响力和辐射力,形成自我特色。

实验系列教师聘用

北京理工大学　电工电子教学实验中心　吴莹莹

依托我校人力资源部门在进人上的倾斜政策,中心面向社会以合同聘用方式公开招聘事业编制实验系列(A 系列)教师、非事业编制实验系列(B 系列)教师,有效克服了退休减员对中心团队的影响,确保了实验教学队伍的稳定。

1. 中心实验系列教师招聘

1.1　实验教学岗

(1) 岗位任职基本条件

责任心强,工作认真负责,有良好的团队意识和协作精神,电子信息类全日制硕士研究生及以上学历,熟悉 FPGA、ARM、DSP 开发、硬件电路设计调试者优先,中心面试合格者聘为 A 系列或 B 系列教师,其中 B 系列合同首期 5～8 年,6 年内考核两年评 A 且表现优异者可转为 A 系列。

(2) 岗位基本职责

负责实验课程建设、实验教学和实验室管理,参与中心实验室建设和实验室管理,协助实验室主任完成其他相关工作。

1.2　实验助理岗

(1) 岗位任职基本条件

责任心强,工作认真负责,有良好的团队意识和协作精神,电子信息类或计算机类全日制本科及以上学历。中心面试合格者聘为 B 系列教师。

(2) 岗位基本职责

辅助完成中心实验室设备仪器购置和维护工作,协助实验室开放教学的管理,协助实验室主任完成其他相关工作。

2. 团队人员进出现状

中心团队现有教学系列教师 20 名、实验技术系列教师 13 名。2012 年国家建设验收后,中心教师陆续退休 10 名,同时有 11 名教师陆续进入中心团队,包括 A 系列新入职 5 名(4 名实验技术系列)、校内调入 5 名,B 系列招聘 1 名。我校采用 A、B 系列合同聘用制度有效吸引青年教师加入中心团队,中心教师的新老交替正有序进行,中心教师趋于年轻化和高学历化,中心的青年教师已成为中心建设、学科建设和人才培养的骨干力量。

电工电子实验中心制度建设

大连理工大学　电工电子实验中心　金明录、王开宇

1. 制度建立的内容

1.1　制度建立的必要性

中心协同发展目标作为制度制定的方向,经过逐年的改进、公开讨论、多方调研,最终公示执行和过程监督,建立了良性循环的规范制度体系。

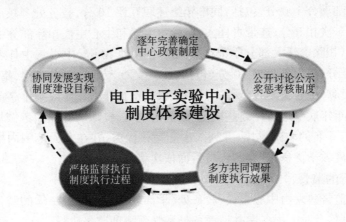

图1　电工电子实验中心制度体系

制度的民主、公正和公开规范化建设是中心发展的基石,它能使中心的运行更加高效、教师发展更加健康,提升中心的凝聚力,明确各自工作方向,提高工作效率。

中心制度建设如下:《中心运行责任制》《中心考核评优制度》《认证评估检查制度》《财务报销审核制度》《实验设备管理制度》《实验室安全准入制度》。这里重点阐述《中心运行责任制》和《中心考核评优制度》。

1.2　中心运行责任制

《中心运行责任制》分为常规责任制和临时责任制两种,针对中心长期运行和临时突发任务的需要所设置的分工责任制,便于运行中间环节问题的疏通和落实。

(1)常规责任制

常规责任制规划了中心的各种常规管理人员的职责,一般有 A、B 角年度动态聘用,方便临时调换。年终中心主任按考核办法组织一次考核,集中奖励每年在中心及实验室管理方面具有独立担当、执行高效、善于思考、善于总结、集体感强、有效协调方面做得好的 5 名教师,授予中心管理先进个人,给予颁发证书和绩效奖金。此举主要是对那些在中心日常工作管理中有突出贡献但却无法写入评职材料的教师的鼓励和支持。每年一般对实验室主任、普通实验教师、职责范围责任人等分类给予表彰。

（2）临时责任制

临时责任制采用公开召集、自愿组合、按劳分配和执行效果公示的方式建设和执行。该制度充分调动了中心教师的积极性，对于入围的临时责任工作会分块落实责任人，并严格按照实际工作是否对整体工作有突出效果和过程工作量分类给予中心绩效奖励。较为突出的业绩会上报学部并经同意后给予学部级绩效奖励，可和中心绩效奖励叠加。

1.3 中心考核评优制度

《中心考核评优制度》目的是评选校级考核优秀和教学优良，是中心分量最重的评优制度，也是教师评职权重较重的奖项。评优的形式是量化考核、同事互评、主任考核和教务处考核相结合的方式。评优制度按年前公开讨论考核要求、考核要求达成一致后公示执行、年终全体考核内容公开、考核结果公示的方式制定和执行。

该制度明细每年年初均按中心发展工作目标、方向做动态调整，经全体讨论并在中心公示通过后当年遵照执行。年终评优时严格按照年初制定的标准执行。

中心量化明细满分 100 分，包括：同事年终述职互评 10 分、教务处考核 10 分（学生记名投诉及查岗缺席 1 次扣 5 分，连带责任人、实验室主任和中心主任扣除部分中心绩效，2 次以上取消评优资格，扣除责任人部分学部绩效）、中心考勤 10 分、中心三主任考核 10 分、日常业绩量化满分 60 分，超出部分计 60 分（包括教材、文章、专利、个人获奖、集体奖撰写申报、教改、中心日常贡献、中心突出贡献等），其中成果奖申报严格按照成果排序撰写申报。

中心教师每年年底要进行年终述职 PPT 汇报，中心教师所有业绩考核均量化管理并全员排序，只公布前 5 名的教师排序，并列入中心考核优秀，并在 5 人范围内推荐 4 人上报校级考核优秀和年度教学优良，放弃的人员后面依次替补。

2. 制度执行的监督

制度执行的监督建立由中心主任、教务处、学部教学部长三位一体的监督体系和仲裁机制组成，所有制度均及时上报备案并请教务处和学部协助监督执行。

执行中的联系分为大群和小工作群，大群为常规责任制的安排、落实和效果跟踪；小工作群为临时责任制的安排、落实和效果跟踪。这样责任到人，互不干扰。所有责任的工作均由全体工作群和小工作群大家集体公开执行，由教师民主报名，中心主任公正监督执行，由学部和教务处监督中心主任（年终述职、临时考核、阶段报告和成果评估等）。

3. 制度执行的效果

经过制度化的建设，中心的运行更加高效，教师也得到良好健康的发展，工作效率提高了，工作自觉性和凝聚力均得到了提升，大家工作方向明确，效果显著。

全体教师能够全身心地投入到自身教学水平提高上，积极参加示范中心电子组组织的全国电工电子实验教学案例竞赛，努力提升学生竞赛水平，广泛交流，相互学习了很多教学经验，为示范中心电子组的建设贡献着自身的力量和热情。

"五位一体"的实验室安全建设

东北大学　电子实验教学中心　张羽、梁岩

　　高校实验室安全管理工作是实验室工作的重要内容,科学、规范地开展实验室安全管理工作是高校做好其他建设的有力保障。

　　东北大学电子实验教学中心隶属工科电类实验室,为保证实验室安全环境,提出并践行了制度安全、技术安全、设施安全、意识安全及应急防范安全的"五位一体"的实验室安全文化建设模式。

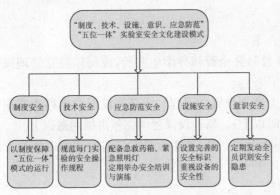

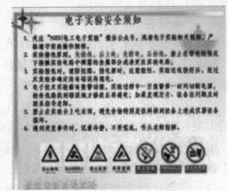

图1　"五位一体"安全建设示意图　　　　图2　实验PPT中的安全须知

　　东北大学电子实验教学中心安全建设初步成果为:

　　(1)制度安全:制度是"五位一体"中保障安全的根本,本示范中心制定了"实验室技术安全与卫生管理办法"等14个安全相关制度。其中,安全管理制度和事故应急预案上墙。

　　(2)技术安全:每门实验课的PPT都有相应的实验安全须知,并在实验评分组成中设置了安全规范操作分;关注微信公众号就可以随时随地了解实验安全操作规程。

　　(3)设施安全:各实验室设置了完善且统一的安全标识,安全疏散示意图及紧急联系信息牌等。实验设备设计或采购时,充分考察并论证其安全性,安装时为特殊设备定做安全防护板和安全防护罩。

　　(4)意识安全:全员以头脑风暴等方式识别实验室的安全隐患,定期举办安全生产文化月活动,宣传教育和引导师生注重实验安全意识,由"要我保安全"转变为"我要保安全"。

　　(5)应急防范安全:定期举办针对实验教师和学生的安全培训与演练,特别是举办防火演练、灭火器使用演练、逃生演习、疏散演习等,同时为每个实验室配备急救药箱和紧急照明灯等。

高级工程师评聘基本条件

东南大学　电工电子实验中心　胡仁杰

1. 学历、资历要求

学校对应聘人员学历、毕业学校层次(985/211 高校)、应聘人员年龄(不超过 28 周岁)有统一要求。用人单位参加面试。经面试评委集体投票,根据得票多少排序决定录用候选人。校务会最终决定是否录用。要求具有博士学位,担任工程师职务并履行其职责 3 年以上;具有硕士学位(1959 年以前出生的申报人员可放宽到大学本科学历或学士学位),担任工程师职务并履行其职责 5 年以上。

2. 评审条件

2.1　实验教学要求,须同时满足以下几条

(1) 每年担任两门以上实验课程辅导教师并全程辅导学生实验,或每年独立管理操作大型仪器开放共享机时 800 h 以上。

(2) 开设一门新实验课程(16 课时以上独立设置的课程),或新开设面向本科生或研究生的大型仪器上岗操作培训类课程(16 课时以上)。新开设课程须完整讲授两遍以上。

(3) 近 3 年每年工作量考核总积分不低于 700 分,且实验教学与实验技术工作积分不低于 560 分,每年年度综合考核良好以上。

(4) 须通过晋升专业技术职务授课考核。

2.2　实验科研要求,须同时满足以下几条

(1) 主持 1 项省部级以上科研项目或教学改革项目（任现职以来承接）。

(2) 作为主持人自制教学仪器设备 1 台(套)以上,经过 2 年的教学实践,并推广到 2 所以上同类高校或单位使用,自制教学仪器设备的实用性和先进性需要经过学校或有关部门组织的专家鉴定。完成一个大型仪器设备功能开发项目等同于完成一个自制教学仪器设备项目。自制教学仪器设备研发和大型仪器功能开发项目需要有主持人的技术发明专利支撑。

(3) 论著要求:发表国内核心以上期刊论文 3 篇及以上(其中 SCI 论文 1 篇及以上)。

实验技术人员聘用

东南大学　电工电子实验中心　胡仁杰

1. 专业技术岗招聘

从 2008 年开始,东南大学以人事代理编制的方式,从社会上招聘实验技术岗、管理岗、辅导员等专业技术岗位工作人员。由各用人单位提出用人要求,人事处统一招聘。学校对应聘人员学历、毕业学校层次(985/211 高校)、应聘人员年龄(不超过 28 周岁)有统一要求。由人事处人事科综合学校基本要求及用人单位要求,对应聘人员进行初选后安排面试,用人单位参加面试。经面试评委集体投票,根据得票多少排序决定录用候选人。校务会最终决定是否录用。

2. 招聘人员使用管理

应聘人员的编制性质为"人事代理",职称晋升、岗位考核、绩效工资等方面与正式事业编制人员完全相同。在聘任方面,首任聘期一年;续任聘期 1～3 年;不能胜任的可不续聘。

图 1　东南大学招聘文件

实验技术岗招聘

国防科技大学　电子科学与技术实验中心　程江华

根据工作需要,国防科技大学电子科学学院电子科学与技术实验中心向校内外公开招聘实验师 2 名,招聘要求如下。

1. 招聘岗位与条件

政治条件:拥护党的路线、方针、政策,思想进步,品德优良、学习能力强、有良好的团队协作及沟通能力,有较强的组织纪律观念和顾全大局的意识,遵守各项法律法规,无违法犯罪记录,品德优良,有吃苦耐劳精神,保密观念强。

身体条件:身体健康,符合应征公民体格检查标准。

岗位条件:

(1) 地方一本院校电子、信息、计算机类专业全日制硕士研究生以上学历;

(2) 男性,年龄 35 周岁以下;

(3) 熟练电子类仪器设备使用;

(4) 熟悉单片机、ARM、FPGA、DSP 中某类平台的设计开发;

(5) 电子设计竞赛获奖者优先。

2. 薪酬福利

根据相关规定执行。食宿自理,可在校内食堂就餐。

3. 需提供以下资料

(1) 个人简历;

(2) 学历、学位证书复印件;

(3) 其他相关证书;

(4) 具有专业技术资格的人员需提供相关证明材料。

科教融合激活教学实验室建设人财物要素

华中科技大学　电工电子实验教学中心　曾喻江

1. 教学实验室建设的人财物要素

常规的教学实验室建设往往侧重于实验仪器的采购，近年来随着实验实践教学改革的迅猛推进和高校的双一流建设，教学实验室建设的内涵与要求逐步扩展到空间利用、环境布局、智慧智能、校内外教学资源协同等方面。但常年制约教学实验室建设的人、财、物（面积）要素并没有得到有效缓解，造成了推进"双一流"教学实验室建设的新困境。

2. 科教融合激活人财物要素

经过多年酝酿和准备，华中科技大学电工电子国家级实验教学示范中心示范实验室即将建成。面对"双一流"教学实验室建设的新困境，在激活人财物要素方面以科教融合为抓手，做出了以下尝试：

2.1　人

充分利用学科建设优势资源，与学院最大的科研团队"智能信息处理与机器人"团队紧密融合，大力促进科研与教学的团队融合，为科教融合提供有利的组织保障。

从学校示范性学生创新团队招募高水平助教团队，有效提升、弥补教学实验师资队伍的知识短板与不足，提升教学实验管理工作的专业性。

通过社会化物业招聘缓解教学实验室在实验技术人员人力上的投入压力，有效提升教学实验室环境。

2.2　财

着力践行校内外教学资源协同，分别从教务处、实设处、总务处、基建处、保卫处、学院自筹、科研经费、企业支持等各个方面大力筹措建设资金。

2.3　物

与"湖北省智能互联网技术重点实验室"共建示范实验室，通过科教融合，为科研重点实验室提供目标、对象、环境等支持，也为示范实验室解决了长期以来未能解决的实验室面积问题。

电子设计竞赛人员及器件管理

南京大学　电子信息专业实验教学中心　葛中芹

1. 人员管理

1.1 "积分制"

为进一步规范电子设计竞赛组织训练过程,切实提高参赛学生的比赛应对能力和实际操作水平,配合电子设计竞赛组织训练体系,对参加培训的学生提出一定的要求并制定相应的管理办法。"积分制"管理办法,就是为每位参赛学生建立"积分卡",根据日常参加活动情况记录分数,最终根据总积分排序,划定参赛积分线,确定参赛名单。

1.2 "席位牌"

每组学生分配固定的座位,座位上放置写有组号和组员名字的席位牌。席位牌的好处是一方面方便考勤、方便管理,另一方面起到相互监督、相互促进的作用。

序号	项目	分值	考核形式	备注
1	参加电子竞赛类创新创业课程	20分/(门课·学期)	任课教师考核	基础分为20分,良好25分,优秀30分

2. 器件管理

电子设计竞赛从培训到参赛的准备过程长达20个月之久。在这个过程中同学们需要用到大量的元器件,储备参赛可能用到芯片、模块、导线、开发板等。竞赛结束,元器件和竞赛作品的回收归类整理也是一项大工程。为了减少回收工作量、保持竞赛资源最大限度的延续性,培训开始时给每组学生发放一个收纳箱,储备他们竞赛培训过程中需

图1　席位牌

要的元器件。竞赛结束后以组为单位,每组同学归还收纳箱,收纳箱里包含一份器件清单表(名称、型号、数量、功能、指标等)、分类整理好的元器件包、当年参赛作品的所有原始资料。培训教师和勤工助学的学生根据收纳箱的清单和参赛作品再一次归类整理,大大提高效率。

3. 效果

在适当的加压管理下,学生的积极性提高了,各种讲座的出勤率、作品完成的质量都显著提升。元器件和参赛作品的回收、分类整理方便了下一届学生的参阅,节省成本的同时具有很好的延续性。

实验中心勤工助学管理规范

南京邮电大学　电工电子实验教学中心　夏春琴

电工电子实验教学中心作为培养学生实践创新能力的重要场所,也为学校勤工助学学生提供了重要岗位。为了实验中心勤工助学工作能够长期有序地开展,必须制定一套科学合理的管理规范。

1. 总则

根据教育部 2005 年公布的《普通高等学校学生管理规定》第四十五条规定(2016 年修订),以及教育部、财政部联合制定的《高等学校勤工助学管理办法》(教财〔2007〕7 号)的规定,结合我校和实验中心实际情况,特制定本规范。

2. 勤工助学管理规范

(1) 要求勤工助学学生品行端正、思想上进,具有较强的组织性和纪律性,能认真履行勤工助学管理规范,遵守学校及实验中心的各项规章制度,不得影响学校教学、科研、生产和生活的正常秩序及校园管理,积极配合实验中心老师做好管理工作。

(2) 建立严格的考核制度,除了遵守学校《勤工助学管理办法》外,实验中心还根据实际情况制定了《电工电子实验中心勤工助学岗位职责》,由专人负责,对勤工助学学生进行岗前培训、管理与考核。

(3) 实验中心对勤工助学工作进行总结,每学期考核一次,对表现优异的学生申报表彰勤工助学先进个人,对在勤工助学中工作不负责任,玩忽职守,违反规章制度的学生,视情节将给予暂停上岗、取消上岗资格直至按校纪校规处理。

3. 勤工助学学生权利和义务

(1) 学生有申请参加勤工助学活动的权利,填写《勤工助学申请表》,交辅导员批准后,经学院审核,汇总报送勤工助学中心。实验中心按照实际需求,安排学生参加勤工助学。

(2) 参加勤工助学的学生有获得劳动报酬的权利,报酬、安全等权益受到侵害时,可以向学校相关部门投诉,并有权用法律武器保护自己的合法权益。

4. 工作时间、酬金标准及支付办法

学生参加勤工助学的时间原则上每周不超过 8 h,每月不超过 40 h。按小时计酬,不低于每小时 12 元人民币。由实验中心每月 5 日前汇总报送学校勤工助学管理处,由勤工助学管理处审核后交财务部门统一打卡支付。

跨学科综合开放实验室建设与管理

天津大学　电气电子实验教学中心　李宏跃

1. 实验室建设与开放对象

1.1　实验室建设

为了适应"新工科"建设培养造就多样化、创新型卓越工程科技人才的需求，中心规划建设了跨学科综合开放实验室，并将其定位为多学科、多功能的开放实验室，用于支持、鼓励学生开展课外科技实践活动。实验室建筑面积 240 m²，设备 137 台套，涵盖电子测量设备、无人机开发平台、3D打印机和机加工设备等，此外还将实验室划分为"工作区""讨论区""加工区""测试演示区"和"作品展示区"等 5 个功能区。

1.2　开放对象

实验室面向我校学生科技社团开放，如机器人、无人机等科技兴趣社团，开展各项科技、科普和竞赛活动，社团成员涵盖电类、机类、材料、化工等多个学院、专业，具有多学科的特点。面向社团开放的模式既解决了开放实验室"生源"的问题，也满足了社团对活动场地和设备使用的需求。

2. 实验室管理与成效

2.1　实验室管理方式

采用中心与社团两级共管：每学期中心对社团进行实验室安全培训、设备使用培训和技术指导，每月初社团向实验中心提交实验室使用申请，中心向社团各部门负责人授权门禁，社团遵照实验室规章制度按需使用实验室，并在月底向中心提交实验室活动总结。

2.2　学生活动与成效

中心鼓励社团"以赛促学"，开展各类创新科技活动和竞赛活动。近三年来，社团利用实验室场地开展技能培训 30 余次，校园科普活动 3 次，智能车竞赛 3 次，参与指导了近两年自动化学院暑期夏令营，参加了天津大学机器人大赛、天津市大学生电脑鼠大赛、天津市信息技术"新工科竞赛"、全国电子设计大赛、中国国际飞行器设计挑战赛等赛事，并均有获奖。

创新实验室开放管理模式

武汉大学　电工电子实验教学中心　张望先

实验室是学生成长、成才的重要场所，实验室的基本功效是让学生受益，其核心考量指标是开放。实验中心的创新实验室是以开放式教学为主的实验室，主要面向全校各院系几十个专业的学生开放，其目的是让学生利用课余时间，广泛开展研究式学习、发明创新和自主设计，让学生参与学科竞赛培训等，从而使他们学有所用、学有所获。

1. 建立规范管理制度

创新实验室 24 h 开放，利用门禁系统录入学生指纹，并授予他们进入实验室的权限，从而方便学生随时进入实验室。另外，实验室管理人员制定了学生入室管理、实验室开放管理等一系列规章制度，挂牌上墙，并借助监控系统完善管理措施。

实验耗材采取开放式管理方式，由学生自己领用，不做领用登记。管理人员根据耗费情况，不定期进行采购更新。针对价格较高的器材，采用申报、审核、领用、登记领用的方式进行管理。同时，遵循厉行节约原则，对较贵重器件进行回收再利用。

2. 让学生参与实验室开放管理

创新实验室每年接纳数百名学生，除开展研究式学习、发明创新、自主设计等外，创新实验室还承担电子综合、电子类学科竞赛培训任务，在学生中选出负责人参与实验室开放管理。同时，挑选部分研究生做助教，参与实验、学科竞赛培训等教学指导工作。

3. 以学生为本，把实验室开放与人才培养紧密结合

牢固树立以学生为本的理念，通过建立考核机制，结合学生的自身利益，形成一些有利于学生的制度，比如给出有关课程免修意见、保研加分等。同时，在指导学生专利申报、科研论文撰写、科研项目申报等方面，把开放式实践教学真正融入人才培养体系。通过多年的探索与实践，取得了一大批标志性学生成果和优秀作品，多次参与国内高校经验交流。

图 1　面向学生开放的元器件、耗材

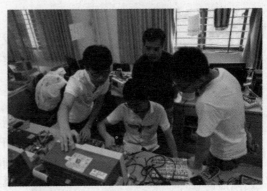

图 2　研究生助教、本科生助管指导学生

示范中心可持续运行政策制度

西安电子科技大学 电工电子实验中心 周佳社

为了促进省级以上示范中心可持续发展,学校制定了一系列政策及制度。

1. 教改项目立项

学校给省级以上示范中心划拨运行费,运行费的 50% 以上用于教改项目中的新实验开发及新实验设备研制等项目立项。

新实验开发及新实验设备研制项目分重点攻关、重点及一般项目。重点攻关项目需参加学校组织的答辩评审,由专家评审确定,经费由教务处单独支出。所有立项项目,由学校统一编号并公示,立项及验收等环节由各示范中心组织实施。

图 1 新实验设备研制奖证书

重点攻关、重点及一般项目的经费支持分别为 5 万元、3 万元及 1 万元。

2. 成立学科竞赛基地

根据大学生学科竞赛分类,学校成立了 8 个学科竞赛基地,并给各竞赛基地划拨运行经费。电工电子实验中心负责电子设计竞赛基地的运行及参赛学生的培训与管理等各项工作。电子设计竞赛基地成立校竞赛组委会及校聘教练组,校聘教练由主管教学副校长颁发聘书,聘期为 3 年。

图 2 校聘教练证书

3. 新实验开发及新实验设备研制评奖

学校每两年对各实验中心立项的新实验开发及新实验设备研制项目组织专家组评审评奖,对获奖项目给予一定的奖励,并颁发证书。

4. 年终总结与考核

学校制定了示范中心及竞赛基地年终考核指标体系,各省级以上示范中心及竞赛基地 PPT 答辩 10 min,由专家依据指标体系进行各项打分,最后评选出示范中心及竞赛基地的特等奖、一等奖及二等奖。特等奖奖励 6 万元,一等奖奖励 4 万元,二等奖奖励 2 万元。电工电子实验中心多年来均获特等奖。

制度挂帅下的"1+3X"式实验室管理模式

中国矿业大学 电工电子教学实验中心 毛会琼、刘晓文、张晓春

学校实验室的管理制度一方面是以学生为本的教学宗旨的体现,另一方面也是确保正常实验教学下的师生行为规范和准则。我校电工电子教学实验中心的实验室管理制度,我将之概括为"1+3X"管理模式。

1. "1"个基本原则

"1"指的是"一个基本原则",即由实验室管理老师、实验任课教师和上实验课的学生共同完成实验室的管理工作。只有管理制度上分工明确、责任到人、赏罚有度才能确保实验教学有序开展、保质保量地完成。

2. "3"位一体的岗位责任制度

"3X"指的是实验室管理老师、实验任课老师以及实验学生三方共同来保障实验室的仪器设备能够得到及时准备、维护和正常使用的岗位责任制度。

2.1 实验室管理老师的岗位职责

(1) 负责分管实验室的设备仪器的日常保养维护工作。如实验设备出现运行故障需要维修时,应及时向中心运行保障管理员报修,以保障实验课程的正常开出。

(2) 做好实验前准备工作,参与实验材料采购、领取、报销等工作。

(3) 负责填写各种记录:工作日志、维修记录、借物登记、安全检查记录等。

(4) 负责本实验室卫生、安全管理、参观接待等工作。

2.2 实验任课教师岗位职责

(1) 实验前做好实验准备;

(2) 实验中填写实验开出登记;在实验室维修登记本以及出现故障的设备上详细记录:实验台号、仪器名称、故障现象等。

(3) 实验结束后督促并监督学生完成学生守则中的内容。关闭水、电、门、窗后方可离开实验室。

2.3 实验学生守则

(1) 实验结束后按照要求细则整理实验台,打扫实验室卫生,将实验室恢复如初。

(2) 实验结束后班长、学委及另外排班留下的 3 人和任课教师一起逐台检查:实验学生是否已按要求细则整理实验台,每个实验台核对无误后方可离开实验室。如哪位同学没有按照要求整理实验台,任课教师督促班长将其叫回整理。

第二部分

电工电子基础课程实验教学规范

电工电子基础课程实验教学规范

一、实验教学规范研究目的

1. 为实践教学提供目标总纲。在规范指引下，构建实验课程体系、组织实验内容、制定教学计划、设计教学进程、制定考核指标。

2. 为师资队伍建设提供参照系。引导教师提升教学设计与组织能力、教学技能与实践能力、系统设计及工程素养、道德素质和职业修养。

3. 为实验教学综合环境建设提供参考。包括教学环境与条件资源，教学运行与管理机制，实验教学信息化管理。

二、实验教学规范研究指导思想

1. 项目研究所形成的建议性规范应对各层次、各类型高校的电工电子实验教学均具有参考或指导意义，能够满足不同高校实验教学的主要目的：知识构建、知识应用、能力提升、素质培养、创新思维。

2. 以研究理念、体系、思路为主，不刻意强调软硬件条件要求。

3. 研究工作采用滚动式推进、持续性改进的方式开展，不苛求完善，在形成基本成果后即发布，边实施边改进边完善。

4. 研究采用点、线、面逐步展开的方式推广，所选取的研究群体、范围具有典型性和代表性。

三、适用学科专业

1. 电类专业

电气类、电子信息类、自动化类、仪器类、计算机类（软件工程、网络空间安全）、生物医学电子类等。

2. 非电类专业

物理学类、机械类、能源动力类、测绘类、土木类、材料类、化工类、交通运输类、矿业类、纺织类、轻工类、航空航天类、核工程类、农业工程类、林业工程类、环境科学与工程类、生物医学工程类、建筑类、食品科学与工程类、安全科学与工程类、天文与空间科学类、地球科学与工程类、地理信息与海洋类等。

四、教学培养目标

1. 基本要求

自主学习与信息获取、发现问题与研究规律、研究探索与分析综述、寻找方向与目标决策、构建知识与技术积累、方法应用与技术迁移、任务分析与项目设计、项目管理与工程规划、自我表述与说服他人、行业规范与工程要求、创建条件与营造环境、团队协调与合作交流、总结分析与拓展思维、社会伦理与职业道德。

2. 高阶要求

创新思想与践行能力、国际视野与社会价值、绿色环保及持续发展、探索未知及利用机遇、原始创新与集成创新、控制评价与发展完善。

五、实验教学规范

1. 实验知识体系

实验基本规范	电能产生及输送	电能产生、电力输送
		电压等级、用电设备与设施
	用电安全知识	实验场所电力线路布局及供用电设施
		安全电压、安全电流,跨步电压,防雷电知识
		电器设备接地、屏蔽
		实验室安全用电操作规程
		实验室电器、设备、仪器通电操作规范
		触电防范及触电后救护
	实验操作规范	实验室入室规范要求
		实验设备领用、器材取用规范
		实验室秩序、卫生要求
		开放实验预习、预约、派位、验收、考核规范
电子元器件特性及应用	器件识别	电阻、电位器、电容、可变电容、电感、可变电感、变压器、二极管、三极管、MOS管、按键(按钮)、开关、显示器
	参数标识	
	参数测量	
	误差精度	
	适用范围	
	应用特点	
电气元件设备特性及应用	结构功能	断路器、开关、保险丝、接触器、按钮、自耦变压器、变压器、继电器、延时继电器、电阻器、电容器、电感器、直流电动机、三相电动机
	参数规格	
	适用范围	
	应用特点	
测量对象及方法	电量参数	电流、电压、功率
	电信号特征	波形、幅度、频率、相位、噪声、电平、逻辑状态
	电路参数	输入/输出阻抗、品质因数、器件参数、增益、失真度
	特性曲线	传输特性、伏安特性、频率特性、负载特性、电压特性
	测量方法	直接测量、间接测量、组合测量、比较测量

2. 实验基本技能

通用仪器设备	仪器设备分类	按功能分类,按测量对象分类,按测量范围、精度分类	
	直流稳压源	工作原理	
		参数:电压、输出功率、输出稳定度、负载调整率、纹波噪声	
		操作方法:电压设定、限流调节;工作模式:独立、串联、并联	
		故障排除:供电状况,保险丝状况,输出电压值,限流设置,输出控制,连接线接触,连接线断路	
	数字万用表	工作原理	
		主要功能:测量交直流电压、电流,断路,短路,电阻值,电容量,信号频率,温度,二极管及三极管参数等	
		主要性能:测量精度,测量功能,电压、电流范围,显示位数	
		操作方法:测量对象选择、量程选择、精度选择 ➢ 根据测量对象选择表棒插孔 ➢ 调整测量对象开关位置或按钮 ➢ 按钮调节测量范围	
		故障排除:接线方法、功能选择、工作模式或量程错误,保险丝状态,屏保	
	数字存储示波器	工作原理	
		主要功能:测量电压信号波形、幅度、频率、相位、边沿	
		主要性能:通道数量,电压幅度范围,精度,频率范围,采样速率,存储深度	
		操作方法:了解信号量程、精度、输出阻抗、电压范围 ➢ 输入通道、工作模式、耦合方式,探头衰减倍率/示波器显示倍率,输入阻抗 ➢ Y轴:通道灵敏度/位置(能够看到信号峰、谷) ➢ X轴:调节扫描速度(能够看到数个完整周期波形) ➢ 触发:选择触发源/触发模式与边沿,调节触发电平(能够看到稳定的波形) ➢ 自动数据测量功能开/关 ➢ 数据测量方式选择 ➢ 光标测量方式开/关	
		应用功能:传输特性,时间测量,频率特性测量,李沙育频率测量,信号噪声测量,电磁辐射测量,频谱分析	
		故障排除:探头断路,地线断路,调整工作模式,调节灵敏度,选择触发源,调节触发电平大小,恢复出厂设置	
	信号源	工作原理	
		主要功能:产生电压信号,可选择波形、幅度、频率、相位、直流偏置、占空比;产生调制信号;产生扫频信号;输出叠加噪声	
		主要性能:通道数量,频率范围,电压幅度范围,精度,采样速率,输出阻抗,输出功率	

通用仪器设备	信号源	操作方法： ➢ 选择通道、波形、频率、幅度 ➢ 设置直流偏置、占空比 ➢ 设置输出阻抗模式 ➢ 输出控制 ➢ 参数调整方式：键入数值＋量程按钮；选择数位＋调节旋钮
		故障排除：电缆断路，地线断路，输出控制，输出阻抗，调整输出模式，断电退出当前状态
	电能表	工作原理
		主要功能：测量电压、电流、功率（视在功率、有功功率、无功功率）、功率因数角
		主要性能：测量范围、精度
		故障排除：电缆断路，保险丝状态
专用仪器设备	晶体管特性测试仪（图示仪）	基本功能：测量二极管、稳压管、双极性晶体管、场效应管的特性参数，如伏安特性、输入/输出特性曲线等
	逻辑分析仪	基本功能：测量多个数字信号通道的逻辑状态关系。 性能指标：通道数，采样速率，采样触发方式，存储深度
	频率特性测试仪	基本功能：测试双端口网络幅频特性、相频特性 性能指标：扫频范围，扫频设置方法，频率精度，幅度、相位精度
	程控电压源	基本功能：用数字方式设置输出电压值 性能指标：电压范围，电流输出能力，电压精度、电压稳定度、纹波系数，通信接口方式
	频谱分析仪	基本功能：测量电信号频谱、功率谱结构（信号的频率成分及其幅度），可测量信号失真度、调制度、谱纯度、频率稳定度和交调失真等参数 性能指标：测量范围、中心频率、频率分辨率；跟踪源
	LCR测试仪	基本功能：测量电感、电容、电阻的参数，测量电路 Q 值 性能指标：电感、电容、电阻参数测量范围及测量精度
	高压隔离探头	基本概念：将较高电压信号隔离衰减 性能指标：通道数，衰减倍率，测量范围，测量精度
	功率分析仪	基本功能：测量电气设备的电压、电流、功率、频率、电压与电流相位等参数 主要性能：测量通道数，测量范围、精度
连接线	连接线的类别	单股硬导线、多股软导线、屏蔽电缆、同轴电缆、双绞线
		不同电缆的应用场合
接插件	分类及特性	BNC、SBA/B、DIP插座、香蕉插头、凤凰端子、空中连接器
	性能及用途	电压连接（电流），电路连接（搭接方式）、信道连接（信号强弱、频率范围、阻抗匹配）
设计仿真软件	软件应用分类	Spice、Multisim、Tina、Matlab、Protel、FilterPro、SwitchPro、Altium Designer、Proteus、Quatus、ISE、Vivado、Scilab、Lattice Diamond、PSIM
	基本使用方法	
	应用技巧	

常用电路	信号发生	555 振荡器、文氏振荡电路、晶体振荡电路，正弦波、锯齿波、三角波、脉冲波、方波、尖脉冲等信号的产生方法，噪声叠加
	信号转换	电压电流转换、隔离耦合、分压、限流；正弦波、三角波、方波、脉冲波、尖脉冲间的转换；V/F、F/V、ADC、DAC、差分/共模；阻抗转换、过零比较器、施密特触发器等
	信号输入	开关输入、按钮输入，抖动消除，逻辑电平、电平转换、差分信号、电桥；串行输入
	显示电路	状态显示、数据显示、曲线显示
	驱动电路	电压放大、电流驱动，LED 驱动，共阴/共阳数码管驱动，MOS 管驱动，继电器驱动，直流电动机驱动，步进电机驱动，音频功率驱动
电压源选择	电压源电路	线性直流电压源、串联稳压电路、集成稳压电路（78××/79×× 系列、1117 系列、LM317），低压差稳压电源，开关电源，电荷泵，基准电压/电流源，光伏电源
	电压源的主要特征参数	电压准确度、电压稳定度、电压调整率、负载调整率、纹波噪声
	电压源的用途	数字电路电源、模拟电路电源、隔离电源、基准电源

3. 基本技术方法

电路基础	线性元件特性	R、C、L 元件的伏安特性、库伏特性、韦安特性及其阻抗频率特性
	仪器设备特性	适用范围领域、测量对象及量程精度
	电路定律应用	用电路定理验证电路设计、参数测试及验证
	无源网络特性	无源双端口网络伏安特性及频率特性
	有源网络特性	有源网络等效分析及伏安特性、频率特性测试
	谐振电路研究	谐振实现条件，品质因数
	受控源电路	受控源特征分析、实现方法及有效范围
	电压源特性	电压准确度、稳定度，功率，纹波及噪声，电压调整率，负载调整率
	电流源特性	电流准确度、稳定度，电压动态范围
	交流电路测试	交流电路电流、电压、功率测量及分析
	功率因数及其调整	功率因数调整方法及调整程度
	交流电路控制	交流电路设计、实现及调试
信号与系统	信号的表示与运算	计算机辅助工具（Matlab、Scilab 等）中时域信号的表示、波形绘制及信号参数观察分析，翻转、时移与尺度变换，差分与求和、微分与积分等基本运算
	线性系统的时域分析	系统的单位冲激（脉冲）响应、阶跃响应，卷积积分与序列卷积和及其物理意义

信号与系统	信号的频域分析	连续周期信号的分解、合成及其频谱构成、非周期信号的频谱、离散信号的频谱、信号带宽
	线性系统的变换域分析	频率响应、传输函数及其相互关系，系统幅频特性与相频特性测量分析，零极点分析与系统稳定性判断，系统带宽
	系统的状态变量分析	微分（差分）方程到状态方程、状态方程的求解、系统的模拟与分析
	信号的采样与恢复	信号作用于系统机理分析，信号的选择，信号带宽与系统带宽的匹配，低通滤波器频率特性设计，采样频率与信号带宽的关系，混叠噪声的影响与消除
模拟电子电路	二极管特性及应用	类别与功能：整流、检波、稳压、开关、发光、变容，材质，容量
	三极管及应用电路基本参数	电路基本组态及其特点，静态工作点及其调整，增益，输入/输出阻抗，传输特性，频率特性，信号失真及原因分析
	场效应管特性及典型应用电路	共源电路、共漏电路、共栅电路的应用及其特点
	差分放大电路	共模差模信号，基本差分放大电路特点，电路应用特点
	多级反馈放大电路设计	多级放大器功能设置，输入/输出阻抗设计，增益分配，反馈设计，信号级间耦合
	功率放大	甲乙类功放，C、D类功放，集成功放等放大电路基本结构，输出功率，效率，失真，阻抗匹配
	信号产生及转换	信号产生及正弦波、脉冲波、三角波、脉冲波转换
	运算放大器基本应用	同向、反向比例放大，基本运算电路，比较器，检波整流，积分，微分
	运放增益控制	多种增益控制方法
	多级运放电路设计	输入/输出阻抗，阻抗匹配，级间耦合，增益分配，带宽、带宽增益积，带内增益波动
	滤波电路设计	滤波器类型，低通、高通、带通、带阻滤波器，多阶、高阶滤波器，带内波动、带外衰减
	线性电源设计及实现	降压、整流、滤波、稳压、调压
	DC/DC电压变换电路	升/降压、隔离/非隔离电路基本组态，输入电压范围，输出电压控制
数字逻辑电路	数制与码值	二进制、十六进制、BCD码，原码、反码、补码
	门电路特性	电平（TTL、LVTTL、CMOS）与电压，灌入电流/拉出电流，上升/下降边沿时间，门电路延时，带负载能力
	组合逻辑设计	非门、与门、或门、异或门、多输入与非门、或非门
		驱动器、缓冲器、三态门特性及用途，电平转换
		逻辑组合、转换，逻辑运算及其简化（卡诺图）
		编码器、译码器、数据选择器、加法器及其应用
		竞争冒险及其消除

数字逻辑电路	时序逻辑设计	触发器(R/S触发器、D触发器)，移位寄存器(左/右移位、初始状态设置)，计数器(＋/一计数、初始值加载)、变量程计数器、变步长计数器(N,1/N)
	数字逻辑系统设计	状态机、控制器、算术逻辑运算(ALU)、数据串行通信
	存储器	存储器结构：存储体、译码、读写控制、驱动，存储器应用电路
数模混合电路	ADC	转换方式、转换速度、转换精度、数据传输方式，输入电压范围、参考电压
	DAC	转换速度、转换精度、输出方式(电压/电流)，输出电压/电流范围，数据传输方式，参考电压
	增益控制	数字电位器、模拟开关切换电阻、继电器切换电阻、程控增益放大器，自动增益控制放大器
FPGA应用技术	FPGA与CPLD	基本逻辑单元，FPGA、CPLD的构成及性能
	PLD设计流程	VHDL、Verilog，源文件输入(原理图、网表、语言、逻辑波形图)，编译综合，仿真运行，下载测试
	硬件描述语言(VHDL)基本程序结构	VHDL程序结构：库和程序包说明，实体(端口说明)，结构体(行为描述、数据流描述、结构化描述)，配置
	硬件描述语言(VHDL)基本语法结构	VHDL基本语法结构：标识符，数据对象，数据类型，运算符，说明语句，并行语句(信号赋值语句、块语句、进程语句、生成语句、元件例化语句)，顺序语句(信号和变量赋值语句、IF语句、CASE语句、EXIT语句、NULL语句、LOOP语句、NEXT语句、REPORT语句、RETURN语句、WAIT语句)
	硬件描述语言模块化设计方法	常用IP核的应用与设计
	数字系统设计方法	系统功能结构设计，功能模块间交互，自顶向下、自底向上的设计方法，人机交互通道设计
电子系统设计	电子系统设计方法	电子、电气系统结构与功能划分，机械结构，软件结构；系统设计方法(自顶向下、自底向上、混合式等)
	微处理器选择及应用	单片机、嵌入式处理器、DSP
		字长，主频，存储器配置，总线结构，指令系统，I/O接口资源，功耗，调试环境
	传感器特性及检测电路	温度、湿度、光照度、气体、重量、位置、位移、速度、加速度、角度、角速度、角加速度、电场、磁场等传感器及其信号检测方法或电路
	执行机构及其驱动	电压放大、电流放大、功率驱动，直流电动机、步进电机、直流无刷电机、舵机的控制与驱动，电磁机构控制与驱动，光电耦合(隔离)
	人机交互通道	按键，开关，旋钮，拨盘，触摸屏，指示灯，数码管显示器，LCD，震动，声音
	系统内数据交换	总线扩展，I/O扩展，I^2C，SPI，USB，蓝牙，Wi-Fi
	系统间通信	RS232，RS485，CAN，LAN，USB
	系统电源	数字电路电源、模拟电路电源、隔离电源、基准/参考电源；系统供电电源配置，电源共地或隔离问题

4. 工程实践能力

实验设计	基本信息	课程、实验名称，时间、地点、位置，班级、学号，设备、软件、平台、器材、工具
	实验原理	实验构思，理论方法，公式计算
	实验方案	预期目标、实现方法、实验步骤
	电路设计	电路设计、元器件选择、电路参数计算、仿真优化
	测量方法	测量方法、测量仪器、测量电路、记录数据
	实验进程	实验步骤、操作、测量次序
	数据记录	数据表格设计、数据记录
	结果分析	数据处理、参数计算、误差分析、成效分析
电路设计	电路选择	典型应用电路结构模型选择
	电路设计	电路修改，自创设计，仿真优化
	器件选择	参数、规格、精度、功率、材质、耐压、电流、封装
	模块选择	电路、模块选择，接口设计，参数计算
	匹配参数	输入/输出阻抗设计，前后级间阻抗匹配、电压配合、电流驱动能力、增益分配参数
电路实现	实现方法	元器件选择，电路布局，元件插接，连线焊接
	实现途径	面包板搭试，通用孔板焊接，印制电路板设计、制作、焊接
调试测试	调试方法	单元电路调试，模块调试，级联调试，系统联调
	调试内容	电路通断，电压状态，工作点测试，电路功能、性能指标测试
	电路测试	静态测试、动态状态、极限状态测试
故障排除	故障类型	供电电源质量，电路系统共地，仪器设备工作状态、故障，元件、电路间连接，器件损坏、线路分布参数、电路接触、前后级匹配，干扰影响
	故障分析	
	故障排除	
	故障检查分析排除	电源开路、短路、过流，电压源过压、欠压，激励频率范围，电源线压降，共地、接地点；仪器自检，输入/输出阻抗，耦合模式，衰减倍率，保险丝状态，探棒开路；连线错误、未连接、连接线断开、接触不良、虚焊；器件损坏、元件烧断、电容短路；电源纹波、器件噪声、环境干扰；级间参数配合、分布参数影响
参数测量	仪器选择	激励源频率、幅度、输出阻抗、精度
	参数类型	电阻测量、电容测量、电感测量，直流电压电流测量，交流电压电流测量，波形测量，高频信号、Q值、增益、输入阻抗、输出阻抗测量
	测量电路	
	测量方法	
数据处理	表格设计	结构设计，参数选择（直接、间接），数据单位
	数据记录	数位选择，数据记录及次序
	数据分析	真实性、合理性

数据处理	数据处理	计算、处理(平均、去噪、拟合等)、排序、显示
	数据表示	数据列表，曲线、柱状图、饼图等
误差分析	有效数字	仪器读数位数选择，数据计算数字位数选取
	误差类别	绝对误差、相对误差、引用误差
	来源分析	仪器精度，器件参数精度，观察误差，接触电阻，电源纹波与噪声，线路分布参数，线路损耗，阻抗匹配，电磁耦合干扰
	误差估算	
	误差消除	校正、替代、抵消，变换量程，平均值、均方根、平滑滤波处理，坏值剔除
系统设计	需求分析	工程社会应用背景、技术方法研究现状、预期目标功能指标、应用测试检验方法
	环境建立	仪器设备、器件模块、软件工具、开发环境选择，加工制作方式，经费支持
	系统规划	功能指标、实现方法、方案论证、性价比；系统软硬件结构、功能模块划分、实现流程；项目进程、人力分配
	硬件设计	电路设计、元器件选择、仿真优化
	系统实现	软件设计，硬件安装、焊接、调试
	软件设计	标准化、通用化、模块化设计、调试
	系统测试	模块功能调试，系统联调，功能测试，指标测试，可操作性、稳定性、可靠性测试；系统优化
	分析总结	实现方法设计优化，预期目标成效达成，成果拓展、推广、展望
	展示演讲	设计总结报告，展板、PPT 设计，演讲设计

5. 综合能力素质

创新思维与开拓精神	敏感度、领悟力、创意构思、创作激情，创造性、逻辑性、演绎推理
社会伦理与职业道德	思想水平、政治觉悟、道德品质、文化素养，明大德、守公德、严私德，爱国、励志、求真、力行，社会责任、家庭责任、个人责任
探索未知及利用机遇	主动学习，终身学习，嗅觉灵敏，关心社会，捕捉热点，寻找机会
构建知识与技术积累	自主学习知识，寻找掌握方法，积累技术，构建体系
方法应用与技术迁移	灵活运用，方法移植，技术融合
发现问题与研究规律	探究意识、分析规律、发现问题、寻求根源
研究探索与分析综述	文献查询、资料检索、信息统计、技术分析、经济分析、成效分析
寻找方向与目标决策	发现问题，寻找热点，树立目标，研究探索
全球视野与社会价值	关注社会需求、关注业界动态、关注技术高地、关注新方法、新技术、新材料、新工艺
绿色环保及可持续发展	关注绿色能源、清洁能源利用，追求性价比，低能耗、低物耗、低排放，降低制作、运行中人力及物资投入

任务分析与项目设计	需求分析、目标分析、技术分析、资源分析、方案论证、结构设计、交互设计、功能分配、软件框架
方案设计与论证评估	信息资源、自我能力、知识结构、环境条件、核心问题、存在困难
软件设计与仿真优化	理论推导，建模分析，系统设计，仿真优化
项目管理与工程规划	目标分配、任务分工、资源使用、人力分配、进程安排
创建条件与营造环境	设备、资金、人力、合作资源挖掘，设计、加工、研发平台制作，查询信息、创造条件、构建环境、获得帮助、寻求支持
项目实现与综合测试	项目实施，工程实现，模块调试，系统联调，功能调试，性能测试
项目总结与综合评价	设计总结、成效分析、拓展展望；研发、运行成本核算，完成度、实效性、性价比、可靠性、稳定性分析
行业规范与工程要求	了解行业规范、企业标准、产品标准，学习设计、工艺、检验、测试流程及要求
团队协调与合作交流	组织领导、关系协调、资源分配、学术交流、营造气氛
演讲表达与说服他人	素材整理，重点寻找，特色挖掘，优势展示； 文字：用词准确，语意明白，结构妥帖，语句简洁，文理贯通，合乎规范，表述清晰、准确、连贯、得体； 语言：得体、清晰、连贯；概括、简洁、精炼；准确、贴切、犀利；生动、含蓄、明快；观点鲜明、是非清晰、褒贬明确

六、实验教学规范达成体系

1. 电工电子实验教学课程体系

课程名称	建议学时	主要内容	面向专业
电工电子实验基础	16~32	电子元器件与电气设备识别、测量及使用，实验仪器设备使用，电路参数、状态测量方法，电路设计及实现方法	电类专业
电路实验	8~16	线性元件电路基础、电路原理、电路分析	电类专业
信号与系统实验	16~24	信号的表示、运算及参数分析，系统的描述、设计及特性分析，信号作用于系统的机理分析	电类专业
模拟电子电路实验	24~48	基于晶体三极管、运算放大器构成的模拟信号处理电路设计及实现	电类专业
数字逻辑电路实验	24~48	组合、时序逻辑电路设计及实现	电类专业
通信电子线路实验	16~32	高频电子线路、电子线路Ⅱ实验	电类专业；电子信息、通信工程
电子电路综合设计	24~48	数字、模拟电子电路，含理论授课	电类专业
数字系统设计	24~48	基于FPGA的数字电子应用系统，含理论授课	电类专业
电子系统设计	24~48	由数字、模拟、处理器构成电子应用系统，含理论授课	电类专业

电工学实验	32～64	"三基"*,数电、模电、交流电路、电机、PLC	非电类专业
电子技术实验	32～64	"三基",数电、模电、单片机	非电类专业
电工电子技术	32～64	"三基",数电、模电、交流电路、PLC、单片机	非电类专业

注释*∶"三基"是指实验的基础知识、基本方法与基本技能。

2. 电工电子实验课程项目（参考）

（1）电工电子实验基础

① 常用电子元器件分类与识别；

② 通用实验仪器及其使用；

③ 电子元器件参数测量；

④ 电子电路设计软件应用；

⑤ 电子电路状态分析；

⑥ 电子电路焊接、调试。

（2）电路实验

① 一阶电路时域响应；

② 双端口网络频率特性测试；

③ 交流电路参数测试；

④ RLC 串联谐振电路设计；

⑤ 黑箱电路结构与参数探测；

⑥ 受控源电路设计；

⑦ 传输线特性测试；

⑧ 交流控制电路设计。

（3）信号与系统实验

① 周期信号的时频域分析；

② 连续系统的时域分析（双端）；

③ 连续系统的模拟实验；

④ 连续系统复频域分析（RLC）；

⑤ 离散系统时域、z 域分析实验；

⑥ 信号的采样与重建实验。

（4）模拟电子电路实验（低频电子线路实验）

① 直流电压源及其特性测试；

② 单级晶体管交流放大电路状态测试；

③ 运算放大器基本应用电路设计；

④ 基于运算放大器的滤波电路设计；

⑤ 信号产生、分解与合成；

⑥ 交流信号幅度检测电路设计；

⑦ 高输入阻抗宽带放大器设计；

⑧ 自动增益放大器电路设计；

⑨ 音频功率放大器设计。

（5）数字逻辑电路实验

① 门电路输入/输出基本特性测试；

② 数字信号的传输及其控制；

③ 两位二进制数比较电路设计；

④ 多路抢答器设计；

⑤ 串行数字信号传输电路设计；

⑥ 十字路口数字显示交通灯控制器设计；

⑦ 变量程、变步长可逆计数器设计；

⑧ 基于存储器结构的简易信号发生器设计。

（6）电子系统设计

① 电子秤的设计与实现；

② 帕尔贴温度控制器设计；

③ 风力摆控制系统设计；

④ 频率特性测试仪的设计；

⑤ 电磁式继电器特性参数测量。

七、实验教学规范达成体系设计(参考)

1. 实验项目设计

（1）实验项目设计指导思想

① 实验项目设置任务的层次化要求：基本要求、提高要求、拓展要求。

② 教学中引入多元化实践模式：问题探索研究、工程案例剖析、先进技术学习、方案论证分析、系统设计仿真、实现调试测试、总结分析提高。

③ 课程配置综合性、系统性、探究性实验项目，体现：应用背景工程性、实践过程探索性、知识运用综合性、实现方法多样性、实现过程复杂性。

（2）电工电子实验基础

表1　实验项目1：常用电子元器件分类与识别

实验任务	学习认识电阻、电位器、电容、电感、二极管等常用电子元器件的分类、参数、材质、形态、功率、耐压、用途等特性
实验要求	观察、识别、总结
教学目的	掌握电阻、电位器、电容、电感、二极管等常用电子元器件的材质、封装、参数范围、精度、功率、耐压等应用特点

表2　实验项目2：通用实验仪器及其使用

实验任务	(1)直流稳压源：调节电压值、接线方式，了解输出功率、电压稳定度、负载调整率、纹波噪声等	(2)数字万用表：测量电压、电流、频率、电阻值、电容量	(3)信号源：设置输出波形、频率、幅度、直流偏置、占空比、输出阻抗	(4)数字存储示波器：观察内置校正波形；观察信号源产生的不同波形（正弦波、矩形波、三角波）、频率（10 Hz、10 kHz、1 MHz）、幅度（10 mV、10 V）的信号；测量幅度、频率、相位差、脉冲信号边沿；用游标测量参数，用测量功能测量参数；X-Y模式使用

实验要求	电压设定、限流调节；工作模式：独立、串联、并联；示波器观察纹波；不同负载时电压测量	选择测量对象、功能、量程、精度、工作模式、接线方法	通道选择、输出控制；参数调整方式：键入数值＋量程按钮；选择数位＋调节旋钮	选择输入通道、耦合方式，探头倍率/示波器倍率；Y轴通道灵敏度/位置（能够看到信号峰、谷）；X轴扫描速度（能够看到完整的波形）；选择触发源/触发边沿，调节触发电平（能够看到稳定的波形）；游标的使用，各种数字功能的使用
教学目的	学习通用实验仪器设备的测量对象、范围、精度、用途；掌握其使用与调节方法；学习常见故障排除			

表3　实验项目3：电子元器件参数测量

实验任务	基本任务1：设计电路测量、计算电阻（10 Ω、1 MΩ）的阻值	基本任务2：根据给定的1 000 Ω/0.1%精密电阻，设计电路测量、分析、计算数字万用表中电压表、电流表的等效电阻的阻值范围	基本任务3：在电路中测量电容（标称值1000 pF、100 μF）、电感（标称值100 μH以内）的准确参数	拓展任务1：了解稳压二极管的特性与应用特点；设计电路测量稳压二极管（稳压值3～5 V）正反向伏安（V-I）特性	拓展任务2：根据实际电感器与电容器的物理模型，设计实验测量、确定相关参数（电感器的等效串联电阻、电解电容的等效并联电阻）
实验要求	设计两种不同结构的测量电路；选择激励电压，考虑过流；设计完整简洁的数据记录表格；对比两种方法的测量误差，分析误差原因，以提高测量精度为准则给出实验结论。学习撰写实验报告	选择测量电路结构，根据所选电路结构推导电压表或电流表等效电阻的计算公式；测量、计算电压表、电流表的等效电阻	运用第一项实验结论设计电路、选择激励参数（信号幅度及频率）；测量、计算相应感抗、容抗	在正向和反向作用电压下，测量、记录流过不同电流时二极管的PN结电压，绘制能够完整反映其特性的V-I曲线	根据电容器、电感器的物理模型设计测量方法、测量电路、激励类型、电路参数、实验仪器、实验步骤
教学目的	了解真实仪器的物理模型，运用欧姆定律，通过对测量误差的分析、推理，掌握几种常用测量方法的适用范围；通过对各种引入误差的原因分析、估算，理解领会各种技术方法都存在的适用范围	灵活运用所学知识、方法及技术，解决实际问题。并验证前一项目对电压表、电流表物理模型的假设	通过创造适合测量的环境条件，获得理想的测量结果；同时了解信号源的负载特性，以及电路限流等工程问题	引入设置限流电阻限制电路功率的工程概念；引入实验的完整性概念（轮廓完整、细节充分）；提出实验过程设计及实验效率问题，通过选择合适的测量点（电流值），提高测量效率	研究电容、电感物理模型，提出实验方案，设计实验方法，选择仪器设备，设计实验步骤

表 4   实验项目 4:电子电路设计软件应用

实验任务	在 PSpice 或 Multisim 等软件中验证基尔霍夫定理、戴维南定理、叠加定理等电路定理。选择其中一项做实物实验
实验要求	在电路设计软件中熟练掌握选择元器件、电路连接、电路参数测试等设计与仿真方法。对比软件仿真与实物实验的差异
教学目的	掌握 Multisim 软件选择元器件、电路连接、电路参数测试等软件设计及仿真的基本方法;通过学习对实验结果的分析对比,了解逻辑虚拟仿真与实物实验的差异

表 5   实验项目 5:电子电路状态分析

实验任务	在串联了限流电阻的稳压二极管支路上施加交流激励,观察稳压二极管及限流电阻上的电压波形,解释一个周期中各段波形曲线的物理意义
实验要求	以信号源输出交流信号为激励。观察稳压二极管与限流电阻上的电压波形,根据发光二极管的物理特性将波形划分成不同区段,解释各区段的物理内涵
教学目的	学习运用所学知识分析解释物理现象,培养逻辑分析能力。学习设计实验、观察现象、分析问题、解释原因的实验研究方法

表 6   实验项目 6:电子电路焊接、调试

实验任务	在 Protel 或 Altium Designer 软件中学习原理图及 PCB 图设计:文件建立与保存、元件配置及连接、元件规格及封装、电路布局及布线。 电路安装、焊接、调试、测试
实验要求	了解电路布局要求、分层布线规则、焊点过孔选择、PCB 制作工艺等知识。在实际电路(不一定是学生自己设计的电路)上实践电路安装、焊接、调试、测试等基本过程
教学目的	学习电路设计软件中电气原理图及 PCB 图设计的基本方法及工程要求。 通过实际电路的安装、焊接、调试、测试,掌握电路实现的基本方法

（3）电路实验

表 1   实验项目 1:一阶电路时域响应

实验任务	设计 RC 电路,通过电路对方波的零状态响应和零输入响应,测量时间常数 τ;研究频率 f 与时间常数 τ 的关系;在零状态响应时实现积分,测量积分波形的频率和峰值;在零输入响应时实现微分,测量微分波形的频率和峰值
实验要求	在电路设计软件中熟练掌握元器件选择、电路连接、设备接入测试。先软件仿真优化,再做在线实物实验,测量 RC 电路的时间常数;对比软件仿真与实物实验数据,得出实验结论
教学目的	学习理论设计、物理建模、仿真优化、实验测量、对比总结的研究方法;掌握一阶电路时间常数的测量方法;学习运用电路实现微分、积分的方法;并采用实验的方法验证理论

表 2   实验项目 2:双端口网络频率特性测试

实验任务	基本任务:研究 RC(低通)网络的频率特性;将 RC 元件的位置互换,再次测量电路的频率特性。如果将电阻更换成电感,电路的频率特性又将如何?	拓展任务 1:通过组合运用上述电路网络,选择合适的参数,实现"带通"幅频特性电路	拓展任务 2:能否实现具有"带阻"幅频特性的电路?

实验要求	分别采用信号源/示波器点频法、扫频仪、软件仿真等方法测量电路的频率特性。设计电路，根据电路参数估算幅频特性截止频率范围，合理高效地选择观察点频率，测量记录数据。对比三种不同模式实验获得的结果，观察现象，分析原因
教学目的	学会根据需要选择激励源的类型、设定频率的高低，简化测量过程、提高测量精度；深刻了解仪器输入阻抗、输出阻抗、测量精度对测量的影响；学习电路参数测量、数据记录、数据处理、曲线描绘等实验方法。尝试从分析任务要求着手，应用已经学习过的知识，寻找解决问题的方法，使学生拓宽视野，体验解决问题方法的多样性。学习体验"任务分析—调查研究—设计电路—构建平台—实验测试—总结分析"的科学研究方法

表3　实验项目3：交流电路参数测试

实验任务	基本任务：在一个由电阻、电感、电容构成的串联电路上，用降压到 30 V 以下的交流电作为激励，测量各元件上电流、电压、功率（视在功率、有功功率、无功功率）及电流、电压间相位角	拓展任务1：构思多种方法改变电路中总电压与电流的相位角；利用现有元件及设备设计电路实现并测试验证	拓展任务 2：将电路改为电阻、电感、电容并联回路，进行分析
实验要求	从功率的角度讨论各种方法的利弊		
教学目的	学习交流电路测量方法；验证交流电路中各元件上电压、电流的相位关系；了解交流电路电压矢量表示方法；通过测量各元件的功率分析理想元件与真实元件之间的差距	理解功率因数的概念；研究并设计改变电路功率因数（增大或降低）的方法；分析各种方法的利弊，尝试透过现象分析问题	留出自主研究、设计、分析的空间，让学生自主创新发挥

表4　实验项目4：RLC 串联谐振电路设计

实验任务	利用现有元器件，设计一个由 R、L、C 元件构成的串联电路，测量并观察各元件上电压随着频率而变化的规律，分析所观察到的实验现象的内在原因，并对比理论计算谐振频率点
实验要求	用 Multisim 软件仿真，观察仿真记录结果；搭试实物电路，再现谐振现象。记录实验数据，绘制曲线，学会分析曲线解释实验结果。分析解释仿真与实物实验的差异
教学目的	学习了解谐振的概念；在已知电路元件参数的基础上，分析计算电路的谐振频率。学习用矢量法分析电路中各元件电压状态

表5　实验项目5：黑箱电路结构与参数探测

实验任务	在黑箱电路中有三个元件，可能是电阻、电容、电感，电路的结构可能"Y"形或"△"形	
	基本任务：选择"Y"形或"△"形结构电路，通过实验测试判断黑箱电路元件性质、计算元件的参数	拓展任务：随意选择一个黑箱电路，通过实验测试判断电路的结构、电路元件性质、元件的参数
实验要求	通过分析给出解决问题可能存在的方法，提出实验方案，制定实验计划；选择各步骤中施加激励的方式、激励类型和状态；需要测量的参数与参数测量方法等；根据电路信号的波形、参数及随频率变化趋势，判定元件性质、计算元件参数	
教学目的	运用欧姆定律和元件的阻抗特性解决实际问题；尝试从分析任务要求着手，应用已经学习过的知识，研究探索解决问题的方法；学习自主选择实验条件、创造实验方法、对测试结果分析判断后决定下一步的方法；在实验中学习枚举、排除、推理等思维方法。学习体验"分析任务—调查研究—设计电路—构建平台—实验测试—总结分析"的科学研究方法	

表6　实验项目6：受控源电路设计

实验任务	基本任务：分析与设计电压控制电压源电路。 （1）利用 Multisim 器件库中理想电压控制电压源模型，测试其控制特性和负载特性。 （2）采用运算放大器构成电压控制电压源电路，自拟电压转移系数，构建电路并设计电路中各元件参数	拓展任务：电流控制电流源电路分析与设计，包括理想模型的分析和用运算放大器设计电流控制电流源电路分析，对比分析两者的异同及有效范围
实验要求	利用 Multisim 软件，用逐点测量的方式分析理想电压控制电压源、电流控制电流源的控制特性和负载特性。 将理想模型与实际设计的电压控制电压源特性进行对比分析，并做分析说明。 观察分析构建的电压控制电压源中最大输出电压的影响因素，带负载能力的影响因素	
教学目的	掌握受控电路的分析方法，认识受控源的特性；通过软件仿真测试，加深对受控源的控制特性和负载特性的理解。自学运算放大器，掌握其外特性，利用运算放大特性设计受控源电路，并通过软件仿真及思维实验进行对比分析。体验电路功能及指标的有效应用范围	

表7　实验项目7：传输线特性测试

实验任务	基本任务：测量各种导线的传输特性：单股导线（单芯、多芯），双绞线，屏蔽电缆，同轴电缆	拓展任务：用 R、C、L 设计电路来模拟长传输线的传输效应
实验要求	选择一些特征频率，测试、记录不同导线在特征频率下、不同负载下的频率特性及波形，通过查询参考书或网络，了解信号连接导线的种类，及不同种类导线的特性与应用领域、范围；设计记录不同导线特性的表格	
教学目的	认识导线的种类；了解传输线在高频下的非理想特性；了解不同导线的传输特性	

表8　实验项目8：交流控制电路设计

实验任务	基本任务：三相异步电动机控制电路设计：逐步实现点动控制，启动、停止控制，正反转及停止手动控制电路	拓展任务：设计正反转自动交替切换控制电路；或设计电动机 Y-△ 降压启动变换电路
实验要求	严格遵守交流电路实验规则。学习掌握断路器、开关、按钮、熔断器、接触器、延时继电器、电动机等常用电气元件及设备的结构特点与电气特性。先在软件平台上设计仿真，再进行实物实验。电动机正反转及 Y-△ 变换的控制电路必须采取互锁措施。在电动机 Y-△ 降压启动实验中，可使用三组两两串联的灯泡代替电动机，以便观察	
教学目的	学习掌握常用电气元件及设备的结构特点与电气特性；学习掌握交流电路主回路结构（断路器—熔断器—接触器—控制对象）；学习交流控制电路设计方法	

（4）信号与系统实验

表1　实验项目1：周期信号的时频域分析

实验任务	周期矩形波信号的分解与合成，周期矩形波信号的频谱分析
实验要求	对周期矩形波信号做谐波分解，观察各谐波分量的波形；由谐波合成周期矩形波信号，观察谐波数量逐渐增加时合成波的变化；改变谐波幅度和相对相位，观察其对合成波的影响；分析周期矩形波信号的频谱构成，观察信号频谱结构随周期、占空比等参量变化的情况。对实验箱硬件实验结果和计算机软件仿真分析结果做比较分析
教学目的	能够利用工程数学和自然科学知识分析周期信号的时域和频域特性；深入理解傅立叶级数的物理意义、信号带宽的定义以及理解信号幅度失真和相位失真的含义；分析比较电路实现结果和仿真实现结果，了解信号在工程领域的应用

表 2　实验项目 2:连续系统的时域分析

实验任务	对连续系统(例如 RLC 电路系统)进行时域分析,求解其零输入响应、零状态响应、单位冲激响应和单位阶跃响应并观察波形	
实验要求	基本要求:运用 Matlab 等计算机辅助软件,采用软件运算函数、微分方程数值解、卷积积分等方法求解系统相关响应	提高要求:研究 RLC 串联电路特性与元器件参数的关系;观测分析矩形脉冲信号通过 RLC 串联电路的瞬态响应,测量衰减振荡频率和衰减常数;观测 RC 脉冲分压器电路输入和响应,了解信号幅度不失真传输的条件
教学目的	能够熟练使用 Matlab 等计算机辅助软件进行连续系统时域分析;深入理解二阶电路状态轨迹物理意义;了解信号幅度无失真传输特性	

表 3　实验项目 3:连续系统的模拟实验

实验任务	采用基本运算单元模拟一阶系统和二阶系统	
实验要求	基本要求:观测加法器、反向标量乘法器、同相乘法器以及积分器等基本运算单元的输入与响应,了解其电路实现和功能特性;给定一阶或二阶连续系统的传输函数,采用基本运算单元实现系统模拟	提高要求:了解高阶系统的模拟方法
教学目的	能够使用基本运算单元对一阶和二阶连续时间系统进行模拟,了解高阶系统的模拟方法	

表 4　实验项目 4:连续系统的复频域分析

实验任务	利用复频域的方法对连续系统进行分析,求解系统的单位冲激响应和单位阶跃响应、零极点分布和频率响应
实验要求	运用 Matlab 等计算机辅助软件,采用软件相关运算函数实现拉氏变换和逆变换、求解系统响应和零极点分布,分析零极点分布对系统冲激响应的影响及其与系统因果性、稳定性以及频率响应之间的关系
教学目的	能够熟练使用 Matlab 等计算机辅助软件对连续系统进行复频域分析,深入理解系统零极点分布与系统响应和系统特性的关系,掌握连续系统幅频特性和相频特性的求解方法

表 5　实验项目 5:离散系统时域、z 域分析实验

实验任务	对离散系统进行时域和 z 域分析,求解系统零状态响应、单位取样响应、系统函数零极点分布和系统的频率特性
实验要求	运用 Matlab 等计算机辅助软件,采用软件相关运算函数实现离散时间信号的 z 变换和 z 反变换、分析系统函数零极点分布与系统时域特性的关系以及系统的频率特性
教学目的	能够熟练使用 Matlab 等计算机辅助软件对离散系统进行时域和 z 域分析,深入理解系统零极点分布与系统特性的关系,掌握离散系统幅频特性和相频特性的求解方法

表 6　实验项目 6:信号的采样与重建实验

实验任务	基本任务:对周期三角波信号进行采样和重建	提高任务:对语音信号进行采样和重建	拓展任务:对频带信号进行采样和重建
实验要求	基本要求:对周期三角波信号做频域分析,设计几款不同截止频率的低通滤波器。分别采用不同抽样频率和不同截止频率的低通滤波器,观察比较重建信号与原始信号波形,判断信号重建效果并分析原因	提高要求:对语音信号做频域分析,比较男声和女声信号频谱差异,设计合适的低通滤波器,采用不同的抽样频率,播放重建信号声音,判断信号重建效果并分析原因	拓展要求:分析频带信号频谱,设计合适的低通滤波器,采用不同的抽样频率,观察比较重建信号与原始信号波形,判断信号重建效果并分析原因,探索频带信号采样与重建的方式

教学目的	能够熟练使用 Matlab 等计算机辅助软件对连续信号进行频谱分析;能够根据技术指标要求,完成系统设计及参数调节,通过多种方式对滤波器频率特性进行分析;深入理解信号带宽与系统带宽的匹配、低通滤波器频率特性设计、采样频率与信号带宽的关系、混叠噪声的影响与消除等实验内容,深入理解信号作用于系统的机理,获得信号与系统工程应用体验

（5）模拟电子电路实验（低频电子线路实验）

表1　实验项目1:直流电压源及其特性测试

实验任务	设计并实现输出电压在 3.3～15 V 可调,输出电流不低于 1 A 的线性直流稳压电源。测量开关电源、线性电源、太阳能电池板、碱性电池及自制电压源的各项参数:电压精确度与稳定度、电源噪声(纹波)、负载调整率
实验要求	学习了解线性直流稳压电源的实现方案;自学电压源主要特性参数的意义及测量方法。选择电路结构与稳压器件(78××稳压器调压并扩流、LM317);设计实验及测试方案,记录、分析实验数据,总结各种电压源的特点、适用场合及应用要点
教学目的	深入了解直流稳压电源的基本特性参数及其测试方法; 学会直流稳压电路的设计方法,进而为程控电压源的设计打下基础。为后续实验中选择使用电压源打好基础

表2　实验项目2:单级晶体管交流放大电路状态测试

实验任务	基本任务:设计一个三极管共射放大电路,测量电路静态工作点,与动态工作状态(增益、输入与输出阻抗、最大不失真输出电压),测量放大器的频率特性等	拓展任务:在上述电路中选择一种,通过实物实验或在线实验实现,并测量电路的输入阻抗及输出阻抗
实验要求	用 Multisim 软件设计、仿真放大器电路,并优化电路参数;搭试一种放大器电路,调整其静态工作点,测试电路的输入阻抗、输出阻抗、电压放大倍数、幅频特性	
教学目的	了解三极管基本组态电路模式与应用特点;深入了解静态工作点、输入/输出阻抗、电压放大倍数、幅频特性等电路基本特性的含义及测试方法	

表3　实验项目3:运算放大器基本应用电路设计

实验任务	基本任务:分别采用反相、同相输入的方法,实现直流、交流放大器;利用信号源实现两路输入信号的叠加,并能够用示波器明显地观察叠加效果。灵活选择应用施密特触发器、积分、微分电路,从正弦波获得矩形波、三角波、尖脉冲波等信号	拓展任务:利用运算放大器实现 PID(比例、积分、微分)运算
实验要求	自行选择仪器设备,选用同相放大、反相放大、比较器、积分器、微分器等电路组态,自行设计、计算、选择元器件参数。每项任务均要记录仪器、条件、电路及元件参数、实验数据及信号波形。 注意观察多路信号输入时,信号间相位差对信号波形的影响	
教学目的	学习掌握运算放大器的几种典型应用电路组态(放大器、加法器、比较器、积分器、微分器),掌握各种电路的参数计算及应用特点。为了取得比较明显的实验效果,要学会选择电路外部条件及电路自身参数设计	

表 4 实验项目 4：基于运算放大器的有源滤波电路设计

实验任务	基本任务：自行设计能够分别实现低通、高通、带通性能的滤波器电路	拓展任务：通过实验比较、分析切比谢夫、巴特沃兹滤波器的应用特点
实验要求	先仿真设计，后在线实物实现。用信号源的扫频输出方式检验滤波器的低通、高通性能；利用信号源叠加噪声的功能，在基波上叠加多个高次谐波，用以检验带通性能	
教学目的	学习低通、高通、带通滤波器的基本电路；了解切比谢夫、巴特沃兹等常用滤波器的应用特征；掌握用软件进行滤波器设计的基本方法	

表 5 实验项目 5：信号产生、分解与合成

实验任务	基本任务：设计一个频率在 8～10 kHz 的方波信号发生器；设计电路从方波中分离出基波及其他主要谐波成分	提高任务：设计电路，再将上述几部分信号合成方波信号；比较与原始方波信号的差别	拓展任务：用类似方式合成其他周期信号，如锯齿波等
实验要求	分析实验的理论基础，论证实现方法；先仿真设计，后在线实物实现。尽量采用模块化设计，先逐个模块设计调试，再级联整体测试。用示波器对比显示原始方波信号及各个实验结果或部分结果		
教学目的	学会从理论分析计算、设计仿真优化到实物搭试测试的工作过程；学习从顶向下的系统设计方法，以及自底向上的工程实现方法。熟练掌握信号发生器、滤波器、移项器、加法器等运算放大器应用电路的设计方法		

表 6 实验项目 6：交流信号幅值检测电路设计

实验任务	采用二极管、电容等元件设计半波整流式峰值检测电路，建立电路输出与信号峰值间的关系。运用运算放大器优化设计峰值检测（或平均值检测）电路，消除电路元件对检测的固有影响
实验要求	输入信号幅度不超过 5 V。分析各种峰值检测电路输出电压与峰值之间关系的理论值与实际值，两者间若有差异，试分析其原因
教学目的	学习运用无源分立元件及运算放大器，采用多种方法进行交流信号幅度采集的电路设计，并对理论设计与实际电路间存在的差异进行分析

表 7 实验项目 7：高输入阻抗宽带放大器设计

实验任务	用 OP07 运算放大器设计一个放大器，指标如下：输入阻抗大于 1 MΩ，电压增益不小于 40 dB，带宽不低于 10 MHz，输出信号动态范围为 ±10 V
实验要求	采用多个 OP07 运算放大器构成多级放大电路；设计中考虑 OP07 的增益带宽积、输入级电路组态、级间增益分配与阻抗匹配等方面问题
教学目的	学习采用多级放大器电路实现高输入阻抗、高增益的多级放大器设计，考虑器件增益带宽积、输入级电路组态、级间增益分配与阻抗匹配等方面问题

表 8 实验项目 8：自动增益放大器电路设计

| 实验任务 | 用运算放大器设计一个自动增益放大电路，能够根据输入信号幅值切换调整增益，使放大器输出基本保持不变。技术指标如下：频率范围 100 Hz～200 kHz，输入阻抗不小于 100 kΩ，输出阻抗不大于 1 kΩ；输入信号范围 50 mV～5 V（峰峰值），输出信号 2 V±0.2 V | | |
| | 基本任务：输入为直流信号 | 拓展任务 1：输入为交流信号 | 拓展任务 2：结合使用 FPGA、ADC 等实现要求 |

实验要求	分析系统需求,查询资料文献,了解程控增益、自动增益控制的原理及实现方法;在幅度检测、增益控制等环节考虑多种设计方法,综合论证后择优选用。考虑简捷的测试方法,考量项目的达成度。测试、记录实验数据,并分析电路指标
教学目的	学习需求分析、文献查询、系统规划、方案论证、系统测试、总结分析等系统设计方法。通过拓展要求提出自主研学要求

表 9   实验项目 9:音频功率放大器设计

实验任务	基本任务:从语音信号获取、多路信号叠加、音量控制到功率驱动,设计并实现一个音频功率放大器系统。其中,音频信号的拾取采用驻极体话筒,功率输出采用三极管推挽输出,驱动 8 Ω/3 W 扬声器	拓展任务 1:实现音调或频响控制	拓展任务 2:提出输出信号低失真度要求
实验要求	分析项目需求,规划系统结构,划分增益分配;根据麦克风决定前置放大器的结构;注意输入阻抗、输出阻抗设计与各级间阻抗匹配; 考虑系统功能及性能测试方法,构思信号失真度测量方法		
教学目的	学习模拟电子系统设计方法及功能、性能测试方法		

（6）数字逻辑电路实验

表 1   实验项目 1:门电路输入/输出基本特性测试

实验任务	基本任务:设计电路观察门电路输入高、低电平的阈值;以电阻为负载,测试门电路输出端驱动能力:高电平拉出电流、低电平灌入电流;观察输出端口电压随负载电流的变化;设计电路观察门电路输出脉冲边沿上升与下降时间,测量门电路传输时间	拓展任务:观察门电路输出负载电流对门电路上升与下降时间的影响;在较大负载下观察门电路电源电压的波动
实验要求	阅读门电路器件数据手册,了解门电路静态与动态特性;根据实验内容设计实验电路;用示波器观察、记录波形,分析解释实验现象与结果。设计数据表格,记录实验数据;根据实验数据分析结果。根据数据手册分析参数是否能够直接观察,如何用间接方式观察,如何使现象更加明显	
教学目的	学习从数据手册中获取电路设计信息;了解门电路输入电压、驱动能力、门延时、上升沿与下降沿等动静态特性;观察负载电流对门电路动静态特性的影响。充分了解各种工程参数的意义,及工程参数对功能的影响	

表 2   实验项目 2:数字信号的传输及其控制

实验任务	(1) 分别采用电阻分压、稳压二极管、光电耦合器、OC 门等电路,实现不同电平间信号的转换	(2)分别用三态门、OC 门、其他逻辑门实现三路信号的切换电路
实验要求	设计 0 V/12 V 信号与 TTL 电平、TTL 电平与 0 V/12 V 信号间的电平转换电路并测试	三路 TTL 电平的信号分别为高电平、低电平及脉冲信号
教学目的	充分了解各种电路元件、器件的工作特点与功能作用	

表 3   实验项目 3:两位二进制数比较电路设计

实验任务	设计一个电路,能够比较两个 2 位二进制数 A 与 B 数值的大小,并指示出 A=B、A>B、A<B 时的状态

实验要求	分析电路的功能,列出真值表;写出电路的逻辑表达式,设计出原理电路,再进行实现电路的简化;构思电路功能的测试方法;搭试电路实现比较器的功能,并分别以 3 只 LED 指示灯指示 A＝B,A>B,A<B 时的状态
教学目的	学习逻辑状态输入、逻辑状态指示的方法;学习并掌握组合逻辑电路设计及简化的方法;学习利用有限器件资源进行逻辑转换与简化,最终实现电路功能;学习并掌握组合逻辑电路设计、实现及测试的基本方法

表 4 实验项目 4:多路抢答器设计

	设计一个三路抢答器		
实验任务	基本任务:实现以下功能:主持人对抢答电路"开始抢答""状态清除"的控制;抢答电路实现抢答信号产生并显示;抢答电路间的互锁	拓展任务 1:实现计分功能,答对加分;获得抢答权后限时(倒计时内)完成答题	拓展任务 2:不同题型不同分值,答对加分,答错减分
实验要求	根据对抢答器的理解,规划构思抢答器的功能、实现方法与电路结构。先用 Multisim 软件设计多路抢答器各部分电路,并仿真验证其功能;根据提供的现有器件进行电路优化。尽量选用最少器件芯片完成设计。搭试电路、调试、测试电路,并撰写实验报告		
教学目的	学习、体验自主构思规划项目的功能,并根据功能要求设计、仿真、实现电路的基本过程。学习逻辑状态输入、状态显示、数字显示等功能电路的设计。学习模块化电路的设计方法		

表 5 实验项目 5:串行数字信号传输电路设计

	设计一组实现异步串行单工数据发送及接收电路		
实验任务	基本任务:实现 8 位串行数据的发送与接收,发送数据可设置,接收数据可显示	拓展任务 1:在数据接收端设计一个多级寄存器阵列,可以保存接收到的多组数据,数据 8 位为一组,可连续保存 3～4 组	拓展任务 2:传输的数据包含起始位、数据位、奇或偶校验位、停止位的帧格式,并指示校验正确与否
实验要求	先设计仿真,后在线实验;也可以完全在软件中仿真实现;基本要求可采用 74/C4000 系列集成电路实现,提高及拓展要求可在 FPGA 中采用原理图设计或采用硬件描述语言设计实现。构思数据传输方法,尽量提高数据传输速率,并估算所使用实现方法的传输速率上限		
教学目的	通过实验建立串行数据通信的框架体系:数据产生、数据传输、数据存储、通信格式、数据校验、数据显示、传输速率		

表 6 实验项目 6:十字路口数字显示交通灯控制器设计

	设计十字路口交通灯控制器电路		
实验任务	基本任务:用红黄绿三色 LED 指示灯作为停止(8 s)、准备转换(2 s 闪烁)、通行指示灯(8 s)	拓展任务 1:以倒计时方式显示各种状态的时间;南北方向为主通道(通行 10 s,停止 6 s),东西方向为次通道(通行 6 s,停止 10 s)	拓展任务 2:在直行方向通行前,增设左转弯通行方向指示灯(时间自定);增设行人通行按钮,有行人穿越时增加行人通行指示灯,其间车辆不得危及行人,规则自行制定

实验要求	用逻辑状态描述两个交通方向交通灯的功能需求;学习用状态机设计时序逻辑电路;先在软件环境下设计仿真,再在 FPGA 环境下下载实现
教学目的	学习用状态机设计时序逻辑电路;逐步提升电路设计复杂性;留有充分的自主设计项目、设计电路的空间

表7　实验项目7:变量程、变步长可逆计数器设计

实验任务	基本任务:用两种及以上方法设计模在 1~15 间可以调整的可逆计数器	拓展任务:设计实现 N 步长计数器,步长 N 在 1~7 间可设置,计数器初始值可设置
实验要求	学习变量程、变步长、可逆计数器的含义、作用和工作机理;学习了解各种计数器的功能及性能,选择合适结构的计数器;在软件中设计构建实现电路并仿真运行,再用逻辑分析仪测试电路状态及进行验证	
教学目的	学习了解定时/计数器设计的真实内涵;通过交流研讨,学习了解多种不同结构计数器的不同实现方法;通过特殊计数器的设计,了解各种基本时序逻辑及组合应用的方法,为后续实验打下基础	

表8　实验项目8:基于存储器结构的简易信号发生器设计

实验任务	基本任务:设计电路对 1 024×8 位存储器(RAM)模块进行读写操作;设计适用的计数器作为存储器的地址信号发生器,将一个周期正弦波信号写入存储器,可将指定地址存储器单元的内容读出并显示	拓展任务 1:将存储器中读出的数据送 DAC 电路转换成模拟电压信号输出;将一个周期正弦波信号周而复始地连续输出	拓展任务 2:可选择正弦波信号的某一段数据周期性输出;尽量提高信号输出频率,频率较高时可降低每个周期信号输出的点数
实验要求	存储器、DAC 可采用提供的模块,学习存储器、DAC 的使用方法;也可以自行设计存储器、DAC。项目可采用多人合作方式,存储器、DAC 等都可作为独立模块单独实现;利用脉冲信号发生器作为产生地址信号的频率发生器,设计地址初始信号及频率设置方式;采用模拟电子电路方法优化 DAC 产生信号波形并控制信号幅度		
教学目的	学会应用现有资源构建系统;学习时序控制、状态机等知识方法;利用以前的实验成果进行系统设计,完成一个可以独立工作的简易信号发生器。掌握"需求分析、系统规划、环境建立、硬件设计、系统实现、系统测试、分析总结"的系统设计方法		

(7) 电子系统设计

表1　实验项目1:电子秤的设计与实现

实验任务、实验要求	① 学习了解电阻应变片的应用特性; ② 采用电阻应变片构建多种不同的称重电路; ③ 设计针对不同电阻应变片称重电路的信号调理电路; ④ 根据称重范围及精度要求,设计信号调理电路; ⑤ 采用硬件或软件方法实现电阻应变片称重电路的非线性校正; ⑥ 实现称重、去皮、计价等电子秤功能
教学目标	主要技术问题的研究与解决: ① 学习了解电阻应变片传感器的应用特点;

教学目标	② 了解采用单只应变片、两只应变片、4 只应变片构成称重传感器的方法； ③ 学习不同方式构成的称重传感器后续测量电路的设计方法； ④ 通过理论分析及实验测量的方法分析各种称重传感器的优缺点； ⑤ 设计方法测量检验系统高精度 A/D 转换电路的量程、精度、灵敏度等主要参数； ⑥ 根据项目对电子秤量程与精度的要求，结合系统 ADC 量程及分辨率，提出信号调理电路设计方案，如模拟信号动态范围、电路对信号的灵敏度等方面的要求； ⑦ 规划设计信号调理电路放大器的级数、各级放大器的增益分配、放大器增益控制方法； ⑧ 学习研究设计高增益、低时漂、低温漂放大器的设计与实现； ⑨ 采用合适的方法对电子秤进行全量程范围内的测量、标定； ⑩ 设计软件实现定标、去温漂、去时漂、非线性校正等功能； ⑪ 设计软件实现电子秤称重、去皮、计价等功能

表 2　实验项目 2：帕尔贴温度控制器设计

实验任务、实验要求	基本要求： ① 以帕尔贴温控装置为对象，设计一个能够测量自然环境温度（20～70℃）、测量精度不低于 ±1℃、以数字方式显示的温度计； ② 将帕尔贴装置的温度控制在指定的温度值，温度值可以设定；温度控制精度不低于 ±2℃，请自行设计温度的设定方法
	提高要求： 可以设定帕尔贴温控装置连续工作在多个温度时区，可以设置每个时区的起始与结束时间；每个时区有两种工作模式：恒温、升/降温，这些温度都可以设置
	拓展要求： ① 利用帕尔贴装置上的风扇作为干扰源，设计多种施加干扰的方式； ② 提高帕尔贴装置抗外界干扰的能力，当启动干扰源施加干扰时，仍然能够将温度控制在指定范围内
教学目标	主要技术问题的研究与解决： 可选择的传感器有热敏电阻、PT 系列热电阻，以热敏二极管为核心的集成传感器（如 LM35、LM45），基于绝对温度电流源型 AD590，数字式集成传感器（LM75，DS18B20）等。 不同传感器输出信号形式（数字、模拟，电流、电压）及信号幅度各异，与之相对应的信号调理与控制电路也各不相同。选择数字式集成传感器时，宜采用单片机或在 PLD 器件中设计控制器，以串行总线的方式获取温度数据；在选择 AD590 时，需要将 $1~\mu A/K$ 的电流信号放大并转换成电压信号，并减去 0℃ 时 273.2 μA 的基值；选用普通二极管作为温度传感器时，是利用其 PN 极电压 10 mV/℃ 的特性，在设计放大电路时需要减去 600～700 mV 的基值，等等。 在将模拟信号转化成数字量时，也可以采用常规的 A/D 转换器、电压—频率转换器（VFC），或比较器等方式。 在温度的数字显示形式上，也有数码管、字符型 LCD 等形式；可以借助于数字式电压表显示；也可以采用 ICL7106/7107，将 A/D 转换和数字显示结合在一起；也可以用模拟信号通过一组比较器直接驱动灯柱显示。 温度的控制可以采用继电器通断控制或以 PWM 方式通过大功率管控制温控装置的供电；也可以通过自行设计可控电压源或电流源来控制温控装置的制热量。 温度控制可采用 PID、模糊控制等方法实现。 控制过程中，可以启动帕尔贴装置上的风扇作为扰动源，增加控制的难度。也可以设计风速工作的控制，以风扇风速、间休工作等方式施加干扰

表 3　实验项目 3:风力摆控制系统设计

实验任务、实验要求	一组直流风机构成一风力摆,风力摆上安装一向下的激光笔;驱动各风机使风力摆按照一定规律运动,激光笔在地面画出特定轨迹
	基本要求: ① 从静止开始,控制风力摆做类似自由摆运动; ② 风力摆的摆幅可控; ③ 风力摆摆动的方向可控; ④ 风力摆在摆动状态中迅速制动呈静止状态; ⑤ 驱动风力摆用激光笔在地面画出直径可控的圆的轨迹,偏离度越小越好
	提高要求: 控制风力摆画出多种其他图形,如图形轨迹非平滑过渡、有角度;角度越小控制难度越高;可以设置图形轨迹旋转等
	拓展要求: ① 用风力摆画圆时,设计一些外部干扰,干扰的强度可大可小; ② 在各种外部干扰下,风力摆可抗外部干扰继续画圆
教学目标	主要技术问题的研究与解决: ① 处理器结构及 I/O 接口资源学习; ② 直流风机的推重比及功率驱动; ③ 风力摆摆动方向与各风机风力分配比; ④ 风力摆摆动幅度与风机驱动功率的关系; ⑤ 电子罗盘传感器的信号读取及处理; ⑥ 风力摆姿态检测; ⑦ 三脚架高度与风力摆整体推重比分析; ⑧ 风力摆系统建模; ⑨ 三脚架高度与风力摆系统建模的关系; ⑩ 相关控制算法:PID、模糊控制、模糊 PID 控制; ⑪ 干扰源的设计; ⑫ 各种干扰下风力摆的控制

表 4　实验项目 4:频率特性测试仪设计

实验任务、实验要求	设计一简易频率特性测试仪,能够测量双端口网络(有源或无源)的幅频特性及相频特性。 要求如下: ① 被测网络输入/输出电压范围在 ± 5 V 以内; ② 测量频率范围为 100 Hz~10 MHz; ③ 频率特性测试仪的输入/输出阻抗不能影响被测网络的特性; ④ 频率特性测量时间不得超过 30 s; ⑤ 测量结果可以采用数据列表及特性曲线两种显示方式
教学目标	主要技术问题的研究与解决: ① 根据项目要求制定频率特性测试仪的功能需求及性能指标; ② 设计系统结构及功能模块划分; ③ 确定信号发生器的实现方案(模式 DDS、锁相环等)及电路设计,需考虑频率范围、频率分辨率、信号动态范围、幅度控制、输出阻抗等因素; ④ 根据性能指标确定信号采集通道的实现方案(处理器程序控制采样、DMA 方式)及电路设计,需考虑量程、精度、增益控制、带宽、采样率、输入阻抗等因素; ⑤ 调研可用资源条件; ⑥ 设计人机交互模式及操作方式

表 5 实验项目 5:电磁式继电器特征参数测量

实验任务、实验要求	设计一个系统,能够测量工作电压为 12 VDC 的电磁式继电器的主要特征参数及动态特性,并以数字方式显示参数
	基本要求: ① 测量继电器最小吸合电压或最大释放电压; ② 测量继电器额定动作电流; ③ 测量继电器的吸合时间或释放时间; ④ 测量继电器触点的接触电阻
	提高要求: 实现上述特征参数的自动连续测量与显示
	拓展要求: ① 研究某些参数的动态特性(如吸合电流、接触电阻在动作过程中的动态变化情况),如何定性观察、定量测量并分析这些参数; ② 继电器的线圈在关断时将产生一个反电动势,设计实验方法观察到这一反电动势的存在
教学目的	主要技术问题的研究与解决: ① 查询资料学习电磁式继电器的结构与功能;了解主要特征参数的含义,各项参数的范围及精度要求,从而决定各项参数的测量要求。 ② 继电器的驱动、控制与线圈反电动势的释放。 ③ 可控的线圈电压的获得方法及准确测量方法。 ④ 继电器线圈电压的施加方式对参数是否存在影响? ⑤ 继电器触点动作状态(吸合或释放)的测量与记录。 ⑥ 继电器从施加线圈电压到触点动作时间差的计量方法(软件、硬件)。 ⑦ 继电器线圈静态电流的测量。 ⑧ 触点微小电阻的测量方法。 ⑨ 电压、电流、时间等参数的记录与显示。 ⑩ 线圈电流关断瞬间反电动势定性观测及定量测量记录。 ⑪ 继电器线圈电流动态过程的定性观测及定量测量记录

2. 项目实践进程设计

学生每个实验项目中的实践进程大致可分为 4 个阶段:

(1) 研究探索

资料查询综述、知识方法探索、技术方案论证、实践资源挖掘。

(2) 项目规划

项目需求分析、性能成本分析、进程阶段规划、团队合作分工。

(3) 工程实现

软件仿真优化、硬件软件设计、系统实现调试、测试分析完善。

(4) 成果总结

测试验收质疑、演讲答辩点评、系统分析总结、项目成果展示。

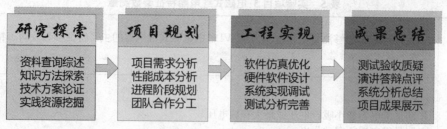

研究探索	项目规划	工程实现	成果总结
资料查询综述 知识方法探索 技术方案论证 实践资源挖掘	项目需求分析 性能成本分析 进程阶段规划 团队合作分工	软件仿真优化 硬件软件设计 系统实现调试 测试分析完善	测试验收质疑 演讲答辩点评 系统分析总结 项目成果展示

图 1　实验项目实践进程

3. 实验项目实践渠道

（1）软件设计仿真

在 PSpice、Multisim 等软件平台上设计并仿真运行，并用软件提供的虚拟仪器进行信号的测量与显示。因软件中电子元器件及仪器大多是理想化的，电路仿真运行的状态参数与实物电路运行参数之间存在一定差异，而且信号越小、频率越高，则差异越大。

（2）现场实物实验

在综合性实验室学生使用直流稳压电源、数字万用表、信号发生器、数字存储示波器等实验仪器，在能够开展数字、模拟、FPGA、单片机等电子电路综合实验的实验装置上开展实验。通过研究、设计、分析、仿真、实验、制作、焊接、测试等环节完成实践过程。

（3）个人实验室实验

将具有面包板、开关输入、LED& 数码管显示、键盘、按钮、FPGA 等实验资源，并带有示波器、万用表、电源、信号源、幅频特性测试仪、逻辑分析仪、频谱仪等虚拟仪器的实验平台发给学生，学生可以在面包板上搭试电路，通过笔记本电脑使用虚拟仪器进行实验，这就构成了学生随身携带的个人实验室。电工电子基础课程大部分实验项目可以在个人实验室上实现。

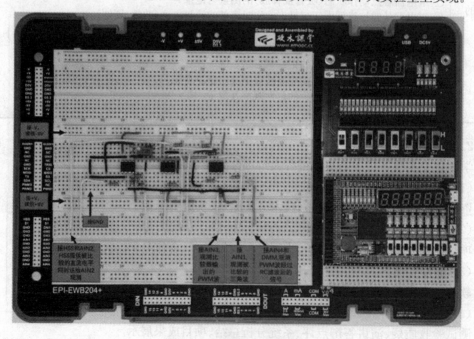

图 2　个人实验室实物示意

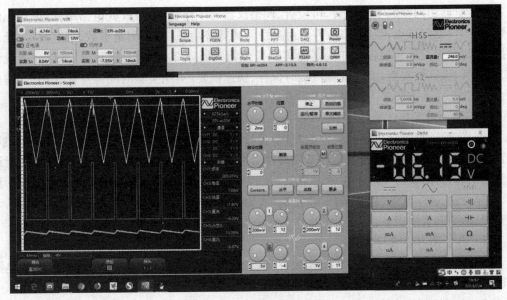

图3　个人实验室虚拟仪器

（4）在线实境实验

用真实的电子元器件、连接线构建电路，用虚拟仪器或真实仪器对电路进行测量。使用

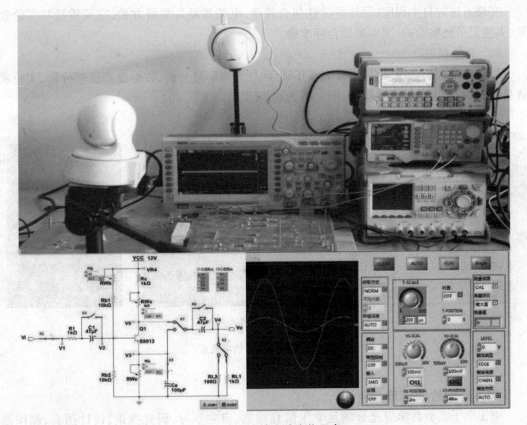

图4　在线实境实验实物示意

者通过浏览器访问在线实验平台,可设置、调整仪器的工作状态,可改变电路结构、调整元件参数、引出仪器测试点、控制现场声/光/温度/距离等环境条件,可测量参数、观察波形、处理数据,撰写并提交实验报告。在线实境实验平台无人值守 24 h 全天候开放,可以开展设计性、综合性、探究性实验;实验现场可随时保存、快速恢复,实现实验时间碎片化利用;支持多人合作实验、一人实验多人观摩等实验方式。

4. 实验项目考核评价

针对实验项目的自主实践进程的"自学预习、现场考查、项目验收、总结报告"四类场景,设置与教育目标保持一致的一系列考核评价考查点,及时反映社会需求与用人评价,适时调整教学培养目标;实时反馈学生学习成效,及时发现教与学中存在的问题;持续改进教学要求、引导方法、教学活动、教学条件、激励措施,为提高学生学习效率、学习成果,改进教学,发展知识、能力和素质服务。

(1)自学预习要求与考查

任务要求分析、理论知识准备、实验方案设计、实验步骤设计、电路设计仿真、实验电路搭试、数据表格设计。

(2)实验现场表现观察

问题讨论参与程度、思维方式创新意识、问题发现分析研究、故障发现分析排查、实验技能掌握程度、工作专注投入程度、相互交流合作精神。

(3)项目结果验收考核

实现方法的自主程度、设计科学性与合理性、电路布局与测量方式、完成质量与实验效率、实验记录完整准确、回答质疑合理准确。

(4)总结报告

思路方法科学合理、内容步骤完整正确、问题发现研究分析、数据处理误差分析、实验成效总结分析、版面布局美观整洁、图文格式规范简练。

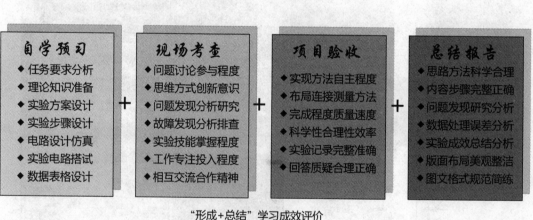

"形成+总结"学习成效评价

图 5　实验考核评价考查点

八、实验教学环境条件

电工电子实验教学应充分满足学生信息检索、自主学习、研究探索、设计仿真、制作测试、总结交流等教学与实践进程不同环节中"研究、设计、分析、仿真、实验、制作、焊接、调试、测试"等需求,并兼顾课外研学、学科竞赛等需求。

1. 教学与实践条件资源

(1) 实验教学条件

教学实验室应配备黑/白板、计算机及网络、多媒体教学及音视频播放设备,条件许可时可部分配备音视频录播系统和教学互动系统。

(2) 实验仪器及装备

实验室应配备直流稳压电源、数字万用表、信号发生器、数字示波器、逻辑分析仪等通用实验仪器,以及扫频仪、晶体管测试仪、电桥、RCL测试仪、虚拟仪器等专用仪器设备。并配备电子电路、交流电路、FPGA/CPLD、单片机/嵌入式系统,以及电子电路、交流电路的设计、分析、仿真、调试、制作等方面的软件工具;适量配备温度、湿度、照度、重量、声音、速度、角度、位移等物理量的测量或控制对象等。

(3) 实验综合环境条件

充分满足学生信息检索、自主学习、研究探索、设计仿真、制作测试、总结交流等实践过程中研究、分析、设计、仿真、下载、制作、加工、搭试、安装、焊接、调试、测试需求。

(4) 辅助教学资源要求

实验中心网站应具有教学安排、课程网站、资源网站等功能。教学安排包括所有课程的教学内容及要求、选课申请与实验排课、课程开设时间地点、实验室开放安排等;课程网站包括课程教学相关电子教案、教学录像、知识方法、技术资料、设计方法、项目案例等;资源网站包括:仪器使用故障排除、器件识别参数测试、电子电路设计方法、软件设计仿真优化、电路布局安装连接、电路状态参数测试、常用电路应用分析、故障分析错误排查、数据处理报告撰写、课外研学成果展示、电子信息行业发展、电子信息先进技术、电子产品生产工艺、电子产品测试工艺。

2. 实验教学运行管理机制

(1) 实验中心结构配置

实验中心应按功能设置学科基础、专业基础、专业等不同层次的综合性实验室。每个层次的实验室可以为多门课程的实验教学服务,为学生的课外研学及学科竞赛服务,以提高实验室的空间和设备资源利用率。

(2) 实验室运行管理制度

建立仪器设备维护维修制度,确保设备完好率;建立各种岗位责任制度,保障实验教学秩序。

(3) 实验室开放管理机制

各个层次的综合性实验室应有充裕的开放时间与开放空间;开放实验室应具备预约派位、登录退出、使用登记、门禁控制等开放运行管理机制;开放实验室应建立适应个性化实验的仪器设备、实验平台、元器件等资源的使用机制。学生能够随时随地进行自主学习与实践,并能够获得指导、支持、帮助。

(4) 实验室安全保障机制

开放实验室应建立教师指导、维护值班制度;建立安全保障防护及意外应急处理机制,配备安防、消防设施及意外处理用品。

3. 实验教学信息化管理

为适应开放式、探究性、个性化实验教学，实验中心信息化教学辅助与过程管理系统应该覆盖教务管理、教学过程管理、实践项目管理、仪器设备管理、师生交互渠道、实验教学信息发布等各项功能。如：课程组织计划实施、教学进程统筹安排、考核评价成绩统计、多元师生交互渠道、预约派位门禁管理、器件申请审批发放、实验信息现场采集、电子报告提交批改、实践项目进程管理、实验考试问卷调查、设备器件库房管理等。

图6　实验环境条件示意

九、师资队伍建设

1. 道德素质和职业素养

实验教师在工作中直接接触学生，对学生人生观、价值观及学习工作习惯的形成起着非常重要的作用。必须建设一支高水平的实验教师队伍，加强思想道德素质和职业道德素质的培养，激发吃苦耐劳、发奋工作、严谨施教、精益求精的精神，调动教师为教学、科研多做贡献的责任心和钻研业务的自觉性，要具有坚定的事业心，认真的工作作风，踏实的工作态度，以自己的行动影响和教育学生。

2. 理论基础和实践能力

实验教师的工作是一项综合性工作，不仅要有扎实的理论基础，还必须具备丰富的实验经验和实践能力。随着实验技术的不断发展，很多新仪器设备也在实验教学中得到应用，需要实验教师掌握现代科学仪器知识。因此应该加大对实验室人员的培训力度，定期举办培训班、讲座，聘请专家对他们进行实验技能的培训，使其掌握最新实验仪器设备的正确使用及保养方法。

3. 系统设计及工程素养

随着实验的系统性、综合性和设计性要求越来越高，对实验教师解决复杂工程问题的能力和要求也在不断提高。鼓励实验教师参加专业知识的学习,关注业界最新知识及实验技术,使其更好地应用于实验教学,大力提倡和鼓励实验教师参与科学研究、工程设计及实验教学改革工作,不断更新实验内容,设计新的实验方案。

4. 教学组织与课程掌控

精心设计实验项目,构思教学进程。教师亦编亦导亦演,通过案例分析、任务驱动、考核激励、方法引导,使学生进入自主研学的各个场景,并成为实践的主角;通过分析任务要求、选择实现目标、构思讨论方案、构建实验平台、设计仿真电路、制定实验进程、设计测试方法、展示实践成果、养成研究探索与工程实践习惯,在教学实施过程中实现能力素质的培养。

5. 进修培训与自我提升

随着科学技术知识的快速更新发展,对实验教师的理论知识和实践技能的要求也越来越高,终身学习已成为实验教师不断补充和更新知识、拓宽技术、掌握新本领的必然趋势。如在职学历培养、基础知识培训、各类新技术专题讲座等,以及组织实验教师外出参观考察、学习借鉴外单位的创新经验,开阔视野,提高认识,改进工作;有条件的学校应该在保证实验教学的前提下,采取在职或脱产形式攻读学位,以提高实验室人员学历层次,完善知识结构。

6. 人才引进与多元渠道

为了保证实验教学水平和学生实践能力的不断提升,吸引高学历、高职称、动手能力强的、有开拓创新意识的优秀人才进入实验室是当务之急。学校应该在切实提高实验教师地位和待遇的基础上,广开渠道,吸引优秀人才进入实验室工作,从而解决实验室人员普遍短缺、学历偏低等问题,提高实验教师的整体水平;同时,学校要给予实验工作教师充分的肯定和重视,职称晋升、福利待遇等要和其他教师保持一致,甚至给予一些特殊的政策,为他们提供良好的学习和工作环境,让他们利用所学专业之长,专心改进实验教学内容,优化实验教学进程,提高实验教学质量,服务一流人才培养。

7. 政策引导与考核激励

提高实验教师队伍的地位,调动其工作积极性是保障各项工作顺利进行的重要因素。要转变观念,将实验教学与理论教学同等对待,实验教师和理论课教师在工资、岗贴方面应该享有同样的待遇,同时要鼓励理论课教师承担部分实验课程,这样有利于发现实验教学中存在的问题,更有利于理论教学和实验教学的融合及实验教学的完善和提高;加强对实验教师的激励考核,包括教学工作量、教学水平、实践能力、仪器使用、综合管理、学生评价等各个方面,奖勤罚懒,树立典型,互帮互学,使实验教师队伍综合素质得到总体提升。

附录 1　实验项目设计案例

1）电子元器件参数测定

任务	实验内容	实验要求	知识方法准备及预习要求	教学要点	实验平台及耗材	教学目的	考核评价
基本要求	1. 设计电路测量计算电阻（10 Ω、1 MΩ）的阻值	设计两种不同结构的测量电路，选择激励电压，考虑过流；设计完整简洁的数据记录表格，对比两种电路下的测量误差，分析误差原因，以提高测量精度为准则给出实验结论	了解直流稳压电源、信号源、数字万用表的功能及使用方法；了解电压表、电流表的数据记录表格；学习利用电压表、电流表在电路中测量电压、电流的方法；设计两种结构的实验电路，设计数据记录表格	讲解理想电压源、电流源的电路模型、理想与实际电压表、电流表的电路模型；在软件工具中示范测量电路设计，在实验平台上演示电路搭试，仪器接入；引入测量误差概念，提出测量方法选择思路	实验仪器设备：直流稳压电源；数字万用表；信号发生器；面包板；电子元器件：电阻/电位器；稳压电容/电阻；独石电容；解匹二极管；线绕电感	运用欧姆定律，通过对测量误差的分析、推理，掌握表前法和表后法等测量方法；通过对不同方法引入误差的分析、估算，建立技术方法存在适用范围的概念	实验及测试电路图正确；两种测量方法正确；数据表格合理及数据处理正确；知道不同测量方法的适用范围
	2. 设计根据给定的 1 000 Ω±0.1%精密电阻，测量、分析，计算数字万用表中电压表、电流表的等效电阻的阻值范围	选择测量电路结构，根据所选电压表或电流表计算电阻的计算公式；测量，计算电压表、电流表的等效电阻	推导电压表或电流表等效电阻的计算公式	告知精密电阻的阻值及精度		学习灵活运用知识、方法及技术方法迁移，应用测量方法解决实际问题	推导方法及计算公式正确；测量数据正确；计算结果合理

任务	实验内容	实验要求	知识方法准备及预习要求	教学要点	实验平台及耗材	教学目的	考核评价
基本要求	3.测量电容(标称值为1 000 pF,100 μF),电感(标称值为10 μH)的准确参数	设计电路,选择激励参数(频率及信号幅度);测量、计算相应感抗、容抗	了解电容,电感,阻抗与频率的关系	感抗,容抗随频率而变;根据感抗,容抗计算公式及被测元件标称值选择频率;以信号发生器作为激励源,需要考虑将被测对象阻抗作为信号源的负载时信号源的驱动能力	同上	学习通过调整激励源频率获得较高测量精度的方法;引入信号源负载特性,以及电路限流问题	选择的频率合理(阻抗,容抗范围合理);数据记录,处理,计算正确;测量结果合理(误差不超过20%)
	4.了解稳压二极管的结构与应用特点;设计电路测量稳压二极管正反向伏安(V-I)特性	在正向和反向电压下测量并记录流过不同电流时的PN结电压,绘制完整的能够完整反映其特性的V-I曲线	自学二极管及稳压二极管的伏安特性及用途;在以电压源为激励的电路中如何改变励的电流;设计电路中能够改变电路中电流的测量电路;构思实验测量点的个数及分布(电路大致电流值)	提出以下问题:在以电压源为激励的电路中如何改变电流?(不过流)如何不改变电路结构获得多个实验数据?如何不改变电路获得稳压二极管导通及不导通状态下的实验数据,以及获得转折处的细节?如何在一个电路中完成正反向V-I特性的测试		引入设置限流电阻限制电路功率的工程问题;引入实验的完整性概念(轮廓全面,细节充分;提出实验过程设计及实验效率问题,通过选择合适的测量电流值,提高测量效率	实验电路设计合理,测量效率高(可在线改变测量范围);测量范围(正,反)完整;实验数据合理(电流范围10 mA,10^0 mA,10^{-1} mA,10^{-2} mA)

任务	实验内容	实验要求	知识方法准备及预习要求	教学要点	实验平台及耗材	教学目的	考核评价
提高要求	5. 研究二极管正向导通电压随温度变化的规律	构思建立温度变化的环境；测量并记录不同温度下的PN结电压，绘制V-I曲线；分析PN结电压随温度的变化规律	查询资料了解二极管正向导通电压随温度变化的规律	在流经电流不变的前提下，温度升高1℃，二极管正向电压降低1mV；提出如何改变环境温度的问题	同上	学习利用一切可利用的资源创造实验条件；创造温度变化环境，建立温度测量条件	改变温度的方法；是否真实进行实验；PN结电压-温度关系
拓展要求	6. 设计实验，确定实际电感器与电容器的物理模型，并确认的相关参数（电感器电阻，电容等效串联电阻，电容串并联的等效并联电阻）	构思测量方法，测量电感、激励类型、电路参数，实验步骤	了解各种测量仪器的量程与精度	电感与电容的物理模型；电容器的充放电特性；不同仪器设备的量程与测量精度；如何解决同一测量过程中不同量程仪表的更换		学习根据实验器材选择实验设备。研究电容、电感的物理模型，提出创新要求：根据模型设计实验方法；提出实验步骤的设计	电感附加电阻测量方法、阻值范围合理；电容等效电阻测量方法、阻值范围合理
实验思考	(1) 测量电容，电感时，容抗，感抗在什么范围时测量的准确性比较好？如何使容抗、感抗达到比较合适的范围？ (2) 在测量稳压二极管的伏安特性时，如何选择流经流二极管的电流值，使得伏安特性曲线完整，而且细节表现详细？ (3) 如何改变二极管PN结电压测量的环境温度，如何测量环境温度？						
实验报告	(1) 记录实验基本信息； (2) 列出实验任务、实验要求； (3) 分别根据各项实验内容的要求，提出实验方法、设计实验电路、推导计算公式（若需要），设计测量方法、数据表格、记录实验过程、实验数据、计算数据，分析结果，回答思考题，总结实验得失						

2) 三相交流电路的认识

要求	实验内容	实验要求	知识方法准备及预习要求	教学要点	实验平台及器材	教学目的	考核评价
基本要求	1. 交流电基础知识及电器设备使用操作练习	按照强电实验操作规范接线,通电,操作	自学交流电基本知识,了解交流电器的类型及用途	电力系统结构:发电机组—升压变压器—传输线路—降压变压器(多级)—用户;单相、三相交流电路的接线规则:进线—熔断器—分线电保护—熔断器—开关—用户(负载均衡)—开关—用电设备;电气安全:交流电操作规则、电气设备接地、触电的预防、触电后的措施;常用电气设备结构原理与使用方法:开关、熔断器、接触器、继电器、自耦变压器等	电工实验平台设备:实验仪器设备:示波器、自耦调压器、多功能表(电压、电流、功率)	建立交流电路的基本概念、及交流电路的基本应用规范	熟悉操作规范;掌握基本概念;正确操作
	2. 电阻,电感,电容单相交流电路参数测量	设计搭试实验电路,设计记录表格并测量、分析	了解 RLC 单相交流电路的结构;了解矢量分析方法;了解自耦调压器原理	三电压表测量 RLC 电路参数;交流电压矢量分析;自耦变压器应用要点、及安全使用注意事项;多功能表使用方法	电气元件:电阻、电感、电容、交流接触器、时间继电器	学习交流电路的基本测量方法:交流电路电压、电流测量方法、交流电矢量分析	选择参数合理;测量方法正确;测量数据完整
	3. 阻性,容性,感性电路电压、电流相位观察	设计参数及记录表格,观察,记录,分析	了解阻性、容性、感性电路电压与电流的相位关系	示波器隔离探头的使用;相位角的测量		掌握 R, L, C 元件电压与电流的相位关系;隔离探头的应用及注意事项	实验操作方法规范;测量电压方法正确;元件参数选择合理。数据表格设置合理,记录波形规范

（续表）

要求	实验内容	实验要求	知识方法准备及预习要求	教学要点	实验平台及耗材	教学目的	考核评价
基本要求	4. 功率因数的测量及改善	掌握实验方法；分析实验结果	了解功率因数的定义以及改善它的意义	功率、视在功率、有功功率、无功功率；功率因数的作用；感性阻抗电路功率因数提高的方法及原理分析。欠补偿、过补偿	同上	掌握功率测量方法；了解功率因数及其意义；学习功率因数的调整方法	自己拟定提高功率因数的方法正确，参数合理；自拟表格合理，正确观察、记录数据并分析
	5. 磁路的认识与直流电压源电路的实现	构思各种结构，观察各种电路参数的变化及产生磁路的原因	了解磁路的概念，磁路中的基本定律	磁场与磁路、磁耦合的演示；空心电感、铁芯电感的感抗；互感及单相变压器；线性直流稳压电路的认识		认识磁一电关系	设计、观察、分析电路参数的变化；方法合理

提高要求	
实验思考	1. RLC单相交流电路参数测量实验中，RLC串联电路，用交流电压表测得的电阻电压值，电感电压值，电容电压值，电感电压值和电容电压值之和为什么不等于电源电压值？请用矢量图分析。 2. 电阻、电容、电感上消耗什么功率？ 3. 为了提高感性阻抗的功率因数，其中一种方法为并联电容，为什么采用的是并联电容而不是串联电容？ 4. "并联电容"提高了感性阻抗的功率因数，试用矢量图分析并联电容的电容容量是否越大越好？ 5. 空心电感和铁芯电感各有什么特点？
实验报告	1. 记录实验基本信息； 2. 列出实验任务、实验要求； 3. 分别根据各项实验内容的要求，提出实验方法，设计实验电路，推导计算公式（若需要），设计测量方法、数据表格，记录实验过程、实验数据，计算数据，分析结果，回答思考题，总结实验得失

3）交流控制电路设计

要求	实验内容	实验要求	知识方法准备及预习要求	教学要点	实验平台及耗材	教学目的	考核评价
基本要求	1. 双联开关电路设计	设计电路并用Multisim软件进行仿真	了解双控开关的结构、原理；双联开关电路的工作原理	双联开关电路的原理、接法		初步掌握利用电器元件进行简单的交流控制电路设计	电路设计合理；仿真结果符合设计要求
	2. 相序判定电路设计	设计电路，搭试电路	了解交流电相位及相序判定原理	三相电源的连接方法（强电的连接规则），负载的连接方法；三相交流电的相位关系；相序判定原理	电工实验平台、实验仪器设备：多功能表（电压、电流、功率），电机，白炽灯	掌握电容法判定或电感法判定的原理及正确实现方法	电路设计原理清晰；正确判断相序
	3. 三相照明电路的设计与实现	设计实验电路，搭试电路，测量三相负载的电压、电流及负载功率。测量负载三角形连接和三角形连接的电压、电流及负载功率。分析总结中性线的作用	了解三相电路电压与相电压、线电流之间的关系；相电流之间的关系；了解负载的星形连接和三角形连接方法；了解中线的作用。负载额定功率	三相三线制、三相四线制；三相负载均衡分配，Y/△负载接法、接地，功率测量方法	电气元件：电阻、电容、电感，交流接触器、时间继电器	学习交流电路设计方法；了解平台上各种电器的应用特点、电器元件与设备的使用方法	实验操作规范；测量方法正确，数据记录表设计合理及数据处理正确，正确分析实验结果

（续表）

要求	实验内容	实验要求	知识方法准备及预习要求	教学要点	实验平台及耗材	教学目的	考核评价
提高要求	4. 三相异步电动机控制电路设计：点动电路，启动、停止电路，正反转手动控制电路	设计电路，利用 Multisim 进行仿真，硬件搭试实现	了解三相异步电动机的工作原理，判断 3 个绕组以及绕组首、尾的方法。了解交流接触器的结构及工作原理及在电路中的作用	交流接触器的控制线圈、主触点和辅助触点的应用；自锁，电器的安全互锁，按钮开关的结构及作用；热继电器的作用及使用方法；主回路设计方法，控制回路设计方法	同上	学习交流控制电路的设计方法，掌握交流接触器、热继电器工作原理并灵活应用	接线规范，实验操作规范；在原理清晰的情况下能正确实现实验的设计要求
	5. 正反转自动交替切换控制电路：或电动机 Y-△降压启动控制电路	设计电路，搭试实现	设计实验电路；了解行程开关、时间继电器的作用及工作原理。了解 Y-△降压启动的运用方法	行程开关、双重互锁、复式按钮互锁保护电路；Y-△启动及运行条件，适用场合；时间继电器的应用		学习自动控制电路设计；掌握行程开关的结构及应用；了解时间继电器的转换过程；掌握时间继电器的应用	接线规范，实验操作规范；在原理清晰的情况下能正确实现实验的设计要求
实验思考题	1. 相序判定电路中能否接入中线？为什么？ 2. 三相四线制电路中，中线是不允许接熔断器的，为什么？ 3. 为什么在负载星形四线制和负载三角形接法中不短接，其后果如何？若不短接，其后果如何？ 4. 热继电器用于过载保护，它是否也能起短路保护作用？为什么？ 5. 试举例正反转控制的运用场合。 6. 总结 Y-△降压启动的优点及应用条件						
实验报告	1. 记录实验基本信息； 2. 列出实验任务、实验要求； 3. 分别根据各项实验内容的要求，提出实验方法，设计实验电路，推导计算公式（若需要），设计测量方法，数据表格，记录实验过程，记录实验数据，计算数据，分析结果，回答思考题，总结实验得失						

4) 增益自动切换电压放大电路设计

要求	实验内容	实验要求	知识方法准备及预习要求	教学要点	实验平台设备及耗材	教学目的	备注
基本要求	放大器能够具有增益0.1,1,10三挡不同增益,并能够以数字方式切换增益倍数	利用运算放大器设计电压放大电路,其输入阻抗不小于100 kΩ,输出阻抗不大于1 kΩ;选择电路的放大大倍数,完成增益性能指标	深入学习运算放大器电路的设计方法;深入理解同相放大器的性能指标和反相放大器的性能指标;掌握增益应用场合;掌握基本方法;掌握用开关控制放大器增益分配和转换的工作方法;了解用模拟开关CD4052模拟开关的工作原理与使用方法;了解直流稳压电源,示波器,信号源,信号发生器,数字万用表及使用方法;学习用示波器测试和故障排除;设计数据记录表格	引导学生思考电路的分析;模块设计思想;讲解运算放大器的增益分配和控制方法;对继电器开关切换、模拟开关切换、DAC内部电阻网络等方法进行比较分析,深入理解放大器指标不同方案对放大器指标的影响;了解测量误差的来源	实验仪器设备:直流稳压电源、数字万用表、信号发生器、万用表、面包板	进一步熟悉 Multisim 软件的仿真功能;掌握运算放大器输入阻抗、增益等输出指标的实现方法;了解增益带宽积,转换速度对运放电路设计的影响;了解模拟电子开关触点电阻对电路的影响	在设计中,要注意设计中的规范性;如系统结构,模块构成,模块间的接口参数要求;在调试中,要注意测试环境、仪器仪表对系统指标的影响;电路工作的稳定性与可靠性;在指标的影响分析中,要分析系统的误差来源并加以验证
提高要求	输入一个幅度为0.1~10 V的可调直流信号,要求放大器输出信号电压在0.5~5 V范围内,设计电路根据输入信号的情况自动切换增益调整放大倍率	设计电路结构,计算电路参数,确定增益变换位置	学习直流信号幅值检测的方法;掌握电路的原理和设计思路	引导学生思考解决于输入信号的选择取及检测方法;讲解运算放大器构成单门限比较器,迟滞比较器和窗口比较器电路各元件参数的计算方法	电子元器件:电阻/电位器、稳压二极管、独石电容/电解电容,LM324,μA741	了解直流信号的幅值检测方法;掌握利用运算放大器构成单门限比较器,迟滞比较器和窗口比较器电路各元件参数的计算方法	
	输入一个交流信号,频率范围为10 kHz,幅值范围为0.1~10 V(峰峰值 V_{PP}),要求输出信号电压控制在0.5~5 V(峰峰值 V_{PP})的范围内	设计交流信号幅值测量电路,计算电路参数,确定增益变换位置	学习检测交流信号幅值的方法	讲解交流信号的幅值检测方法:半波或全波整流检测方法,交流电压峰峰值检测		掌握峰值检波电路和精密整流电路的工作原理和基本电路结构	

要求	实验内容	实验要求	知识方法准备及预习要求	教学要点	实验平台及耗材	教学目的	备注
提高要求	能显示不同的增益值	设计显示电路，标识当前放大电路的增益值	学习数值显示的方法、根据学生个体的能力、识别备和动手能力，可以有难度梯度，简单的可以有 LED 等比值可显示 1～3 个位值，进一步可以将位值转换成增益值；难度加进一步可以将增益加大，可以采用 LCD、SEG 数码管显示具体数值	在增益的数字显示形式上，也有数码管、字符型 LCD 等形式，也可以将模拟信号通过一组比较器直接驱动灯柱显示，其中 LCD 显示同样需要控制器控制，可精做示引导	同上	掌握数字信号与模拟信号的级联、切换的方法	搭建测试环境是实验的一个组成部分，可以按照实验要求逐点输入信号，观察输出信号是否满足指标；也可以输入缓慢变化（如 0.1 Hz 的三角波信号、正弦波信号来观察输出自制电路模块搭建测试环境
拓展要求	利用数字系统综合设计中的 FPGA 构建电路，AD 采集模块，来实现增益控制放大器的设计	利用单片机，FPGA 或其他处理器，搭建相应的外围电路，对输入的频率范围 10 kHz、幅值范围 0.1～10 V峰峰值 V_{PP} 的交流信号，经过相应的处理，整定其输出信号电压为 0.5～5 V（峰峰值 V_{PP}）的范围内	学习数模转换的概念、方法和特点，采用 ADC 替换原电路中的直流或者交流偏值检测，学习 ADC 数值与实际幅值的转换关系；掌握处理器 I/O 输出控制模拟开关 CD4052 的方法；学习 LCD 或者数码管的驱动方法	信号的偏值检测方法还可以采用 AD 转换方法，ADC 转换宜采用单片机或者在 PLD 器件中设计控制器，可以引导学生在后续的时间继续深入思考，设计实现		将单片机知识与模拟电路、数字电路知识等相结合，使学生初步建立测量、控制的系统级概念	在设计中，要引导学生注意处理器方案的选择；再次引导学生反复思想电路的分模块设计，为后期电路方案调整带来方案的好处
实验报告	1. 分析项目的功能与性能指标。 2. 电路设计，包括：电路设计思想，电路结构图与系统工作原理；各单元电路结构、工作原理，并说明电路的工作原理。 3. 画出完整的电路图，并说明电路的工作原理。 4. 制定实验测量方案。 5. 安装调试，包括：使用的主要仪器和仪表；调试电路的方法和技巧；测试电路的数据并与设计结果比较分析；调试中出现的故障、原因及排除方法。 6. 总结，包括：阐述设计中遇到的问题及解决方法；总结设计电路和方案的优缺点；指出课题的核心及实用价值；提出改进意见及展望；实验的收获和体会。 7. 列出系统所需要的元器件清单。 8. 列出参考文献						

5）基于FPGA的多路抢答器设计

要求	实验内容	实验要求	知识方法准备及预习要求	教学要点	实验平台及耗材	教学目的	考核评价
基本要求	（1）实现抢答信号的产生、保持、显示，并封锁其他抢答人的抢答信号； （2）实现主持人对抢答电路的初始化及启动； （3）至少3个抢答人	（1）分析系统工作原理，选择合理的方案，根据实验开发系统现有条件，设计实验原理框图； （2）采用层次化的设计方法设计各功能模块，并利用软件对各模块进行仿真及优化； （3）将各功能模块组成完整的系统，并进行系统仿真； （4）将设计电路下载到可编程器件中，连接外围电路，完成系统功能的调试及测试，并与实际的抢答器对比； （5）按照指导教师实验要求收，并回答教师提问； （6）撰写设计报告，通过分组演讲，学习交流不同解决方案的特点。	（1）学习FPGA相关软硬件知识，掌握QuartusⅡ软件操作，通过电路调试仿真波形学习电路设计方法； （2）学习数字系统层次化设计方法； （3）掌握组合电路和时序电路基本设计方法； （4）了解抢答器的实际需求。	（1）机械开关的结构，及消除接触抖动的方法； （2）信号的产生：高低电平信号、脉冲信号； （3）触发器的原理、作用，两种触发方式：边沿触发和电平触发； （4）触发器实现信号的保持：如何锁存信号，实现自锁和互锁； （5）与触发器有关的时间（建立时间、保持时间、转换时间），考虑触发器对输入数据和时钟响应的时间； （6）信号的显示方法：一位信号的显示（发光二极管）和多位信号（译码显示电路，数码管）； （7）ROM设计组合电路的方法； （8）通过仿真波形调试电路设计的方法。	实验仪器设备： 稳压电源、计算机、FPGA实验系统	通过一个较完整的工程项目，使学生了解小型数字系统设计过程、掌握可编程器件的使用方法，引导学生熟悉从方案分析、电路设计，元器件选用到电路调试全过程，培养学生的综合工程实践的能力，理论联系实际的能力和创新能力	成绩评定主要由实验预习、实验验收、实验报告三部分成绩构成。 （1）实验预习报告：由功能模块构成的系统原理框图；各模块功能分析，多方案比较择优。 （2）实验情况：验收时要求有各模块的仿真波形、顶层文件仿真波形、硬件下载结果。基本要求（抢答信号产生、封锁功能、主持人启动功能；提高要求（加减分值不同；方案创新；判别；实用性、层次化及扩展）。 （3）实验总结报告。考核报告的规范性和完整性

要求	实验内容	实验要求	知识方法准备及预习要求	教学要点	实验平台及耗材	教学目的	考核评价
提高要求	(1) 选手抢答后,根据对错实现主持人的加减分功能与成绩记录功能; (2) 实现定时抢答功能,在规定时间内抢答有效,并显示定时时间	同上	同上	(1) 时序电路的静态和动态调试方法; (2) 加减计数器的设计方法; (3) 脉冲产生电路的设计方法; (4) 分频电路的设计方法			
扩展要求	(1) 根据不同题目难易程度,主持人控制加减分值不同 (2) 抢答结束后,系统自动评判成绩,显示最高分选手编号; (3) 自主开发设计其他功能	同上		(1) 比较器的设计方法; (2) 加减计数器的设计方法; (3) 变步长计数器的设计方法	同上	同上	同上
实验思考	(1) 如何消除机械开关的抖动,为何要消除? (2) 利用触发器如何实现信号状态的锁存? (3) 数字信号如何驱动显示数器? (4) 如何设计变步长计数器?						
实验报告	(1) 分析系统功能要求,进行方案论证; (2) 确定硬件算法,划分系统模块框图; (3) 设计各功能模块,仿真结果; (4) 顶层文件设计及仿真结果; (5) 下载到实验箱验证结果; (6) 系统测试过程中出现的问题及解决的方法; (7) 写出设计总结报告						

附录 2　电工电子基础课程

基本标准/教学模块			电工电子实验方法							电路实验								信号与系统实验					
方面	类别	细则	常用仪器使用及电子器件识别	通用实验仪器及使用	电子元器件参数测量	常用电气元件及应用	电子电路设计软件应用	电子电路状态分析	电子电路接、焊调试	一阶电路时域响应	双口网络频率特性测试	交流电路参数测试	RLC串联谐振电路设计	黑箱电路结构与参数探测	受控电源设计	传输线特性测试	交流控制电路设计	周期信号的频域分析	连续系统的时域分析(双端)	连续系统的拟实验	连续系统复频域分析(RLC)	离散系统时域分析z实验	信号采样与重建实验
实验基础知识	实验基本规范	电能产生及传输										●			●								
		用电安全知识	●									●			●								
		实验操作规范	●	●	●	●	●	●	●			●		●		●							
	电子元器件特性及应用	器件识别	●		●		●			●	●												
		参数标识																					
		参数测量																					
		误差精度	●		●		●								●								
		适用范围	●		●		●								●								
		应用特点	●		●		●																
	电气元件特性及应用	结构功能				●						●				●							
		参数规格				●						●				●							
		适用范围				●										●							
		应用特点				●										●							
	测量对象及方法	电量参数			●		●	●				●	●										
		电信号特征			●		●	●				●			●	●		●					●
		电路参数			●		●	●				●	●		●								
		特性曲线			●		●					●							●		●		
		测量方法			●		●					●											
	通用仪器设备	仪器设备分类		●																			
		直流稳压源	●	●	●		●							●				●					
		数字万用表	●	●	●									●				●					
		数字存储示波器	●	●	●		●							●				●					
		信号源	●	●	●													●					
		电能表										●			●								
	专用仪器设备	晶体管特性测试仪	●																				
		逻辑分析仪																					
		频率特性测试仪	●								●		●										
		程控电压源	●												●								
		频谱分析仪																			●	●	
		高压隔离探头				●						●											
		LCR测试仪			●																		
		功率分析仪				●																	
	连接线	连接线的类别	●		●			●								●							
	接插件	分类、特性及用途				●		●	●														

	模拟电子电路实验													数字逻辑电路实验												电子电路综合设计						
	单晶体管放大电路状态测试	级放大电路状态测试	运算放大器基本应用电路设计	基于运算放大器应用滤波电路设计	基于运算放大器的波形电路设计	信号的产生、分与合成	交流信号幅度检测电路设计	流信号度测电路设计	自动增益控制放大器设计与实现	高输入阻抗宽带放大器设计	输出阻抗宽带放大器设计	频率大电路设计	音频功率放大电路设计	门电路静态动态特性测试	电路静态动态特性测试	数字信号的输入控制	2位二进制数较的比器设计	路抢答器设计	多路抢答器设计	行字号输路传电设计	串行字号传输电路设计	十路数显交灯控制设计	字口字示通控器设计	量及步进计数器设计	变程变长计数设计	基于存储器信号发生器设计	电子秤的计实现	尔帕贴控温度器制设计	风力摆控制系统设计	频率特性测仪设计	率性试的计	磁继电器征数试电式电特参测
---	---	---	---	---	---	---	---	---	---	---	---	---	---	---	---	---	---	---	---	---	---	---	---	---	---	---	---	---	---	---	---	---
																																•
		•	•									•		•													•	•	•	•	•	•
		•												•																		
		•												•																		
																																•
		•												•													•	•		•	•	
		•	•	•	•	•	•	•	•																•							
		•	•	•	•	•	•	•	•													•	•								
																						•	•	•	•	•						
																				•	•	•	•	•								
																										•						
																		•	•	•												•
		•	•																									•	•			
								•																								
																										•						
		•																										•				•

方面	类别	细则	常用仪器使用及电子元器件识别	通用实验仪器其使用	电子元件参数数量	常用电元件及用	电子电路设计软件应用	电子状态分析	电子电路焊接、调试	一阶电路时域响应	双端口网络频率特性测试	交流电路参数测试	RLC串联谐振电路设计	黑箱电路结构与参数探测	受控电源路设计	传输特线性测试	交流制控电路设计	周期信号的时域频域分析	连续系统的时域分析(双端)	连续系统的模拟实验	连续系复频域分析(RLC)	离散系时域、域分析z实验	信号的采样实验
实验基本技能	设计仿真软件	软件应用分类													•			•	•	•	•	•	•
		基本使用方法			•		•	•	•	•			•		•		•	•	•	•	•	
		应用技巧				•	•	•	•	•					•		•	•	•	•	•	
	常用电路	信号发生					•											•		•			
		信号转换					•													•			
		信号输入					•																
		显示电路																					
		驱动电路																					
	电压源选择	电压源电路	•	•	•				•						•								
		电压源特征参数	•	•											•								
		电压源的用途																					
基本技术方法	电路基础	线性元件特性	•	•	•			•	•														
		仪器设备特性	•	•	•		•	•		•	•	•	•		•	•							
		电路定律应用					•	•															
		无源网络特性						•															
		有源网络特性						•															
		谐振电路研究											•										
		受控源电路												•									
		电压源特性		•										•									
		电流源特性																					
		交流电路测试				•	•					•	•				•						
		功率因数及其调整				•	•	•					•										
		交流控制电路				•											•						
	信号与系统	信号的表示与运算																•	•	•	•	•	•
		系统的时域分析																		•		•	•
		信号的频域分析																•					
		系统的变换域分析																•			•		
		系统状态变量分析																		•			
	模拟电路设计	二极管特性及应用	•		•		•	•															
		三极管及其应用电路基本参数					•	•															
		三极管典型应用电路					•	•	•														
		场效应管特性及典型应用电路					•	•	•														
		多级反馈放大电路																					
		功率放大																					
		信号产生及转换									•												

模拟电子电路实验															数字逻辑电路实验											电子电路综合设计					
电流电压及特性测试	单晶体管放大电路状态测试	多级放大电路设计	运算放大器基本应用电路设计	基于运算放大器的基本应用电路设计	基于运放的滤波电路设计	基于运算放大器的波形设计	信号的产生分离与合成	交流信号幅度检测电路设计	交流信号幅度测量电路设计	自动增益控制放大器设计	动态增益控制放大器的设计与实现	高输入阻抗宽带放大器设计	输出宽带放大器设计	音频功率放大电路设计	门电路静态与动态特性测试	数字信号的传输及控制	2位二进制数比较器的设计	多路抢答器设计	多路抢答器设计	串行数字信号传输电路设计	十字路口交通信号灯控制器设计	字符显示控制器设计	可变程序可变长度计数器设计	数字量及步进计数器设计	基于寄存器的信号发生器设计	基于存储器的信号发生器设计与实现	电子电秤的设计与实现	帕尔贴温度控制器设计	风力摆控制系统设计	频率特性测试仪设计	电磁继电器特征参数测试
				●	●	●																						●			
	●	●	●			●											●	●		●	●	●	●								●
	●	●	●	●		●											●	●		●	●	●	●								●
			●	●					●	●																					●
															●												●	●	●	●	
	●		●	●		●								●																●	
●																															
●											●																				
●	●		●	●		●																									
●						●			●				●				●		●												
			●																												
	●													●																	
	●							●																							
																															●
●														●																	
●	●																														
																												●	●		
																														●	●
																											●				
●																															
●			●											●																	
			●					●																			●				

方面	类别	细则	电工电子实验方法							电路实验								信号与系统实验					
			常用仪器使用及电子元器件识别	通用实验仪器及其使用	电子元器件参数测量	常用电气元件及应用	电子电路设计件软件应用	电子电路状态分析	电子电路焊接调试	一阶电路时域响应	双端口网络频率特性测试	交流电路参数测试	RLC串联谐振电路设计	黑箱电路结构与参数探测	受控源电路设计	传输线特性测试	交流控制电路设计	周期信号的频域分析	连续系统时域分析(双端)	连续系统的模拟实验	连续系统复频域分析(RLC)	离散系统时域分析z实验	信号采样与重建实验
基本技术方法	模拟电路设计	运算放大器基本应用													•								
		运放增益控制																					
		多级运放电路设计																					
		滤波电路设计									•			•									•
		PID控制参数设计																					
		线性电源设计及实现																					
		DC/DC电压变换电路																					
	数字逻辑电路	数制与码值																					
		门电路特性																					
		组合逻辑设计																					
		时序逻辑设计																					
		数字逻辑系统设计																					
		存储器体系结构																					
	数模混合电路	ADC																					
		DAC																					
		增益控制																					
	FPGA应用	FPGA与CPLD																					
		PLD设计流程																					
		硬件描述语言(VHDL)基本程序结构																					
		硬件描述语言(VHDL)基本语法结构																					
		硬件描述语言模块化设计方法																					
		数字系统设计方法																					
	电子系统设计	电子系统设计方法																					
		微处理器选择及应用																					
		传感器及检测电路																					
		执行机构及其驱动																					
		人机交互通道																					
		系统内数据交换																					
		系统间通信																					
		系统电源																					

模拟电子电路实验														数字逻辑电路实验										电子电路综合设计				
电流电压及特性测试	单晶体管放大电路状态测试	多级放大电路状态测试	运算放大器基本应用电路设计	基于运算放大器的应用电路设计	基于运算放大器的波形产生电路设计	信号的产生、分解与合成	交流信号幅度检测电路设计	直流信号幅度检测电路设计	自动增益控制放大器设计与实现	输入阻抗宽带放大器设计	高输入阻抗宽带放大器设计	音频功率放大电路设计	频率特性测试电路设计	门电路静态动态特性测试	数字信号的传输及控制	2位二进制比较器设计	多路抢答器设计	行列字符显示电路设计	串行数字信号传输电路设计	十字路口交通信号灯控制设计	字符液晶显示控制器设计	变量及步进计数器设计	基于存储器的信号发生器设计	电子秤的设计与实现	帕尔贴温度控制器设计	风力摆控制系统设计	频率特性测试仪的设计	磁电式继电器特征参数测试
			•	•	•	•	•	•			•		•											•	•		•	•
			•	•	•	•	•	•			•	•												•	•			•
			•	•	•	•	•																	•				
			•																					•				
	•																									•	•	
																									•		•	
															•		•				•							
														•	•						•							
															•	•		•	•		•							
																•		•	•		•				•			
									•																			
									•	•	•													•		•		•
									•								•	•	•		•						•	
									•												•						•	
																					•							
									•								•	•	•		•			•	•	•		•
									•				•						•								•	
																								•	•	•	•	•
									•															•	•	•	•	•
									•															•	•	•	•	•
																								•	•		•	•
																								•	•		•	•

方面	类别	细则	常用仪器使用及电子元器件识别	通用实验仪器及其使用	电子元器件参数测量	常用电气元件及应用	电子电路计算软件应用	电子电路状态分析	电子电路焊接调试	一阶电路时域响应	双端口网络频率特性测试	交流电路参数测试	RLC串联谐振电路设计	黑箱电路结构与参数探测	受控电源电路设计	传输线特性测试	交流控制电路设计	周期信号的时域频域分析	连续系统的时域分析(双端)	连续系统的复频域分析	连续系统模拟实现(RLC)	离散系统时域z域分析实验	信号的采样与重建实验
实践能力	实验设计	实验原理			•		•	•		•	•	•	•	•	•	•	•	•	•	•	•	•	•
		实验方案			•			•			•	•	•	•	•	•	•	•	•		•	•	•
		电路设计			•	•		•			•	•	•		•			•	•	•			
		测量方法			•	•	•	•		•	•	•	•		•	•	•	•	•	•	•	•	•
		实验进程			•			•															
		数据记录			•			•	•														
		结果分析			•			•	•	•	•	•	•	•	•								
	电路设计	电路选择						•					•		•			•					
		电路设计			•			•					•		•			•					
		器件选择			•			•					•		•			•					
		模块选择																					
		匹配参数																					
	电路实现	实现途径			•	•	•	•	•	•	•	•	•		•		•						
		实现方法			•	•	•	•	•	•	•	•	•		•		•						
	调试测试	调试方法			•	•	•	•	•	•	•	•	•	•	•		•	•	•	•	•	•	•
		调试内容			•	•	•	•	•	•	•	•	•	•	•		•	•	•	•	•	•	•
		电路测试			•	•	•	•	•	•	•	•	•	•	•		•	•	•	•	•	•	•
	故障排除	故障类型			•			•	•		•	•	•	•	•								
		故障检查分析排除						•	•		•	•	•	•	•								
	参数测量	仪器选择	•		•	•	•	•		•	•	•	•		•	•	•	•	•	•	•	•	•
		参数类型	•		•	•	•	•		•	•	•	•		•	•	•	•	•	•	•	•	•
		测量电路	•		•	•	•	•		•	•	•	•		•	•	•	•	•	•	•	•	•
		测量方法	•		•	•	•	•		•	•	•	•		•	•	•	•	•	•	•	•	•
	数据处理	表格设计			•	•	•	•	•	•	•	•	•		•	•	•	•	•	•	•	•	•
		数据记录			•	•	•	•	•	•	•	•	•		•	•	•	•	•	•	•	•	•
		数据分析			•	•	•	•	•	•	•	•	•		•	•	•	•	•	•	•	•	•
		数据处理			•	•	•	•	•	•	•	•	•		•	•	•	•	•	•	•	•	•
		数据表示			•	•	•	•	•	•	•	•	•		•	•	•	•	•	•	•	•	•
	误差分析	有效数字	•	•	•					•	•	•	•		•			•	•	•	•	•	•
		误差类别	•		•						•	•	•		•								
		来源分析			•			•			•	•	•		•								
		误差估算			•			•			•	•	•		•								
		误差消除			•			•			•	•	•		•								
	系统设计	需求分析			•		•	•		•	•	•			•								•
		环境建立			•						•	•			•								
		系统规划																			•		•
		硬件设计																			•		
		系统实现																					
		软件设计																					
		系统测试																					
		分析总结			•		•	•							•								•
		展示演讲			•										•	•						•	

模拟电子电路实验										数字逻辑电路实验										电子电路综合设计				
电流电压及特性测试	单晶体管放大电路静态测试	多级放大电路状态测试	运算放大器基本应用电路设计	基于运算放大器的滤波电路设计	信号的产生分解与合成	交流信号幅度检测电路	自动增益控制放大电路设计	高输入阻抗宽带放大器设计	音频功率放大电路设计	门电路静态与动态特性测试	数字信号的传输及控制	2位二进制数比较器设计	多路抢答器设计	串行字符信号传输电路设计	十字路口交通灯控制器设计	字路数显交灯控制设计	变量及步长计数器设计	可变量程可变步长计数器设计	基于存储器的信号发生器设计	电子秤的设计与实现	帕尔贴温度控制器设计	风力摆控制系统设计	频率特性测试仪的设计	电磁式继电器特征参数测试
•	•	•	•	•	•	•	•	•	•	•	•	•	•	•	•	•	•	•	•	•	•	•	•	•
•	•	•	•	•	•	•	•	•	•	•	•	•	•	•	•	•	•	•	•	•	•	•	•	•
•	•	•	•	•	•	•	•	•	•	•	•	•	•	•	•	•	•	•	•	•	•	•	•	•
•	•	•	•	•	•	•	•	•	•	•	•	•	•	•	•	•	•	•	•	•	•	•	•	•
•	•	•	•	•	•	•	•	•	•	•	•	•	•	•	•	•	•	•	•	•	•	•	•	•
•	•	•	•	•	•	•	•	•	•	•	•	•	•	•	•	•	•	•	•	•	•	•	•	•
						•						•				•			•					
																			•					
																			•					
																			•					
																			•					
																			•					
																			•					
																			•					
																			•					
																			•					
																			•					
																			•					
																			•					
																			•				•	•
	•		•				•				•							•	•			•	•	•
							•												•					
		•		•														•	•			•	•	•
					•		•												•					
				•															•			•	•	•
				•		•												•	•					

基本标准/教学模块			电工电子实验方法								电路实验								信号与系统实验					
方面	类别	细则	常用仪器使用及电子器件识别	通用实验仪器及其使用	电子元器件数量	常用电元件及应用	常用电气元件应用	电子电路设计软件用	电子电路状态分析	电子电路焊接、调试	一阶电路时域响应	双端口网络频率特性测试	交流电路参数测试	RLC串联谐振电路设计	黑箱电路结构与参数探测	受控源电路设计	传输线特性测试	交流控制电路设计	周期信号的时域频分析	连续系统的时域分析(双端)	连续系统的模拟实验	连续系统复频域分析(RLC)	离散系统时域分析实验	信号的采样与重建实验
综合素质		社会伦理与职业道德																						
		创新思维与开拓精神		•					•			•			•									
		全球视野与社会价值																						
		探索未知及利用机遇		•												•								
		绿色环保及持续发展																						
		构建知识与技术积累			•																			
		方法应用与技术迁移			•			•						•										
		发现问题与研究规律													•		•							
		研究探索与分析综述			•										•		•							
		寻找方向与目标决策													•									
		任务分析与项目设计			•								•		•				•	•	•	•		•
		方案设计与论证评估																						
		软件设计与仿真优化						•					•		•				•	•	•	•	•	•
		项目管理与工程规划																						
		创建条件与营造环境			•												•							
		项目实现与综合测试								•					•									
		项目总结与综合评价			•					•					•									•
		行业规范与工程要求	•	•																				
		团队协调与合作交流																						
		演讲表达与说服他人			•					•					•	•							•	•

模拟电子电路实验												数字逻辑电路实验								电子电路综合设计				
直流电压及特性测试	单晶体管放大电路状态测试	多级放大电路状态测试	运算放大器基本应用电路设计	集成运算放大器基本应用电路设计	基于运算放大器的滤波电路设计	信号的产生与合成	交流信号幅度检测电路设计	自动增益控制放大器设计与实现	高输入阻抗宽带放大器设计	音频功率放大电路设计	频率特性放大电路设计	门电路静态与动态特性测试	数字信号的传输及控制	2位二进制数比较器设计	多路抢答器设计	串行数字信号传输电路设计	十字路口数字显示交通灯控制器设计	变量及变长步进计数器设计	基于存储器的信号发生器设计	电子秤的设计与实现	帕尔贴温度控制器设计	风力摆控制系统设计	频率特性测试仪的设计	磁继电器特征参数测试
		●			●		●	●								●			●	●	●	●	●	●
					●											●		●				●		
																				●				
		●														●		●						
	●	●		●	●	●	●									●		●	●	●	●	●	●	●
					●	●										●								
		●														●		●						
	●	●	●		●	●	●									●		●	●	●	●	●	●	●
●	●	●	●		●	●	●									●		●	●	●	●	●	●	●
																		●	●	●	●	●	●	●
					●											●			●	●		●		●
		●			●	●	●	●								●		●	●	●	●	●	●	●
					●											●			●	●	●	●	●	●
		●																	●	●	●	●	●	●
		●			●		●									●			●	●	●	●	●	●